O poder de tornar o
pensamento visível

A manutenção de materiais disponibilizados em *links* externos é de responsabilidade dos detentores de seus direitos autorais.

R599p Ritchhart, Ron.
        O poder de tornar o pensamento visível : práticas para engajar todos os estudantes / Ron Ritchhart, Mark Church ; tradução : Daniel Vieira; revisão técnica: Lilian Bacich. – Porto Alegre : Penso, 2025.
        xiv, 288 p. ; 23 cm.

        ISBN 978-65-5976-065-7

        1. Educação. 2. Didática. I. Church, Mark. II. Título.

CDU 37

Catalogação na publicação: Karin Lorien Menoncin – CRB 10/2147

RON RITCHHART
MARK CHURCH

O poder de tornar o
pensamento visível

práticas para engajar **todos os estudantes**

Tradução
Daniel Vieira

Revisão técnica
Lilian Bacich

Professora universitária. Bióloga e pedagoga. Diretora da Tríade Educacional. Mestra em Educação: Psicologia da Educação pela Pontifícia Universidade Católica de São Paulo (PUC-SP). Doutora em Psicologia Escolar e do Desenvolvimento Humano pela Universidade de São Paulo (USP).

Porto Alegre
2025

Obra originalmente publicada sob o título *The Power of Making Thinking Visible: Practices to Engage and Empower All Learners*, 1st Edition
ISBN 9781119626046

Copyright © 2020, John Wiley and Sons, Inc.
Published by Jossey-Bass
A Wiley brand.

Coordenadora editorial
Cláudia Bittencourt

Editora
Paola Araújo de Oliveira

Capa
Paola Manica | Brand&Book

Preparação de originais
Sandra Helena Milbratz Chelmicki

Editoração
Ledur Serviços Editoriais Ltda.

Reservados todos os direitos de publicação, em língua portuguesa, ao
GA EDUCAÇÃO LTDA.
(Penso é um selo editorial do GA EDUCAÇÃO LTDA.)
Rua Ernesto Alves, 150 – Bairro Floresta
90220-190 – Porto Alegre – RS
Fone: (51) 3027-7000

SAC 0800 703 3444 – www.grupoa.com.br

É proibida a duplicação ou reprodução deste volume, no todo ou em parte, sob quaisquer formas ou por quaisquer meios (eletrônico, mecânico, gravação, fotocópia, distribuição na Web e outros), sem permissão expressa da Editora.

IMPRESSO NO BRASIL
PRINTED IN BRAZIL

Autores

Ron Ritchhart é pesquisador associado sênior e principal pesquisador do Projeto Zero (*Project Zero*), em Harvard, onde seu trabalho se concentra no aprimoramento da cultura escolar e da sala de aula como principais veículos para o desenvolvimento dos estudantes como pensadores e aprendizes. Suas pesquisas e materiais serviram de base para o trabalho em escolas, sistemas escolares e museus no mundo inteiro. Em grande parte, sua investigação é baseada em sala de aula e focada no aprender com as melhores práticas docentes, a fim de entender como os professores criam condições para um aprendizado potente. A pesquisa inicial de Ron, apresentada no livro *Intellectual Character*, identificou as rotinas de pensamento como uma prática de instrução central e estabeleceu uma estrutura para a compreensão da cultura de grupo, amplamente utilizada por escolas e outras organizações. Seu livro *Making Thinking Visible,* escrito em colaboração com Mark Church e Karin Morrison, popularizou o uso de rotinas de pensamento para facilitar a aprendizagem profunda e o alto engajamento. Seu livro *Creating Cultures of Thinking* leva os leitores ao interior de uma gama diversificada de ambientes de aprendizagem, a fim de mostrar como os professores criam salas de aula nas quais o pensamento é valorizado, visível e ativamente promovido como parte da experiência cotidiana de todos os membros do grupo. Ron divide seu tempo entre Santa Fé, Novo México, e Santa Bárbara, Califórnia, quando não está trabalhando em Cambridge ou em escolas ao redor do mundo.

Mark Church atua no campo da educação há mais de 25 anos, primeiro como professor em sala de aula, depois como facilitador da aprendizagem para outros educadores e líderes escolares. Atualmente, é consultor das iniciativas *Making Thinking Visible* e *Cultures of Thinking*, do Projeto Zero, em Harvard, baseando-se em sua própria experiência de ensino em sala de aula e nas perspectivas que obteve ao trabalhar com educadores do mundo inteiro. É apaixonado por ajudar os educadores a vivenciarem possibilidades – considerando grandes ideias que os ajudarão a se tornarem não apenas alunos de seus alunos, mas alunos de si mesmos. Mark acredita no poder dos professores que criam salas de aula em que o pensamento é visível, valorizado e ativamente promovido. Embora resida em Seattle, viaja pelo mundo para envolver outras pessoas com essas ideias, o que continua a entusiasmá-lo e a trazer-lhe muita alegria. Junto a Ron Ritchhart e Karin Morrison, Mark é coautor do livro *Making Thinking Visible: How to Promote Engagement, Understanding, and Independence for All Learners*.

Agradecimentos

Este livro narra a história da nossa aprendizagem, como pesquisadores, sobre o poder de tornar o pensamento visível (TPV)* durante anos de pesquisa. Mas ele é mais do que isso. Este livro também reúne as vozes de centenas de professores do mundo inteiro que se juntaram a nós nessa jornada. Educadores dispostos a correr riscos e a experimentar novas rotinas ainda em desenvolvimento. Eles compartilharam seus sucessos e fracassos conosco, incentivando-nos a explorar novas possibilidades. Por meio de sua prática docente e de sua indagação individual sobre a aprendizagem dos estudantes, impulsionaram nosso aprendizado coletivo, como uma comunidade. Eles são muitos para mencionarmos seus nomes. Queremos citar alguns que fizeram esforços extras para documentar, refletir, compartilhar, discutir e revisar sua prática conosco. Esperamos que sua representação neste livro lhes faça justiça.

Nosso trabalho de pesquisa e desenvolvimento sobre o pensamento visível teve início no ano 2000, com o apoio da fundação Carpe Vitam, e incluiu trabalhos realizados na Suécia e em várias escolas internacionais na Europa. Desde então, o número de instituições de ensino com as quais nos envolvemos tem crescido constantemente e continuamos a aprender com esse grupo diversificado de educadores globais. Especificamente, agradecemos a Tom Heilman e Emily Veres, da Washington International School; Joyce Lourenco Pereira, da Atlanta International School; David Riehl, da Munich International School; Nora Vermeulin, da International School of Luxembourg; Mary Kelly, da International School of Amsterdam; Walter

---

* N. de R.T.: A escolha da sigla TPV para *tornar o pensamento visível* foi feita visando criar uma abreviação clara e intuitiva que representasse o conceito originalmente proposto em inglês, *making thinking visible*, abreviado pelos autores como MTV. Optou-se pela sigla em português para manter a conexão direta com a ideia central de tornar os processos de pensamento mais perceptíveis e tangíveis. Outras siglas poderiam ter sido consideradas, no entanto, TPV oferece uma representação concisa e eficaz do conceito em questão.

Basnight, da American International School of Chennai; Kendra Daly e Gene Quezada, da International School of Beijing; Regina Del Carmen, da Chadwick International School; Chris Fazenbaker, Marina Goodyear e Tahireh Thampi, da American Embassy School, em Nova Delhi; Julie Frederick, da American International School of Lusaka; Laura Fried e Paul Miller, da Academia Cotopaxi, em Quito; Matt McGrady, da American Community School of Dubai; e Caitlin McQuaid, da KAUST Garden Elementary School, no Reino da Arábia Saudita.

Em 2005, iniciamos o que seriam 13 anos de parceria com o Bialik College, em Melbourne, Austrália. Muitas das histórias de *Making Thinking Visible* (2011) surgiram a partir dessa colaboração muito produtiva. Desde então, as ideias se espalharam amplamente por toda a Austrália com base nesses esforços. Muitas outras escolas já adotaram as práticas de TPV e as levaram adiante de formas ricas e empolgantes. Na Penleigh and Essendon Grammar School, Nina Bilewicz fomentou essas ideias e apoiou os professores para que assumissem riscos e experimentassem novas práticas em seu ensino. Nós nos beneficiamos desses esforços e pudemos aprender com o profundo trabalho reflexivo de Sheri McGrath, Amanda Stephens, Steve Davis, Darrel Cruse, Lee Crossley, Kate Dullard e Peter Bohmer na escola. Esforços semelhantes foram apoiados pela Association of Independent Schools of South Australia e na Wilderness School, em Adelaide, onde muitos professores, incluindo Alison Short, experimentaram as rotinas e as colocaram em prática. Também agradecemos a Sharonne Blum, do Bialik College; Michael Upton, da Holy Trinity Primary; Nick Boylan, da St. Francis Xavier Primary; Kathy Green, da Australian Catholic University; Alice Vigors, da Our Lady of the Rosary Primary; Pennie Baker, do St. Philip's Christian College; Wayne Cox, do Newington College; Alisha Janssen, do Pacific Lutheran College; e Amy Richardson, da Redlands School.

Ao longo da última década, estivemos envolvidos com escolas em todo o estado de Michigan, por meio da visão de longo alcance da Oakland Schools, para desenvolver uma cultura de pensamento para os mais de 200 mil estudantes daquela área. Como resultado, pudemos ver essas ideias crescerem, se aprofundarem e se desenvolverem nas mãos de talentosos educadores, instrutores e diretores. Durante uma década, esses esforços foram liderados por Lauren Child, que sempre procurou maneiras de desenvolver a liderança e a experiência do professor. Isso resultou em uma grande rede de educadores que conseguiram aproveitar ao máximo as novas rotinas, as quais estávamos desenvolvendo, e colocá-las em prática em suas salas de aula. Entre eles estão Shernaz Minwalla, Jodi Coyro e Michael Medvinsky, da University Liggett School; Alexandra Sanchez, da Parkview Elementary; Jeff Watson, da International Academy; Julie Rains, da Delta Kelly Elementary; Steven Whitmore, da Oakland Schools; Jennifer Hollander, do Huron Valley; e Kim Smiley, Morgan Fields, Mary Goetz, Ashley Pellosmaa e Jennifer LaTarte, da Bemis Elementary. Também tivemos a felicidade de aproveitar o conhecimento e a experiência de Mary Beth Schmitt, de Traverse City. Por meio do aprendizado profissional inspirador oferecido por Katrin Robertson e Diane Tamblyn, da Whole**mind**esigns, em Ann Arbor, tivemos a oportunidade de trabalhar e aprender com as professoras Connie Weber, da Emerson School, Mary Beane, da Hilton Elementary, e Trisha Matelski, da Washtenaw International High School.

Em Pittsburgh, Jeff Evancho desenvolveu uma rede de educadores profundamente comprometidos em usar e compartilhar ideias do Projeto Zero. Nós nos beneficiamos desses esforços, especificamente os de Tara Surloff, da South Fayette High School, e Matt Littell, da Quaker Valley High School. Em Del Mar, Califórnia, a superintendente Holly McClurg e a superintendente assistente Shelley Petersen comprometeram-se com o desenvolvimento dessas ideias por meio do uso regular dos laboratórios de aprendizagem (*Learning Labs*). Caitlin Williams e Andrea Peddycord, da Ashley Falls School, participaram desses laboratórios e compartilharam seus esforços não apenas com seus colegas, mas também conosco. Agradecemos, ainda, às contribuições de Jessica Alfaro, da Summit School, na Carolina do Norte; Julie Manley, do Distrito Escolar de Bellevue, em Washington; Natalie Belli, da Village School, em Marblehead, Massachusetts; e Hardevi Vyas, da Stevens Cooperative School, em Newport, Nova Jersey.

A Tapestry Partnership, em Glasgow, na Escócia, envolveu as autoridades locais nas ideias de tornar o pensamento visível desde 2012. Sob a liderança de Katrina Bowes, Victoria McNicol, Marjorie Kinnaird, Lesley Robertson e vários outros, educadores e diretores em toda a Escócia trabalharam diligentemente para criar salas de aula nas quais o pensamento fosse visível, valorizado e ativamente promovido dentro de seus contextos escolares locais. Aprendemos imensamente com os esforços de muitos desses líderes de aprendizagem, incluindo Madelaine Baker, Louise-Anne Geddess, Claire Hamilton, Gagandeep Lota e Laura MacMillan.

Agradecemos a todas as escolas e professores que tão generosamente compartilharam dados conosco na busca pela compreensão dos efeitos que tornar o pensamento visível tem sobre o desempenho dos estudantes. Entre eles estão Jim Reese, da Washington International School; Jason Baehr, da Intellectual Virtues Academy, em Long Beach, Califórnia; Adam Scher, da Way Elementary, em Bloomfield Hills, Michigan; e Jeremy Whan, da Bemis Elementary, em Troy, Michigan. Na Austrália, Nathan Armstrong, do Wesley College, e Stuart Davis, do St. Leonard's College, ambos de Melbourne, e Judy Anastopoulos, do St. Philip's Christian College, em Newcastle, Nova Gales do Sul. No Chile, Yerko Sepulveda, da Universidad Tecnológica de Chile INACAP.

Agradecemos aos colegas do Projeto Zero que, como sempre, foram nossos parceiros intelectuais nesta obra. Veronica Boix-Mansilla, Flossie Chua, Melissa Rivard e a iniciativa *Interdisciplinary and Global Studies* e o Projeto *Global Lens* compartilharam conosco as rotinas *Os 3 porquês* e *Beleza e verdade*, ajudando-nos a aprofundar nossa compreensão de como as rotinas podem envolver e capacitar os estudantes. Mara Krechevsky, Ben Mardell, Terri Turner e Daniel Wilson continuamente despertam nossa imaginação e incentivam nossa prática de documentar o aprendizado e apoiar a aprendizagem profissional profunda.

Um agradecimento especial aos instrutores e formadores do curso *on-line* Criando Culturas de Pensamento (*Creating Cultures of Thinking*), que puderam compartilhar conosco seus anos de aprendizado, tornando o pensamento visível e formando outros professores no desenvolvimento de uma cultura de pensamento. Suas observações e percepções foram inestimáveis para nossa compreensão do poder de tornar o pensamento visível. Somos gratos a Cameron Paterson, da Shore School; Erika Lusky, da Rochester High School; Denise Coffin, da Sidwell Friends School; Shehla Ghouse, da Stevens Cooperative School; Erik Lindemann, da Osborne Elementary School; e Jeff Watson, da International Academy. Também queremos expressar nossa gratidão àqueles que leram os primeiros rascunhos deste livro e ofereceram revisões, comentários e sugestões. Entre eles estão Julie Landvogt, Connie Weber e Pete Gaughan.

Este livro não teria sido possível sem o generoso apoio da Melville Hankins Family Foundation, que incentivou nosso trabalho de pesquisa e desenvolvimento mais recentemente. Seu financiamento também facilitou uma colaboração de vários anos com a Mandela International Magnet

School (MIMS), em Santa Fé, Novo México. Na MIMS, essas ideias tiveram o apoio dos diretores Ahlum Scarola e Randy Grillo, além de um grupo de coordenadores inspiradores, incluindo Natalie Martino, Nevada Benton e Scott Larson, que trabalharam com um grupo de educadores dedicados, continuamente se desenvolvendo e compartilhando uns com os outros. Um agradecimento especial aos professores de matemática Rudy Penczer, David Call, Jessie Gac e Anne Ray, que estiveram dispostos a experimentar novas rotinas em suas salas de aula e a compartilhar seus esforços quando precisamos de exemplos de como essas ideias poderiam se desenrolar em uma aula de matemática.

Sumário

Introdução 1
Ron Ritchhart e Mark Church

PARTE I Potencializando as bases da proposta 7

Capítulo 1 Seis forças para tornar o pensamento visível 9
    Promover uma aprendizagem profunda 11
    Incentivar estudantes engajados 13
    Transformar o papel de estudantes e professores 15
    Aprimorar nossa prática de avaliação formativa 18
    Melhorar a aprendizagem (mesmo quando medida
        por testes padronizados) 20
    Desenvolver formas de pensamento 27
    Conclusão 29

Capítulo 2 Tornar o pensamento visível: objetivo
    e conjunto de práticas 31
    Tornar o pensamento visível como objetivo do ensino 31
    Tornar o pensamento visível como um conjunto de práticas ... 33
    Organizar rotinas de pensamento 44

PARTE II 18 rotinas poderosas 49

Capítulo 3 Rotinas para interagir com os outros 51
    Dê um, receba um 53
    Escada de *feedback* 61
    Discussão sem líder 72
    Falar-perguntar-idear-aprender 80
    Construindo significado 89
    Rotina +1 100

Capítulo 4 Rotinas para interagir com ideias 109
Classificação de perguntas 110
Descascando a fruta 120
A rotina da história: principal-secundária-oculta 129
Beleza e verdade 138
Nomear-descrever-agir 147
Anotar 156

Capítulo 5 Rotinas para interagir com ação 165
Prever-coletar-explicar 167
ESP+I 175
Tenha certeza 184
O quê? E então? E agora? 192
Os 3 porquês 201
Os 4 se's 209

PARTE III Percebendo o impacto 219

Capítulo 6 Uso de rotinas de pensamento para obter o máximo de efeito 221
Planejamento para pensar 223
Estar preparado para pensar 231
Insista para pensar 236
Posicionamento para pensar 241

Capítulo 7 Aprender a apoiar uns aos outros enquanto o pensamento se torna visível 245
Além do conjunto de ferramentas: como desenvolver nossas habilidades no uso das ferramentas 246
Além do conjunto de habilidades: as mentalidades que motivam a ação 253
Suporte ao desenvolvimento de conjuntos de habilidades e mentalidades 256
Conclusão 264

Referências 267

Índice 273

Introdução

Passei o ano letivo de 1998-1999 estudando um grupo de educadores que tinha muita habilidade em fazer os estudantes pensarem (Ritchhart, 2000). Eram pessoas que haviam sido indicadas por colegas, instrutores, diretores ou professores universitários como educadores que se preocupavam com o pensamento e em como torná-lo fundamental para seu ensino, fazendo isso de modo eficaz. Eles não apenas fizeram os estudantes pensarem naquele momento, mas também desenvolveram sua maneira de pensar, cultivando seus hábitos mentais em longo prazo e forjando seu caráter intelectual. Minha colaboração com esse extraordinário grupo de professores ressoou comigo por anos, servindo de informação para mais de duas décadas de pesquisa.

Viajando de um lado para outro nessas salas de aula, que atendiam a uma diversificada gama de estudantes em diferentes escolas e diferentes estados, comecei a notar um padrão: esses educadores, que eram muito habilidosos em fazer os estudantes pensarem, nunca deram uma aula sobre habilidades de pensamento. Em vez de orientar os estudantes a pensar, cada um deles (com formações e experiências muito diferentes) fez uso de estruturas, geralmente de sua própria criação e projeto, para cuidadosamente estimular, estruturar e apoiar o pensamento dos estudantes. Além do mais, essas estruturas foram usadas repetidas vezes ao longo do ano letivo, para que rapidamente se tornassem a forma *rotineira* de aprender e pensar. Essas rotinas se tornaram parte da estrutura da sala de aula e ajudaram a criar uma cultura de pensamento.

Tendo visto o poder das rotinas de pensamento para tornar o pensamento dos estudantes visível no momento, ao mesmo tempo que desenvolvem suas maneiras de pensar em longo prazo, meus colegas David Perkins, Shari Tishman e eu escolhemos tornar as rotinas de pensamento uma prática central do Projeto Pensamento Visível (*Visible Thinking*), conduzido por nosso grupo de pesquisa, Projeto Zero, na Harvard Graduate School of Education (www.pz.harvard.edu).* Enquanto os professores que eu tinha observado haviam criado suas próprias rotinas para atender às suas necessidades, nossa equipe se propôs a desenvolver uma coleção de rotinas de pensamento que pudessem ser úteis de forma ampla. Procuramos criar rotinas que pudessem funcionar não apenas para diferentes disciplinas, mas também com diferentes faixas etárias. Como pesquisadores, não estávamos incumbidos de projetar um programa ou uma intervenção, mas uma *abordagem* para desenvolver os estudantes como pensadores e aprendizes. Nosso objetivo era criar uma abordagem que cultivasse o desenvolvimento de características intrínsecas e aprimorasse o caráter intelectual dos estudantes. Para isso, reconhecemos que os professores primeiro devem abraçar o objetivo de tornar o pensamento visível (TPV) como um objetivo significativo do ensino; só assim as práticas ganhariam vida em suas salas de aula.

Desde o início do Projeto Pensamento Visível, percebemos que os educadores gravitavam em torno dessas ferramentas devido à sua facilidade de uso. Além disso, os estudantes gostaram delas e começaram a se envolver mais ativamente em seu aprendizado. Mais importante, os professores com quem estávamos trabalhando começaram a apreciar o que significava fazer os estudantes pensarem, tornando visível o seu pensamento. Na primeira vez em que pedimos aos professores que trouxessem evidências do pensamento dos estudantes para compartilhar com os colegas, muitos apresentaram redações, planilhas ou testes impecáveis. Eles simplesmente assumiram que o pensamento deve ser evidente nas respostas corretas dos estudantes ou em seu trabalho exemplar. Contudo, logo perceberam que pensar é mais um processo do que um produto. Embora certamente os produtos possam conter evidências do pensamento, às vezes eles obscurecem o pensamento dos estudantes. Aquela resposta correta foi um palpite? Um chute? Um erro? Ou foi simplesmente uma resposta decorada? Como o estudante chegou

---

* N. de R.T.: Iniciativa de pesquisa que explora e promove práticas inovadoras de ensino e aprendizagem, com foco no desenvolvimento do pensamento crítico, criativo e reflexivo em estudantes de todas as idades. Seu objetivo principal é investigar e compartilhar estratégias eficazes para cultivar habilidades cognitivas, emocionais e sociais, visando a uma educação mais profunda e significativa.

àquele resultado? É somente iluminando o processo de pensamento, muitas vezes misterioso e invisível, que podemos começar a responder a essas questões.

É claro que ficamos satisfeitos que os professores acharam as rotinas de pensamento úteis, atraentes e aplicáveis. O *site* original Visible Thinking (www.visiblethinkingpz.org) e o livro que o acompanha, *Making Thinking Visible* (Ritchhart; Church; Morrison, 2011), tornaram as rotinas de pensamento acessíveis a educadores do mundo inteiro. Agora, mais de uma década depois, sentimos que temos muito mais para compartilhar. Desenvolvemos uma série de novas rotinas que pretendemos introduzir. Estas, por si só, garantem um volume complementar ao original. No entanto, queremos fazer mais do que simplesmente compartilhar essas novas rotinas – por mais úteis que elas sejam. Também queremos dividir o que aprendemos sobre o poder das rotinas de pensamento para realmente transformar o ensino e a aprendizagem. Queremos comunicar o que aprendemos sobre como os educadores podem perceber o poder das próprias práticas de TPV. Esse tema do "poder" molda esta obra. E como tanto este livro quanto o anterior oferecem percepções úteis e ferramentas valiosas, eles devem ser considerados um conjunto que se complementa. No entanto, este será particularmente útil para entender por que e como o TPV é um conjunto importante de práticas educacionais e como os professores, trabalhando de maneira colaborativa ou individualmente, podem ajudar a perceber a força dessas práticas.

Começamos explorando as seis forças de TPV no Capítulo 1. Essas "forças" surgiram de nossa extensa pesquisa em diversas escolas ao redor do mundo, representam a promessa das práticas de TPV de remodelar a escolarização e constituem nossa razão de ser como pesquisadores. Embora os professores muitas vezes compartilhem rotinas de pensamento como práticas e estratégias úteis com seus colegas, para que seu uso seja eficaz em toda a escola, devemos ter uma boa compreensão de para onde essas práticas podem levar estudantes, educadores e instituições de ensino. Para muitos professores, entender esse potencial é necessário antes que eles mesmos possam começar a instituir as rotinas. Educadores experientes muitas vezes são céticos em relação à última moda ou técnica, e precisam de uma boa razão para tentar um conjunto de novas práticas.

No Capítulo 2, baseamo-nos em nossa longa história de pesquisa para compartilhar nossa compreensão de TPV como um objetivo de ensino, assim como um conjunto de práticas. Essas informações básicas nos ajudam a usar bem as rotinas de pensamento e a perceber plenamente seu poder de transformar a aprendizagem. São apresentados alguns conceitos básicos sobre como as rotinas de pensamento são projetadas e estruturadas, que podem ser familiares para aqueles que leram *Making Thinking Visible*. No entanto, nosso conhecimento de como as rotinas operam continua a crescer e a evoluir por meio do nosso trabalho atual. Aqui, apresentamos novas ideias que provavelmente melhorarão a prática até mesmo de profissionais experientes.

Hoje, quase todos os novos projetos de pesquisa do Projeto Zero utilizam rotinas de pensamento. Às vezes, as equipes baseiam-se em rotinas já criadas. Outras vezes, inventam rotinas que ajudam a estruturar e a apoiar movimentos de pensamento específicos que o projeto está tentando incentivar. Muitas vezes, as rotinas de pensamento são retroprojetadas, examinando uma situação de aprendizado e identificando os tipos de pensamento para se envolver efetivamente naquele contexto. Esses esforços resultaram em diversas novas rotinas de pensamento. Embora nosso primeiro instinto ao escrever este livro tenha sido compartilhar todas as rotinas que havíamos desenvolvido ou adaptado, rapidamente descobrimos que eram muitas. Consequentemente, escolhemos compartilhar as 18 rotinas de pensamento mais amplamente aplicáveis e poderosas para "Interagir com os outros" (Capítulo 3), "Interagir com ideias" (Capítulo 4) e "Interagir com ação" (Capítulo 5).

Nossas últimas duas décadas nos ensinaram muito sobre como usar as rotinas de pensamento de forma mais eficaz. Aprendemos com a habilidade que os educadores demonstraram em adaptar e aplicar rotinas de pensamento para envolver os estudantes no aprendizado e no pensamento. Aprendemos tanto com os momentos em que as coisas não correram bem, ou mesmo falharam, quanto com os momentos em que as coisas funcionaram perfeitamente. Além disso, aprendemos ao ver professores às vezes usando rotinas de pensamento superficialmente, como meras atividades. Tal superficialidade nunca é a intenção. No entanto, isso nos fez pensar mais sobre por que e como isso acontece e como podemos ajudar os professores a evitarem essa superficialidade. Como resultado, passamos a entender a importância do planejamento para o pensamento, preparando esse pensamento tanto em nossa mente quanto nos estudantes, incentivando o pensamento deles no momento, a fim de o levarem adiante, e posicionando bem as rotinas de pensamento em uma sequência instrucional. No Capítulo 6, compartilhamos esses aprendizados sobre como usar as rotinas de pensamento de forma eficaz.

Por fim, concluímos comunicando o que aprendemos ao longo dos anos sobre como os professores podem aprender uns com os outros e a partir deles ao abraçarem o objetivo de tornar o pensamento visível. No Capítulo 7, compartilhamos as ferramentas e práticas que desenvolvemos para ajudar os educadores a aprenderem uns com os outros por meio de investigação, observação, análise e reflexão profissionais. Para aqueles que procuram se conectar com educadores fora de sua escola que estão usando essas ideias para compartilhar e discutir mais, há conferências, institutos e cursos *on-line* oferecidos pelo Projeto Zero (http://www.pz.harvard.edu/professional-development), os quais possibilitam valiosas oportunidades profissionais.

Enquanto lê este livro, convidamos você a se juntar a nós na busca para perceber o poder de TPV. Inspire-se nas histórias compartilhadas aqui, aproveitando o aprendizado dos outros, e o estenda ao seu próprio contexto, a fim de produzir suas próprias percepções. Junte sua voz ao coro, compartilhando seu próprio aprendizado conosco nas redes sociais usando #MakingThinkingVisible ou #VisibleThinking, ou seguindo e marcando @RonRitchhart ou @ProjectZeroHGSE. Muitos dos exemplos e opiniões aqui compartilhados chegaram até nós por meio desses fóruns *on-line*. Mais importante, faça dessas rotinas de pensamento e práticas padrões de comportamento reais em sua sala de aula e em toda a sua escola, para que você também possa experimentar o poder de tornar o pensamento visível.

Ron Ritchhart e Mark Church

PARTE

I

Potencializando as bases da proposta

1

Seis forças para tornar o pensamento visível

> Focar em tornar o pensamento visível muda fundamentalmente o papel do estudante e do educador. À medida que utilizo rotinas de pensamento e documento nossa aprendizagem, percebo os estudantes falando mais e orientando nosso aprendizado. O foco no pensamento dos estudantes coloca o controle em suas mãos e promove uma relação professor-estudante baseada em confiança e respeito mútuos.
>
> *Alexandra Sánchez, professora do 3º ano da Parkview Elementary School, Novi, Michigan*

> Deixar o pensamento visível em minhas aulas é como colocar uma vareta para verificar o óleo do carro. Eu posso ver imediatamente o que eles fazem e o que não entendem. Isso indica o que eu preciso fazer em seguida. Essa é provavelmente a maior evidência de que meu ensino mudou desde que comecei a lecionar há 25 anos. Agora estou muito mais sensível ao pensamento dos estudantes.
>
> *Cameron Paterson, diretor de ensino e aprendizagem, professor de história do ensino médio, Shore School, Sydney, Austrália*

> Presenciar estudantes não verbais com deficiências cognitivas moderadas, que apresentavam dificuldades para responder a perguntas de compreensão de leitura, e passaram a orgulhosamente exibir seu pensamento mudou para sempre minha visão de apoio a estudantes

neurodivergentes. As práticas para tornar o pensamento visível oferecem a eles um caminho até então não percorrido, dando-lhes voz, propósito e um senso de orgulho. Vejo uma grande mudança de atitude em relação a resultados da aprendizagem e habilidades de pensamento desses estudantes em toda a nossa escola.

Erika Lusky, fonoaudióloga do ensino médio, orientadora instrucional da Rochester High School, Rochester, Michigan

Alexandra, Cameron e Erika falam eloquentemente sobre o poder de tornar o pensamento visível (TPV). Estas não são vozes isoladas. Em diversas salas de aula do mundo todo, educadores compartilharam conosco a diferença que TPV fez tanto em seu próprio ensino quanto na aprendizagem dos estudantes. Como pesquisadores, testemunhamos isso, vendo um novo paradigma de educação surgir dentro do contexto de aprendizagem engajada e intencional. Isso impulsionou grande parte do nosso trabalho de pesquisa e desenvolvimento desde a publicação de *Making Thinking Visible*, em 2011. Em nossa colaboração contínua com as escolas, buscamos capturar as maneiras como vimos os educadores envolverem os estudantes no pensamento para torná-lo visível, bem como entender a diferença ocasionada por esses esforços. Como as práticas de TPV mudam estudantes e professores? O que torna esse conjunto de práticas poderoso? Como os esforços para tornar o pensamento dos estudantes visível transformam a história tradicional da escolarização que conhecemos há tanto tempo?

Neste capítulo, articulamos seis maneiras pelas quais vemos as práticas de TPV exercerem mudanças transformacionais nas salas de aula. TPV tem o poder de:

- Promover uma aprendizagem profunda.
- Incentivar estudantes engajados.
- Transformar o papel de estudantes e professores.
- Aprimorar nossa prática de avaliação formativa.
- Melhorar a aprendizagem (mesmo quando medida por testes padronizados).
- Desenvolver formas de pensamento.

Exploramos cada uma dessas forças recorrendo às vozes de educadores que compartilharam o que presenciaram a respeito do poder das práticas de TPV em seu ensino e na aprendizagem dos estudantes. Expandimos esses comentários conectando-os a pesquisas relevantes. Por fim, explicamos exatamente por que e como essas "forças" existem nas práticas de pensamento visível em geral e, especificamente, nas rotinas de pensamento. O que há nas práticas de TPV que ajuda a estabelecer essa força? Como os professores podem perceber essa força em suas salas de aula?

PROMOVER UMA APRENDIZAGEM PROFUNDA

O Projeto Pensamento Visível, que começou no ano 2000, foi construído com base no projeto anterior, Ensinando para a Compreensão (*Teaching for Understanding*), da década de 1990. Essas duas ideias – compreensão e pensamento – são fundamentais para as concepções da aprendizagem profunda. Embora não exista uma definição única desse conceito, a Hewlett Foundation, uma das principais apoiadoras da pesquisa nessa área, define a aprendizagem mais profunda como a compreensão significativa do conteúdo acadêmico essencial, aliada à capacidade de pensar criticamente e resolver problemas com esse conteúdo (Hewlett Foundation, 2013). Essas competências acadêmicas essenciais são acompanhadas pelas habilidades interpessoais e intrapessoais de colaboração, comunicação, direcionamento do próprio aprendizado e crenças e atitudes positivas sobre si mesmo como estudante, que servem para motivar o aprendizado contínuo.

Com base em uma extensa pesquisa em escolas e salas de aula onde a aprendizagem mais profunda estava ocorrendo, Jal Mehta e Sarah Fine (Mehta; Fine, 2019) afirmam que a aprendizagem mais profunda surge na interseção de:

- *Domínio*: a oportunidade de desenvolver a compreensão.
- *Identidade*: a oportunidade de se conectar ao domínio e se desenvolver como um aprendiz com um lugar no mundo.
- *Criatividade*: a oportunidade de produzir algo pessoalmente significativo.

Essas oportunidades são impregnadas com pensamento crítico, lidando com complexidade, desafiando suposições, questionando a autoridade e valorizando a curiosidade – todos elementos fundamentais do que significa aprender profundamente.

Erik Lindemann, da Osborne Elementary School, em Quaker Valley, Pensilvânia, vê esses elementos entrando em cena à medida que torna o pensamento visível em sua turma de 3º ano. "A história do nosso aprendizado em sala de aula é totalmente diferente quando usamos rotinas de pensamento visível. Elas desenvolvem a capacidade dos estudantes de se envolverem com a complexidade enquanto inspiram a exploração. À medida que começam a internalizar e aplicar essas ferramentas de pensamento, torno-me um consultor para suas investigações contínuas. A curiosidade e a empolgação alimentam uma aprendizagem mais profunda conforme eles assumem a liderança", observa. As observações de Erik confirmam o poder transformador de tornar visível o pensamento dos estudantes. Elas movem o ensino para além do âmbito da transmissão, com foco na transformação não só do conteúdo, mas também do próprio estudante.

O professor de matemática do ensino médio Jeff Watson, da Academia Internacional do Condado de Oakland, Michigan, também notou esse movimento da transmissão para a transformação. "As salas de aula de matemática que visitei eram, em sua maioria, ambientes voltados para palestras, centrados no professor. Muitas vezes, a única interação é uma resposta à pergunta 'Alguma dúvida?'", lamenta. Em contrapartida, Jeff observa que "as rotinas de pensamento são uma maneira incrível de mudar toda a dinâmica da sala de aula, pois a aprendizagem naturalmente se volta para os estudantes e os coloca em um papel mais ativo. A melhor parte é que, embora as mudanças sejam tão poderosas, elas não custam dinheiro nem exigem mudanças curriculares ou reformas abrangentes".

Conforme identificamos, uma agenda de compreensão e pensamento encontra-se no cerne de uma aprendizagem mais profunda e ambos são essenciais para o uso eficaz de rotinas de pensamento. Ao usar uma rotina de pensamento, os educadores precisam situar seu uso no contexto maior de construção da compreensão: como essa aula específica se encaixa dentro da iniciativa maior de compreensão que estou buscando? Os professores podem, então, começar a se concentrar nos objetivos de uma aula específica: com quais ideias desejo que os estudantes comecem a lidar? Onde se encontram as complexidades e nuances que precisamos explorar? Como posso incentivar a compreensão deles e levá-la adiante? Com essas perguntas respondidas, os educadores estão prontos para identificar o material de origem e os tipos de pensamento que podem melhor servir à exploração desse material. Só, então, estão em uma boa posição para selecionar uma rotina de pensamento como ferramenta ou estrutura para essa exploração.

INCENTIVAR ESTUDANTES ENGAJADOS

Refletindo sobre a diferença que as práticas de TPV fizeram no aprendizado dos estudantes de 3º e 4º anos, a professora Hardevi Vyas, da Stevens Cooperative School, em Newport, Nova Jersey, observa o poder das rotinas de pensamento para envolvê-los: "O uso contínuo de rotinas de pensamento ao explorar fontes primárias e secundárias, como normas de conversação, como estímulos para pensar, tem sido a força motriz que move os estudantes de um local de interesse ao engajamento profundo, a um desejo real de agir, identificando os passos a serem dados para fazer a diferença. As rotinas de pensamento envolvem emocionalmente os estudantes, levando a um alto nível de rigor intelectual e reflexão ética".

Os comentários de Hardevi identificam três tipos específicos de engajamento: 1) engajamento com outras pessoas; 2) engajamento com ideias; e 3) engajamento em ação. Ao nos envolvermos com os outros, reconhecemos que o aprendizado se revela na companhia de outras pessoas e é um esforço social. Aprendemos em, com e a partir de grupos. O grupo apoia nosso aprendizado, bem como o desafia, permitindo-nos alcançar níveis de desempenho mais elevados. Ao mesmo tempo, aprender exige um envolvimento pessoal com as ideias. Embora possamos ser capazes de receber novas informações de forma passiva, construir a compreensão é um processo ativo, que envolve mergulhar e dar sentido. Nós nos envolvemos no momento da aprendizagem. Às vezes, isso é identificado como engajamento cognitivo, para distingui-lo do mero engajamento na atividade. É o engajamento cognitivo com ideias que leva à aprendizagem. Explorar conceitos significativos e importantes que estão conectados ao mundo quase sempre significa que os estudantes querem agir. Oferecer oportunidades e estruturas para que eles o façam incentiva sua agência* e força, ao mesmo tempo que torna o aprendizado relevante.

Consideramos essa estrutura em três partes da poderosa natureza do engajamento para entender as diferentes maneiras pelas quais as rotinas de pensamento envolvem os estudantes. Consequentemente, usamos essa estrutura para organizar as rotinas que apresentamos na segunda parte deste livro. É claro que esses três tipos de engajamento não são isolados, assim como as rotinas que apresentamos em cada um desses títulos. Embora uma rotina possa fornecer uma ótima maneira de envolver os estudantes com os outros, eles ainda estão se envolvendo com ideias. Da mesma forma, quando pensamos em agir, podemos trabalhar com outros, e as ideias ainda permanecerão no centro.

Pode ser tentador culpar os estudantes por sua falta de engajamento. Afinal, é o comportamento deles (ou a falta dele) que estamos percebendo. Contudo, uma pesquisa de David Shernoff descobriu que 75% da variação no engajamento dos estudantes poderia ser atribuída a diferenças no contexto de aprendizagem em sala de aula, enquanto apenas 25% poderiam ser explicadas pelo próprio contexto** dos estudantes (Shernoff, 2010). Além disso, Shernoff e seus colegas descobriram que envolver os estudantes do ensino médio no pensamento levou a maiores níveis de engajamento relatado pelos jovens nas aulas (Shernoff, 2013). Esses achados espelham os de outros pesquisadores que avaliaram as percepções de estudantes urbanos dos anos finais do ensino fundamental sobre seus professores. Quando os educadores engajavam os estudantes no pensamento independente, estes reconheciam isso como sendo útil para o desenvolvimento da compreensão

---

* N. de R.T.: No original, *agency*. Em português, pode ser entendido como "agência" ou "capacidade de ação" e refere-se à habilidade ou capacidade de uma pessoa para agir de forma independente, fazer escolhas e tomar decisões que influenciam sua vida e o ambiente ao seu redor. Ter "*agency*" significa ser ativo, ter controle sobre suas ações e ser capaz de influenciar o curso dos acontecimentos. É um conceito importante em psicologia, sociologia e outras áreas relacionadas ao estudo do comportamento humano e da interação social. Ter "*agency*" implica ter senso de responsabilidade e autonomia em relação às próprias ações e às consequências dessas ações.

**N. de R. T.: No original, *background*. Refere-se ao contexto mais amplo ou às circunstâncias que moldam a situação específica em questão, podendo incluir informações sobre história pessoal, experiências anteriores, conhecimentos prévios e ambiente social de um indivíduo. Nesse contexto, *background characteristics* diz respeito às características individuais e à bagagem pessoal que os estudantes levam consigo para a sala de aula.

e da autonomia como aprendizes (Wallace; Sung, 2017). A importância do engajamento profundo e das oportunidades de pensamento para todos os estudantes também foi um tema comum entre os professores, que Mehta e Fine estudaram em seu mergulho na aprendizagem profunda (Mehta; Fine, 2019). Eles descobriram que os educadores que promoviam a aprendizagem profunda viam o pensamento e o engajamento como uma parte necessária da aprendizagem e como algo que *todos* eram capazes de realizar. Isso contrastava com aqueles que não conseguiam envolver os estudantes em aprendizagem profunda de modo consistente. Esses educadores eram mais propensos a ver a compreensão, o pensamento e o engajamento fora do alcance dos estudantes.

Esse fenômeno de pensamento que leva ao engajamento não se limita apenas aos estudantes dos ensinos fundamental e médio. A professora Katrin Robertson experimentou isso em suas aulas de artes na Michigan University. "Durante muitos anos, usei perguntas para envolver universitários na discussão de textos. Essas 'discussões' muitas vezes acabavam sendo sessões de perguntas e respostas, nas quais eles simplesmente respondiam a mim, mas não falavam uns com os outros. O engajamento parecia obrigatório e, às vezes, era como se estivéssemos todos sonâmbulos durante a aula", observou Katrin. Não se contentando em culpar os estudantes por esse padrão de comportamento, Katrin iniciou uma mudança. "Quando comecei a usar rotinas, tudo mudou. Os estudantes tiveram espaço para tornar seu pensamento visível em vez de simplesmente responder às minhas perguntas. A sala ficou energizada com conversas. As ideias deles floresceram, novas perspectivas foram reveladas, combatidas e compartilhadas de diversas maneiras. Eu gostaria de ter feito isso no início da minha carreira", disse ela. Do outro lado do mundo, na Australian Catholic University, Kathy Green experimentou a mesma reação ao uso das rotinas de pensamento. Depois de experimentá-las, os estudantes perguntaram: "Por que as outras disciplinas não estão fazendo isso? É muito mais significativo e útil".

TRANSFORMAR O PAPEL DE ESTUDANTES E PROFESSORES

No modelo de transmissão tradicional do ensino, os papéis para estudantes e educadores são bem definidos. O professor entrega, muitas vezes por meio de palestras, *slides* de PowerPoint ou trabalhos de leitura, e o estudante é o receptor, recebendo as informações entregues. Se as aulas são interativas, muitas vezes consistem em pouco mais do que educadores questionando os estudantes para ver se eles conhecem o conteúdo. Nesse modelo, os "bons" estudantes estão bem preparados, para não serem pegos pelas perguntas do professor, enquanto os chamados estudantes "fracos" apenas se desengajam ou participam somente quando são solicitados. Infelizmente, essa paródia é uma realidade bem documentada para muitos estudantes (Lyons, 2004; Pianta *et al.*, 2007; Ritchhart, 2015; Mehta; Fine, 2019).

Quando os educadores abraçam o objetivo de tornar o pensamento dos estudantes visível e fazem uso das práticas associadas, começam a ver mudanças nos papéis desempenhados por ambos. No início, essas mudanças são pequenas, mas com o tempo têm o potencial de se tornarem transformadoras. É claro que, quando muitos professores começam a usar rotinas de pensamento, eles podem estar apenas presos ao modelo de transmissão tradicional do ensino como formas de animar a aprendizagem. Mesmo quando isso acontece, ainda podem vislumbrar o que é possível. Eles devem, então, abraçar esse potencial e nutri-lo por meio da aplicação regular e cuidadosa dos processos de TPV, devendo adotar não apenas as práticas, mas também o objetivo do pensamento visível. Isso exige uma nova postura em relação ao ensino, mudando a narrativa de aprendizagem que se está contando e reconceituando os objetivos da educação.

Embora os educadores cujas salas de aula são mais transformadas não abandonem o currículo ou a preparação para testes de alto risco, eles veem seu papel para além do teste, mas de preparo dos estudantes para uma vida inteira de aprendizado. O teste é apenas um pequeno marcador ao longo do caminho. Para Cameron Paterson: "Embora eu queira que os estudantes se saiam bem nos testes, também quero que eles desenvolvam as disposições necessárias para prosperar em um mundo globalizado, repleto de robôs – para serem capazes de pensar por si mesmos, criar e questionar". Assumindo essa postura em relação ao ensino, os professores não visam simplificar o material desafiador e torná-lo mais fácil; eles exploram como tornar essas ideias acessíveis. As perguntas dos estudantes empolgam, em vez de distrair. Quando olham para os muitos elementos amontoados em seus cursos, reconhecem que nem todo conteúdo é igual e, por isso, evitam a cobertura superficial. Eles sabem que profundidade de compreensão é uma boa preparação para o aprendizado futuro (Schwartz *et al.*, 2009).

Quando os educadores fazem essas mudanças e adotam novas mentalidades, as práticas de TPV podem ser transformadoras, e eles percebem mudanças em si mesmos e nos estudantes. A professora do 3º ano Mary Beane, da Hilton Elementary School, em Brighton, Michigan, reconheceu essa transformação acontecendo tanto em si quanto nos estudantes. "Tornar o pensamento visível e focar no desenvolvimento de uma cultura de pensamento ensinou-me a ajudar as crianças a desenvolver uma voz para seu pensamento", refletiu Mary. "Em uma cultura de sala de aula na qual o pensamento dos estudantes é valorizado por todos, eles organicamente começam a tomar iniciativa de maneiras que eu nunca soube que seriam possíveis. Agora, tenho estudantes sugerindo rotinas para ajudar a desvendar as complexidades de um tópico. Eu sou capaz de me afastar para que eles possam sentar-se juntos em um círculo para considerar vários pontos de vista. Mudar nossos papéis permitiu-me observar não apenas o que as crianças sabem, mas como elas ouvem, pensam, envolvem-se e respondem".

Mary mudou seu papel de transmissora para *orquestradora* que trabalha duro para estabelecer uma cultura de apoio e criar condições para investigação e oportunidades de exploração significativa. A voz dominante na sala de aula passa da voz do educador para a dos estudantes. Eles não são mais receptores passivos do conhecimento, mas criadores ativos, diretores e membros da comunidade. Reconhecendo a capacidade de iniciativa dos estudantes, Mary tem que se precaver contra a tendência do professor de puxar as rédeas e exercer controle. Em vez disso, ela celebra esse novo nível de engajamento e busca promovê-lo, fortalecendo os estudantes e criando um senso de agência.

A ideia de agência e iniciativa ressoa com a da professora da educação infantil Denise Coffin, da Sidwell Friends School, em Washington, DC. "Ao tornar visível o pensamento dos estudantes, eu os fortaleço. Eles começam a demonstrar uma intenção de 'ser maior por dentro' – nas palavras deles, não minhas. Isso significa que suas ideias e planos de ação podem ser tão válidos e complexos quanto os de seus colegas mais velhos da escola e adultos".

Outra forma pela qual TPV muda o papel dos educadores é que eles se tornam alunos de seus alunos. Ou seja, eles ficam curiosos sobre o aprendizado dos estudantes, como eles estão dando sentido às ideias, o que estão pensando e quais ideias os envolvem. O TPV permite e pede que os educadores conheçam os estudantes de uma maneira diferente. Tradicionalmente, os conhecemos por seu desempenho acadêmico e pelas habilidades e conhecimentos que possuem. Muitos sistemas escolares contam com exames abrangentes de fim de ano para definir os estudantes por meio de uma única nota simplificada. Quando nos concentramos no pensamento deles, passamos a vê-los como muito mais. Ficamos interessados em como eles passam a saber o que sabem, que perguntas têm e que desafios enfrentam. Não vemos mais esses desafios como dificuldades, mas como oportunidades interessantes de exploração. Essa curiosidade no pensamento impulsiona ainda mais nossos esforços para tornar seu pensamento visível, como um mecanismo para melhor compreendê-los e para fornecer um direcionamento mais responsivo.

APRIMORAR NOSSA PRÁTICA DE AVALIAÇÃO FORMATIVA

Enquanto o mundo da educação aprendeu sobre a utilidade do *feedback* e da avaliação formativa para avançar a aprendizagem (Black; Wiliam, 2002; Hattie, 2009), legisladores e profissionais de *marketing* de programas têm procurado incorporar e formalizar a prática da avaliação formativa nas escolas. Infelizmente, em geral isso assume a forma de exigir que os educadores concebam e deem tarefas de avaliação formativa definidas. Em alguns casos, elas devem ser anotadas formalmente, antes mesmo de os estudantes iniciarem seu aprendizado, como parte dos planos curriculares. Ouvimos professores anunciarem, antes de distribuir tarefas formais e pré-designadas: "Esta é uma avaliação formativa". A maioria dos estudantes ouve isso como: "Isso não conta". Assim, a tarefa destinada a informar o ensino e a aprendizagem perde o sentido aos olhos do estudante e a avaliação é vista como algo feito *para* ele e não *com* ele. O problema dos esforços para formalizar a avaliação formativa é que ela não é uma tarefa, mas, sim, uma prática. Se você projeta e conta com tarefas formais com o propósito de fornecer a si mesmo e aos estudantes "uma avaliação formativa", é provável que tenha uma prática de avaliação formativa fraca, da qual eles mal se beneficiam.

A verdadeira avaliação formativa é o esforço contínuo e incorporado para compreender o aprendizado dos estudantes. Essa é uma via de mão dupla, envolvendo ativamente estudantes e professores no diálogo sobre a aprendizagem. Ela não reside em uma tarefa e não é a avaliação do desempenho nessa tarefa. A avaliação formativa reside em ouvir, observar, examinar, analisar e refletir sobre o processo de aprendizagem. Mesmo assim, nossa avaliação só se torna formativa quando usamos esses dados para in*formar* nosso ensino e a aprendizagem dos estudantes. A avaliação formativa é, então, impulsionada pela nossa curiosidade sobre a aprendizagem e pelo desejo de garantir que o nosso ensino seja sensível às suas necessidades como estudantes.

Se quisermos saber não apenas o que os estudantes sabem, mas como eles sabem, então devemos tornar seu pensamento visível. Assim, dar visibilidade ao pensamento dos estudantes é uma prática formativa de avaliação. Como explica a diretora da Stevens Cooperative School, Shehla Ghouse, "as percepções sobre o pensamento dos estudantes dão aos professores informações inestimáveis, que podem ser usadas para planejar os próximos passos para cada estudante. Também nos ajuda a entender melhor cada um, individualmente, e as maneiras de alcançá-lo de forma mais eficaz para facilitar seu aprendizado".

Falando sobre os benefícios específicos das rotinas de pensamento como ferramentas de avaliação formativa, Katrin Robertson identifica sua natureza aberta como sendo particularmente útil com universitários. "Ao pedir aos estudantes que tornem seu pensamento visível por meio de uma rotina de pensamento (em vez de um questionário ou alguma outra ferramenta pronta), não só posso coletar dados sobre áreas específicas de seu aprendizado que quero entender, mas também sou capaz de revelar o aprendizado de maneiras que eu não havia considerado ou previsto". Ela acrescenta que, ao fornecer informações procuradas e inesperadas, as rotinas de pensamento "ajudam-me a projetar melhores oportunidades de aprendizagem, que apoiam e ampliam o aprendizado dos estudantes de maneiras ricas e diferenciadas à medida que avançamos".

Em cada uma das rotinas compartilhadas na Parte II, há uma seção sobre "Avaliação". Contudo, você não encontrará informações sobre como pontuar ou avaliar as respostas dos estudantes à rotina, porque isso enviaria rapidamente uma mensagem de que você está procurando uma resposta específica, em vez do pensamento deles. O que você encontrará são orientações gerais sobre o que procurar e prestar atenção, seja enquanto realiza uma rotina de pensamento ou enquanto examina as respostas depois, com base no pensamento que a rotina deve promover. Também há sugestões sobre como responder caso perceba respostas fracas ou limitadas, ou se os estudantes estiverem com dificuldades.

Se você precisa ou deseja uma avaliação somativa, sugerimos que a rotina de pensamento seja usada como um veículo para construir a compreensão, com toda a complexidade que isso possa implicar, seguida por uma tarefa mais tradicional em que os estudantes compartilhem sua compreensão. Um grande exemplo disso é o uso que Tom Heilman faz de *Descascando a fruta* (ver Capítulo 4). Os estudantes do ensino médio de Tom na Washington International School (WIS) usam essa rotina para trabalhar em grupos a fim de construir sua compreensão de um poema. Em seguida, escrevem um comentário crítico individual do poema. Tom intervém, questiona, informa e apoia o aprendizado enquanto eles usam a rotina *Descascando a fruta*. Essa é a prática de avaliação formativa em ação. Em seguida, ele classifica os comentários críticos com base no que eles são capazes de construir sobre o significado do poema, apoiados nas evidências do poema. Assim, os estudantes valorizam seu tempo *Descascando a fruta*, não como uma tarefa de avaliação formativa sem nota, e sim pela oportunidade de criar a compreensão que ela proporciona (veja Tom discutindo seu uso de *Descascando a fruta* e avaliação em Peeling..., 2020 [conteúdo em inglês]).

MELHORAR A APRENDIZAGEM (MESMO QUANDO MEDIDA POR TESTES PADRONIZADOS)

Quando iniciamos o Projeto Pensamento Visível, tivemos dificuldade em fazer as escolas nos Estados Unidos trabalharem com nosso projeto de pesquisa, mesmo que gratuitamente, porque nosso trabalho não era especificamente sobre aumentar as notas das provas. Isso foi no auge do movimento "Parâmetros e Responsabilização" (*Standards and Accountability*) no país. Explicamos que nosso projeto era fazer com que os estudantes pensassem, se envolvessem e desenvolvessem a compreensão, mas, mesmo assim não tínhamos participantes. Mais tarde, quando começamos a compartilhar o trabalho do projeto e as rotinas de pensamento associadas de forma mais ampla, continuamos a receber perguntas sobre como elas se relacionavam com o desempenho nas provas. Para ser honesto, não fomos capazes de responder a essas perguntas. Sabíamos que as rotinas envolviam os estudantes em sua aprendizagem, que possibilitavam o pensamento e ajudavam a melhorar a compreensão. Sentimos que isso os ajudaria em testes padronizados, mas não tínhamos evidências. No entanto, nos anos seguintes, conseguimos coletar esses dados.

Como observa o professor do 3º ano Erik Lindemann, "os testes padronizados de hoje incluem componentes de resolução de problemas mais abertos, que exigem uma análise mais complexa. Tornar o pensamento visível ajuda os estudantes a entenderem essas questões, bem como os tipos de pensamento necessários para completar as tarefas. Quando eles têm uma compreensão profunda de seus próprios processos de pensamento e de como aplicá-los, podem atuar com 'proficiência'". Por considerarmos o TPV um conjunto complexo de práticas que precisam de tempo e apoio para amadurecer, não o vemos como um programa que se adota e depois se avaliam os resultados. Assim, para verificar os efeitos sobre o desempenho, contamos com os dados de educadores e escolas específicos que o adotaram como um objetivo e uma prática, incentivando-o em suas escolas ou salas de aula por meio do aprendizado profissional sustentado.*

Os resultados têm sido impressionantes. Em 2010, o Departamento de Inglês da WIS viu as pontuações médias dos estudantes no diploma do *International Baccalaureate* (IB), tanto de *Higher Level* (HL) quanto de *Standard Level* (SL),** aumentarem significativamente em relação ao ano anterior (ver Figura 1.1). Esses ganhos foram impressionantes especialmente para os estudantes das aulas de inglês do SL, cujas notas médias passaram de 5,2 (na escala de 7 pontos), em 2009, para 6,07, em 2010. Além disso, 79,3% dos estudantes de SL receberam uma pontuação máxima de 7 ou 6 em seus exames da área de inglês em 2010, em comparação com apenas 30% no ano anterior. Em 2011, as notas mantiveram-se estáveis para os estudantes das turmas do HL, mas continuaram a subir para os do SL, atingindo uma pontuação média de 6,23, com 87,1% obtendo nota 6 ou 7 e nenhum deles obtendo nota inferior a 5. Esse não foi apenas um forte aumento no desem-

---

* N. de R.T.: No original, *sustained professional learning*, refere-se ao processo contínuo de aprendizado e desenvolvimento profissional dos educadores ao longo do tempo. Isso envolve não apenas participar de cursos ou formações pontuais, mas também buscar oportunidades de aprendizado contínuo e aprofundado, visando aprimorar constantemente suas habilidades e práticas pedagógicas.

**N. de R.T.: O IB é um programa educacional internacional oferecido em escolas do mundo todo, composto por disciplinas em dois níveis de dificuldade: HL e SL. Os estudantes que completam com sucesso esse programa recebem um diploma reconhecido internacionalmente, que é amplamente valorizado por instituições de ensino superior e empregadores em todo o mundo. As disciplinas HL geralmente exigem um estudo mais aprofundado e são consideradas mais desafiadoras do que as disciplinas SL, proporcionando aos estudantes uma educação abrangente e rigorosa.

IB de Inglês A1 *Higher Level*			
Ano	N	Nota média	Percentual de notas 7 ou 6
2009	29	5,07	24,1%
2010	36	5,58	52,8%
2011	24	5,54	50,0%

IB de Inglês A1 *Standard Level*			
Ano	N	Nota média	Percentual de notas 7 ou 6
2009	30	5,20	30,0%
2010	29	6,07	79,3%
2011	31	6,23	87,1%

Figura 1.1 Notas do *International Baccalaureate* (IB) da Washington International School (WIS) nos exames de Inglês A1 para os anos de 2009 a 2011.

penho, mas também uma surpresa devido ao maior número de estudantes que necessitavam de apoio à aprendizagem na turma de 2011. Os professores atribuíram isso ao fato de o corpo docente de 2011 ter experimentado três anos seguidos de práticas de TPV. Enquanto o desempenho em inglês foi excelente, outras disciplinas na WIS tiveram ganhos semelhantes. Os níveis de desempenho mantiveram-se bastante consistentes nos oito anos seguintes.

Em Melbourne, Austrália, quando Nathan Armstrong começou a trabalhar com o pensamento visível e a construir uma cultura de pensamento em suas aulas de inglês avançado no Wesley College, ele viu a porcentagem de estudantes com notas entre os 10% melhores no Victoria Certificate of Education (VCE)* aumentar 2,5 vezes, passando de 21%, em 2007, para 55%, em 2008. Essa alta taxa de desempenho manteve-se estável nos anos seguintes. No St. Philip's Christian College, em Newcastle, Austrália, os pais até reconheceram a diferença que as práticas de TPV estavam fazendo para os estudantes. Um deles escreveu o seguinte à professora de inglês do ensino médio Judy Anastopoulos:

Prezada Judy,

James [um pseudônimo] era um estudante de inglês abaixo da média na 1ª série do ensino médio, com pouca ambição de alcançar resultados bem-sucedidos em

---

* N. de R.T.: O VCE é um certificado de conclusão do ensino médio concedido aos estudantes no estado de Victoria, Austrália, após a conclusão bem-sucedida de seus estudos. Esse certificado é amplamente reconhecido e valorizado por instituições de ensino superior e empregadores na Austrália e em todo o mundo.

seu New South Wales Higher School Certificate (HSC).* Sua aplicação ao inglês com a introdução de uma nova abordagem para aprender usando rotinas de pensamento aumentou sua linguagem falada e sua confiança, mas o resultado disso é o roteiro escrito que o coloca em um nível 6 [mais alto nível de desempenho] em seu HSC para inglês. Meu agradecimento e profunda gratidão pelo progresso do meu filho!!!!!

Durante os últimos quatro anos, o St. Leonard's College, em Melbourne, Austrália, tem trabalhado para construir uma cultura de pensamento empregando práticas de TPV. O diretor Stuart Davis sabe que há uma tendência para as escolas celebrarem aqueles com melhor desempenho e ganhar propaganda com base no número de estudantes que podem colocar no topo. No entanto, quando os estudantes são classificados uns contra os outros, como na Austrália, isso significa que apenas uma porcentagem muito pequena deles pode atingir tal desempenho. O 1% no topo é limitado a justamente 1% dos estudantes no país a cada ano. Além disso, ao se concentrarem excessivamente nos melhores desempenhos, as escolas negligenciam a maioria dos estudantes que deve educar. Stuart acredita que a melhor maneira de avaliar a diferença que as práticas de TPV fizeram é olhar para o que está acontecendo com as notas medianas (o ponto em que metade dos estudantes pontua acima e metade, abaixo) e com as notas daqueles no quartil inferior da escola, em vez de apenas observar os com melhor desempenho. Em outras palavras, as práticas de TPV estão ajudando estudantes com desempenhos inferior e médio? No St. Leonard's, as notas medianas do Australian Tertiary Admission Rank (ATAR),** representando uma classificação percentual de todos os estudantes que cursam o equivalente à 3ª série do ensino médio na Austrália, têm subido constantemente a cada ano: 2015 = 81,55; 2016 = 85,58; 2017 = 87,4 e 2018 = 90,5. As notas do quartil infe-

---

* N. de R.T.: O HSC é um certificado de conclusão do ensino médio concedido aos estudantes no estado de New South Wales após a conclusão bem-sucedida de seus estudos, como é o caso dos jovens de St. Philip's Christian College, em Newcastle, Austrália.

**N. de R.T.: O ATAR é um sistema de classificação utilizado na Austrália para auxiliar na seleção de estudantes para ingresso em cursos de ensino superior. Esse *ranking* é calculado com base no desempenho dos estudantes em seus estudos finais do ensino médio, como o HSC ou o VCE, e é amplamente utilizado por universidades australianas como critério de admissão. O ATAR representa a posição relativa de um estudante em relação aos demais candidatos e é uma ferramenta importante para orientar as decisões de admissão nas instituições de ensino superior.

rior de estudantes na escola também têm aumentado: 2015 = 68,92; 2016 = 73,06; 2017 = 76,97 e 2018 = 78,24.

Nas turmas equivalentes aos anos finais do ensino fundamental, a Intellectual Virtues Academy, em Long Beach, Califórnia, uma escola que tornou as rotinas de pensamento essenciais desde sua fundação, em 2013, superou o desempenho de seu distrito na Smarter Balanced Assessment de 2015 (o primeiro ano desse teste) em matemática e leitura, ultrapassando bastante as médias estaduais. A Mandela International Magnet School (MIMS) em Santa Fé, Novo México, foi fundada em 2014 como uma escola pública atrativa e não seletiva de ensino fundamental, usando o IB Middle Years Program. A escola acabaria por crescer para incluir estudantes até as turmas equivalentes ao ensino médio. Trabalhamos com essa escola desde a sua criação, sob uma bolsa da Melville Hankins Family Foundation. Durante os três anos em que o Novo México administrou o exame Partnership for Assessment of Readiness for College and Careers (PARCC) de forma consistente, as notas da MIMS aumentaram constantemente em inglês do 8º ano, com taxas de proficiência de 46% em 2016 (27% para estudantes hispânicos), 60% em 2017 (41% para hispânicos) e 67% em 2018 (59% para hispânicos).* Em matemática do 8º ano, as notas não foram tão consistentes, com 44% em 2016, 39% em 2017 e 49% em 2018. No entanto, essas notas mostram crescimento em longo prazo e são extremamente fortes quando comparadas com a média distrital de 17% para o mesmo período. Também é interessante olhar para um grupo de estudantes que progridem na escola para ver o que acontece com seus níveis de proficiência ao longo do tempo. Ao acompanhar os estudantes do 7º ano de 2016 como um grupo, suas taxas de proficiência em inglês como um todo passaram de 46%, em 2016, para 67%, em 2017, e para 77%, em 2018. Considerando apenas os hispânicos nesse grupo, as notas passaram de 24%, em 2016, para 41%, em 2017, e para 56%, em 2018.

Em 2010, a Way Elementary, em Bloomfield Hills, Michigan, viu o desempenho dos estudantes na nova avaliação de redação estadual superar

---

* N. de R.T.: No original, *hispanic student*, termo utilizado para se referir a estudantes de origem hispânica ou latino-americana. Esse termo engloba uma variedade de origens étnicas e culturais, incluindo pessoas de descendência mexicana, porto-riquenha, cubana, dominicana, entre outras. É importante notar que a categoria "*hispanic*" é amplamente utilizada nos Estados Unidos para fins de coleta de dados demográficos e estatísticos, mas não reflete necessariamente a identidade individual de cada estudante.

em muito os colegas do distrito que estavam usando o mesmo programa de redação, com 82% deles obtendo pontuação proficiente ou superior, contra 66% no distrito como um todo. A única diferença foi que a Way se dedicou a ser uma escola de "pensamento visível" a partir de 2008. Como se trata de uma nova avaliação, não há dados sobre anos anteriores, mas os dados comparativos entre a Way Elementary e escolas com uma população estudantil semelhante no distrito, e usando o mesmo programa de escrita, fornecem uma boa comparação quase experimental. Da mesma forma, a Bemis Elementary, em Troy, Michigan, atingiu uma taxa de 85% de proficiência ou mais em língua inglesa e literatura em 2010, e viu esse número aumentar para 98% em 2013, por ter o pensamento visível como uma parte regular de sua prática. A Bemis também observou um aumento considerável nas notas dos estudantes no nível *avançado* em matemática, com desempenho inicial de 28% em 2010, 37% em 2011, 49% em 2012 e chegando a 50% em 2013.

Esses exemplos poderiam ser descartados como não avaliativos e não rigorosos, pois não se trata de um contexto de pesquisa experimental (uma ocorrência rara na pesquisa educacional). Com base nesses dados, não há como medir o nível de tamanho do efeito que se pode obter se as práticas de TPV forem "implementadas". Também não é possível ver como isso se compara a intervenções mais diretas ou programas de único foco. Além disso, reconhecemos que há variáveis confusas no fato de que essas escolas tinham um propósito e visão claros e eram guiadas por uma liderança forte, o que sabemos que afeta a aprendizagem. O que consideramos que os dados nos dizem é que os esforços para tornar o pensamento visível podem, nas mãos certas e perseguidos ao longo do tempo, melhorar muito o desempenho dos estudantes – mesmo em testes padronizados.

Isso não é uma surpresa. Quando os estudantes estão mais engajados cognitivamente, sabemos que o desempenho aumenta (Newmann; Wehlage; Lamborn, 1992; Shernoff, 2013). Um estudo recente de professores de física de Harvard descobriu que os estudantes aprendiam mais com métodos de aprendizagem ativa do que com aulas mais diretas e passivas (Deslauriers *et al.*, 2019), apesar de sentirem que aprendiam melhor com essas aulas. Quando compreendem o material profundamente, eles tendem a recordá--lo e a transferi-lo para novos contextos com mais facilidade e têm melhor desempenho em situações de resolução de problemas (Newmann; Marks; Gamoran, 1996; Newmann; Bryk; Nagaoka, 2001). E, quando estão engajados no pensamento, sua compreensão aumenta. Portanto, não devemos ser muito céticos de que tais esforços, mesmo quando não projetados como um programa para ser implementado, teriam um efeito sobre o desempenho. Como Cameron Paterson afirma: "Quando eu torno o pensamento dos estudantes visível, ele torna-se compartilhado, então é o 'nosso' pensamento, refletidos uns nos outros, em vez de ficar trancado dentro de cada cabeça. Esse processo de compartilhar o pensamento em público constrói nosso entendimento coletivo. Todos nós aprendemos mais *e* eles se saem bem nos testes". Além disso, nunca vimos as notas diminuírem quando as escolas ou os professores adotam o pensamento visível. Isso é consistente com outros esforços para envolver os estudantes profundamente na aprendizagem (Claxton *et al.*, 2011).

Para aqueles interessados em dados experimentais em que o emprego de rotinas de pensamento é usado como um tratamento para comparar com o desempenho de um grupo-controle, é instrutivo analisarmos um estudo quantitativo recente de Yerko Sepulveda e Juan I. Venegas-Muggli, da Universidad Tecnológica de Chile INACAP (Sepulveda Larraguibel; Venegas-Muggli, 2019). Eles estudaram 883 universitários de escolas de negócios que fizeram um curso básico de custo e orçamento (usando o mesmo programa de estudos, questionários e exames), distribuídos em 32 seções de curso diferentes e três *campi* diferentes. Os 152 estudantes que foram ensinados usando rotinas de pensamento (cinco rotinas diferentes foram usadas regularmente) alcançaram uma nota final no exame que foi, em média, 1,3 pontos mais alta (em uma escala de 1 a 7) do que a de seus colegas que foram ensinados com métodos tradicionais identificados em dois grupos-controle.

Uma pergunta relacionada, que às vezes nos é feita sobre o pensamento visível, é: qual é a evidência empírica de sua eficácia? Embora possa parecer que se trata da mesma questão sobre as notas dos testes, evidências empíricas e evidências experimentais não são necessariamente as mesmas. A evidência empírica tem a ver com o que pode ser observado ou verificado a partir da experiência. A evidência empírica para o TPV é acessível a todos. Ao usar uma rotina de pensamento, você pode responder por si mesmo: como isso mudou o engajamento dos estudantes? Eles estão ampliando sua compreensão? Como a rotina facilitou a exploração do tema? Os estudantes foram mais fundo, em comparação com a abordagem mais tradicional que eu usava? O que você vê no momento, a partir da revisão com os estudantes e da sua análise e reflexões sobre o trabalho posteriormente, constitui sua própria evidência empírica e deve ser valorizada. Não devemos deixar que as notas dos testes sejam a única história que é contada a respeito de nossas escolas e salas de aula. É hora de fornecermos evidências muito mais robustas de aprendizado para pais, estudantes e comunidade.

Embora não tenhamos focado nas práticas de TPV como um meio de aumentar as notas nos testes, isso não significa que não tenhamos feito pesquisas sobre seus efeitos. Desde que criamos rotinas para desenvolver a capacidade de pensamento dos estudantes, isso é o que avaliamos em nossas pesquisas anteriores. Descobrimos que o uso regular de práticas de TPV teve um efeito considerável no desenvolvimento do conhecimento metaestratégico dos estudantes, ou seja, na conscientização deles sobre as estratégias que tinham à sua disposição. O conhecimento metaestratégico de uma pessoa é um fator-chave na capacidade de dirigir seu pensamento e dizer a si mesmo o que fazer como pensador. Portanto, as práticas de TPV facilitam o desenvolvimento dos estudantes como pensadores e aprendizes. Consulte Ritchhart, Turner e Hadar (2009) para uma explicação completa dessa pesquisa.

DESENVOLVER FORMAS DE PENSAMENTO

O principal objetivo do Projeto Pensamento Visível foi desenvolver os estudantes como pensadores e aprendizes, cultivando suas maneiras de pensar. Uma tendência de pensamento captura os padrões pessoais de interação com o mundo. Nossas maneiras de fazer isso fazem parte do nosso caráter e refletem quem somos como pensadores e aprendizes. É claro que uma maneira de pensar vai além de simplesmente ter a habilidade ou proficiência – implica que um indivíduo também está *inclinado* a usar essas habilidades, está *ciente* e sensível às ocasiões para o uso dessas habilidades, e está *motivado* no momento de implantá-las (Ritchhart, 2002). Assim, a habilidade, a inclinação, a conscientização e a motivação devem estar presentes para que possamos dizer que se tem uma determinada tendência.

Quando os professores usam rotinas de pensamento, eles ajudam os estudantes a desenvolverem sua capacidade de pensar, construindo um repertório de movimentos de pensamento. Esse processo é ainda mais aprimorado quando nomeamos explicitamente o pensamento e o indicamos em nossa introdução de uma rotina como uma ferramenta de pensamento destinada a servir a um propósito. Ao ter o mapa da compreensão (ver Figura 2.1, no Capítulo 2) afixado na sala de aula ou nos seus cadernos para facilitar a consulta, os estudantes têm à sua disposição um repertório de movimentos de pensamento. A professora de 5º ano Sandra Hahn, da International School of Bangkok, comentou: "Os estudantes tornaram-se especialistas em identificar os movimentos de pensamento que usavam e em descrever como isso era usado para ajudá-los a encontrar uma solução para nosso problema semanal de matemática. Alguns foram ainda mais longe, criando uma pergunta pessoal que poderiam usar em outra situação para acessar esse movimento de pensamento".

Quando tornamos o pensamento visível como parte regular das aulas, por meio do uso de rotinas de pensamento, documentação, questionamento e escuta, enviamos uma mensagem aos estudantes de que o pensamento é valorizado. Ele é incorporado em tudo o que fazemos e torna-se parte da estrutura da sala de aula. Os estudantes passam a ver o valor em seu pensamento e tornam-se mais inclinados a pensar como uma parte importante de seu aprendizado, em vez de como um complemento ocasional. Isso muda quem eles são como aprendizes.

A Bemis Elementary, em Troy, Michigan, tem uma longa história de uso de práticas de TPV. Eles abraçaram o objetivo e as práticas de forma ampla. Ao longo dos anos, a professora do 5º ano Kim Smiley observou a diferença que isso fez. "À medida que os estudantes trazem consigo mais anos de experiência com as rotinas de pensamento, eles vão internalizando-as. Como resultado, a maneira como eles abordam as conversas e a linguagem que utilizam mudou. Eles falam sobre seu pensamento com facilidade e sem esforço". Da mesma forma, Denise Coffin viu como o esforço normal para tornar o pensamento visível muda as crianças da educação infantil. "Ao longo dos anos, tenho notado que as crianças levam tudo isso consigo quando saem da educação infantil. O pensamento continua a se aprofundar e a rotina torna-se um hábito ou disposição inata. Vejo elas levarem essa identidade de aprendizagem recém-formada, rotinas e tudo mais para outras disciplinas e até mesmo para interações com suas famílias".

Quando se trata do desenvolvimento de maneiras de pensar, nossa pesquisa mostrou que, muitas vezes, o maior impedimento para a realização de uma disposição é a falha dos indivíduos em identificar ocasiões em que possam utilizar suas habilidades (Perkins *et al.*, 2000). As pessoas geralmente têm a capacidade de pensar, mas não conseguem identificar as ocasiões em que deveriam usar essas habilidades. Nas escolas, o desenvolvimento da consciência pode ser problemático, pois em geral os educadores dizem aos estudantes exatamente quando e onde usar suas habilidades. Para desenvolver a conscientização, os educadores têm que dar um passo atrás e permitir que os estudantes avancem para tomar mais dessas decisões. Logicamente, se não conseguirem identificar a oportunidade, podemos intervir, mas fazê-lo antes que os estudantes tenham tido a chance de identificar a ocasião priva-os da oportunidade de desenvolvimento de disposições.

A professora Katrin Robertson, da University of Michigan, começou a ver essa conscientização se desenvolvendo nos estudantes. "Uma vez que eles internalizaram as estruturas de uma série de rotinas, começaram a sugerir qual rotina queriam usar para que o pensamento *deles* fosse o centro do nosso aprendizado, e não do meu. Foi emocionante vê-los assumir a liderança e fazer essas escolhas por si mesmos, em vez de eu ser a única a planejar tudo." No outro extremo do espectro da aprendizagem, a professora da educação infantil Jennifer LaTarte, da Bemis Elementary, reconheceu que precisava passar mais controle para as crianças, a fim de permitir seu desenvolvimento de atitudes para pensar. "Ao dar voz às crianças, você envia a mensagem de que suas ideias e pensamentos são relevantes para o aprendizado que ocorre e, se lhes dermos o bastão, elas começam naturalmente a assumir o controle de seu aprendizado."

CONCLUSÃO

Com base no poder das práticas de TPV que articulamos aqui, pode-se supor que identificamos uma pílula mágica para curar os males das escolas, diminuir a carga dos educadores e aumentar drasticamente o aprendizado dos estudantes. Infelizmente, esse não é o caso. O que tentamos fazer neste capítulo é mostrar aonde o uso das práticas de TPV pode levar você, seus estudantes e sua escola. As seis forças articuladas neste capítulos são baseadas em nossa pesquisa em salas de aula nas quais os professores se envolveram profundamente com as práticas de TPV no decorrer do tempo, de forma sustentada e com o apoio de seus colegas. É somente por meio de tais esforços contínuos que é provável que se realize qualquer uma dessas forças, não todas elas. Ensinar e aprender são tarefas complexas, e devemos respeitar essa complexidade. Não há soluções rápidas no ensino, apenas esforços significativos para criar as condições para a aprendizagem. As práticas de TPV existem como parte desses esforços importantes.

Saber o que é possível e entender o potencial das práticas de TPV ajudam a evitar a maior armadilha que vimos na implementação de rotinas de pensamento: que elas são apenas atividades usadas para quebrar a monotonia da escola. À medida que você estiver lendo mais sobre as práticas e caminhando através das novas rotinas de pensamento que compartilhamos nos próximos capítulos, lembre-se do potencial que apresentamos aqui. Ao integrar essas práticas em seu ensino, pense nessas seis forças formando uma teoria de ação pela qual você pode julgar seu sucesso (City *et al.*, 2009). Uma teoria de ação une as ações de ensino com os resultados esperados que surgem delas. Ter uma teoria de ação articulada, seja para si mesmo, seja para toda a escola, ajuda-nos a evitar a armadilha da implementação, na qual apenas implementamos um conjunto de práticas e esperamos o melhor. As teorias de ação nos fornecem os critérios de que precisamos para avaliar nossos esforços.

O que pode significar usar as seis forças articuladas como uma teoria de ação? Uma possibilidade é: *se* eu/nós usamos as práticas de TPV para envolver ativamente os estudantes uns com os outros, com ideias e em ação, então o estudante experimentará a aprendizagem profunda, estará mais engajado e assumirá papéis mais ativos em seu aprendizado, se desenvolverá como pensador e aprendiz e melhorará os resultados de sua aprendizagem. Ao mesmo tempo, nós, como educadores, poderemos ser melhores ouvintes, aprenderemos a incentivar a iniciativa dos estudantes e obteremos novas ideias sobre o seu aprendizado, que nos ajudará a planejar um direcionamento mais responsivo. Uma teoria de ação não precisa incluir todas as seis forças, como fizemos aqui. Você pode querer se concentrar em uma ou duas delas especificamente, por um período, para depois expandi-las. Encorajamos você a criar sua teoria de ação, baseando-se nas seis forças, e a revisá-la frequentemente ao longo de seus esforços para usar as práticas de TPV compartilhadas aqui. Se você descobrir que, ao longo do tempo, seus esforços e ações sustentados não estão levando aos resultados esperados, reflita com os colegas sobre por que isso pode estar acontecendo. No decorrer deste livro, você encontrará sugestões úteis de solução de problemas, tanto no que diz respeito a rotinas individuais quanto, mais frequentemente, sobre as práticas de TPV. Revisite-as enquanto trabalha com as práticas de TPV para orientar suas reflexões.

2

Tornar o pensamento visível
Objetivo e conjunto de práticas

Tornar o pensamento visível não é um programa, uma intervenção ou mesmo um modelo (*framework*). Por vezes, referimo-nos a isso como uma abordagem, para ajudar a transformá-la em uma iniciativa mais ampla que não pode ser simplesmente retirada da prateleira e implementada. Passamos a sentir que tornar o pensamento visível é mais bem entendido tanto como um objetivo amplo do ensino quanto como um conjunto de práticas para apoiar esse objetivo. Vamos explorar os dois.

TORNAR O PENSAMENTO VISÍVEL COMO OBJETIVO DO ENSINO

Se acreditamos que a aprendizagem é uma consequência do pensamento (Perkins, 1992), então queremos fazer com que os estudantes não apenas pensem, mas também compreendam esse processo de pensamento à medida que ele se desdobra, para que possamos apoiá-lo, estimulá-lo e desenvolvê-lo. Quando tornamos o pensamento visível, ele não apenas nos oferece uma janela para *o que* os estudantes entendem, o produto de seu pensamento, mas também para *como* eles estão entendendo, o processo de seu pensamento. É claro que descobrir o pensamento dos estudantes provavelmente tanto nos dará evidências das suas percepções quanto nos revelará seus equívocos.

Ensinar não é falar, e a entrega de conteúdo em um ritmo pré-programado não gera aprendizagem profunda. O aprendizado acontece quando os estudantes se envolvem com ideias, questionam, exploram e constroem significados com nossa orientação e apoio. Portanto, precisamos tornar o pensamento visível porque isso nos dá as informações necessárias para planejar oportunidades que levarão o aprendizado dos estudantes para o próximo nível e permitirão o envolvimento contínuo com as ideias que estão sendo exploradas. Somente quando entendemos o que os estudantes estão pensando, sentindo e observando é que podemos usar esse conhecimento para envolvê-los e apoiá-los ainda mais no processo de compreensão. Assim, tornar o pensamento dos estudantes visível torna-se um componente contínuo de um ensino eficaz e personalizado.

Tornar o pensamento dos estudantes visível também serve a um propósito educacional mais amplo, que vai além do conteúdo, para focar na pergunta: quem os estudantes estão se tornando como pensadores e aprendizes, como resultado de seu tempo conosco? Essa pergunta fala de um propósito da educação que ultrapassa o teste, indo para uma vida inteira de aprendizado, engajamento e ação. Fala da própria noção de identidade. Para desenvolver essa identidade como pensador e aprendiz, precisamos desmistificar o processo de pensamento e torná-lo visível. Quando fazemos isso, oferecemos aos estudantes modelos do que significa se envolver com ideias, pensar e aprender. Ao fazer isso, desfazemos o mito de que aprender é apenas uma questão de enviar informações do livro didático para a memória. A escola não se trata mais de "resposta certa rápida", mas do trabalho mental contínuo de compreensão de novas ideias e informações. Em seu artigo, Collins, Brown e Holum (1991) vincularam a ideia de tornar o pensamento visível ao aprendizado cognitivo. Eles sugeriram que a aprendizagem profunda e o conhecimento de um domínio não surgem apenas da aquisição de conhecimento, e sim de aprender a pensar como as pessoas naquele campo específico pensam. Isso é realizado quando os mentores compartilham os processos de seu pensamento com os aprendizes de tal forma que o processo de pensamento se torna uma peça central da aprendizagem.

Vygotsky (1978, p. 88), escrevendo sobre a importância do contexto sociocultural da aprendizagem no fornecimento de modelos, afirmou: "[...] as crianças crescem na vida intelectual daqueles que as cercam". Esta é uma das nossas citações favoritas, porque fornece uma metáfora poderosa para o significado de educar. Com que tipo de vida intelectual estamos cercando nossos estudantes? Isso é robusto, inspirador e complexo? Como estamos promovendo seu crescimento na vida intelectual? O que eles estão aprendendo sobre aprender em nossas salas de aula? Como estamos orientando-os nos processos de pensar, aprender, resolver problemas, projetar, debater e exercer a cidadania? Como podemos ir além de apenas transmitir conhecimento e passar dicas de como obter notas altas em exames externos, para de fato preparar os estudantes, não para as provas, mas para a vida?

TORNAR O PENSAMENTO VISÍVEL COMO UM CONJUNTO DE PRÁTICAS

Pensar é um processo interno, algo que acontece no funcionamento da mente. Como tal, pode parecer misterioso e inacessível – daí a necessidade de torná-lo visível. Aqui, usamos o termo "visível" não apenas para representar o que pode ser visto com os olhos, mas também para o que podemos perceber, observar e identificar. Quando tornamos o pensamento visível, ele torna-se aparente para ambos os lados, professores e estudantes. Torna-se, então, algo que pode ser analisado, sondado, desafiado, incentivado e avançado. Quatro práticas são usadas para tornar o pensamento visível:

- questionamento;
- escuta;
- documentação;
- rotinas de pensamento.

Embora cada uma das práticas possa ser discutida, examinada e refletida separadamente, na realidade elas existem como práticas integrativas, que se aprimoram e se complementam.

Questionamento

As perguntas não apenas impulsionam o pensamento e o aprendizado, mas também são resultados disso. À medida que nos envolvemos com novas ideias e desenvolvemos nossa compreensão, novas perguntas surgem. Voltaire disse para "Julgar um homem mais por suas perguntas do que por suas respostas", pois elas tendem a revelar a verdadeira profundidade de compreensão de uma pessoa, bem como seu envolvimento com a questão. O papel central das perguntas é evidente em quase todas as rotinas de pensamento. Muitas rotinas, como *Beleza e verdade*, *Os 3 porquês*, *Os 4 se's* e *O quê? E então? E agora?*, apresentam perguntas específicas, as quais podem ajudar a impulsionar o pensamento e a aprendizagem. Outras rotinas, como *Descascando a fruta*, *ESP+I*, *Discussão sem líder* e *Falar-perguntar-idear--aprender* (SAIL), tornam essencial a formulação de questionamentos originais. Essas perguntas permitem que os estudantes sejam os condutores de sua própria aprendizagem e revelem sua curiosidade, bem como sua compreensão, da maneira como Voltaire identificou. Temos até mesmo uma rotina para lidar com as próprias perguntas, *Classificação de perguntas*, que ajuda os estudantes a construírem boas questões para estruturar a investigação.

Além dessa natureza de perguntas nas rotinas, descobrimos que não se pode ser eficaz em tornar o pensamento visível sem fazer o que chamamos de perguntas facilitadoras – que sondam as respostas dos estudantes, demonstram nosso interesse em seu pensamento e oferecem a oportunidade de ir mais fundo. Nossa pergunta facilitadora favorita é: "O que faz você dizer isso?". Nós até a apresentamos como sua própria rotina em nosso primeiro livro, abreviando-a como WMYST (do inglês *What makes you say that?*). Os educadores a chamaram de "a pergunta mágica", devido à forma como desbloqueia o pensamento dos estudantes, revelando muitas vezes um pensamento inesperado atrás de uma resposta. Os professores observaram que, por meio do uso constante do WMYST, eles aprendem muito mais e têm conversas muito mais profundas com estudantes, amigos e familiares. Verificamos que a formulação dessa pergunta parece dar o tom certo às pessoas e as convida a elaborar e esclarecer suas ideias de forma não ameaçadora. É claro que perguntas como "Diga-me por quê?" ou "Qual é o seu motivo para isso?" também são facilitadoras e cumprem o mesmo papel. Elas pedem uma explicação mais completa, mas, dependendo do tom e da maneira como são ditas, podem não comunicar o mesmo nível de curiosidade e interesse que WMYST.

Ao utilizar perguntas facilitadoras, o objetivo do professor é compreender o pensamento do estudante, entrar em sua cabeça e tornar seu pensamento visível. Assim, mudamos o paradigma do ensino *de* tentar transmitir aos estudantes o que está em nossa cabeça *para* tentar levar o que está na cabeça deles para dentro da nossa. Pesquisas têm mostrado que a maioria das perguntas dos professores nas salas de aula tradicionais são questões de revisão (Goodlad, 1984; Boaler; Brodie, 2004; Ritchhart, 2015), as quais soam como um miniquestionário e tendem a enfatizar a memorização do conhecimento. No entanto, nossa pesquisa mostrou que, quando os professores adotam o objetivo de tornar o pensamento visível, a maioria das perguntas que eles fazem são de natureza facilitadora. Quando se está mais curioso sobre o pensamento e menos interessado em ouvir respostas corretas, essa mudança é natural. O professor pesquisador Jim Minstrell chegou a cunhar um termo para esse padrão de questionamento, chamando-o de "lançamento reflexivo"* (Van Zee; Minstrell, 1997). No lançamento reflexivo, o primeiro objetivo do professor é tentar "capturar" o significado dos estudantes e entender seus comentários. Se o significado não pode ser compreendido imediatamente, então é feita uma pergunta de acompanhamento, como: "Você pode falar mais sobre isso?" ou "Eu não entendi muito bem, você poderia dizer de uma maneira diferente o que estava pensando?". Uma vez apreendido o significado pelo professor, este "relançamento" de uma pergunta levará o estudante a elaborar e justificar ainda mais seu pensamento, tanto para o professor quanto para ele mesmo: "O que isso lhe diz, então?", "Em que você acha que isso está baseado?", ou novamente nossa favorita, "O que faz você dizer isso?".

Escuta

É claro que não há razão para fazer boas perguntas se não se está ouvindo as respostas. É por meio de nossa escuta que proporcionamos a abertura para que os estudantes tornem seu pensamento visível a nós. Somente quando os estudantes sabem que estamos realmente interessados em seu pensamento é que eles têm uma razão para compartilhá-lo conosco. Assim, a escuta não é apenas uma prática na qual nós, professores, devemos nos engajar, é também uma postura que devemos assumir em sala de aula. Essa postura se reflete bem na "pedagogia da escuta", de Reggio Emilia. Esses educadores acreditam que a escuta deve ser a base da relação de aprendizado que os

---

* N. de R.T.: Esse conceito (no original, *reflective toss*) refere-se a uma metodologia de ensino interativa, na qual o educador faz perguntas que provocam reflexão profunda nos estudantes. A ideia é que o professor "lança" uma pergunta ao estudante, o qual, após refletir, "devolve" a resposta. Essa resposta então é analisada pelo educador, que pode "relançar" outra questão com base nas reflexões do estudante, incentivando um aprofundamento contínuo no assunto. A escolha por "lançamento reflexivo" busca preservar a dinâmica de ida e volta implícita na expressão original, destacando a interação reflexiva como elemento central dessa prática pedagógica.

professores buscam formar com os estudantes. Nesse contexto de aprendizagem, "[...] os indivíduos sentem-se legitimados a representar suas teorias e oferecer suas próprias interpretações de uma determinada questão" (Giudici; Rinaldi; Kechevsky, 2001, p. 81). Como observou a poetisa feminista Alice Duer Miller, "Escutar não é simplesmente não falar", é "ter um interesse vigoroso e humano pelo que nos é dito". Esse vigoroso interesse humano nos permite construir uma comunidade em sala de aula e desenvolver interações que giram em torno da exploração de ideias.

Os pesquisadores English, Hintz e Tyson (2018) referem-se a esse interesse vigoroso como "escuta empática", na qual os professores ouvem "[...] as próprias compreensões, sentimentos e perspectivas do estudante sobre uma ideia ou situação, enquanto ativamente deixam de lado seus próprios interesses, necessidades, perspectivas e julgamentos". A intenção desse tipo de escuta é compreender a perspectiva e a formação de sentido pessoal do estudante. Isso ressoa com os esforços de Jim Minstrell para "capturar" o significado dos estudantes. Ao ouvirmos dessa forma, podemos nos encontrar refletindo sobre nossa compreensão a respeito do tema em discussão, e o pensamento dos estudantes pode mudar nossa própria perspectiva.

No entanto, essa não é a única razão para escutar, particularmente em contextos educacionais. English, Hintz e Tyson (2018) também identificam a "escuta educativa", na qual ouvimos e atendemos aos esforços, desafios e confusões dos estudantes. Aqui, devemos nos esforçar para identificar quando o desafio de um estudante pode levar a um esforço produtivo com as ideias e, por fim, produzir novas ideias para ele, *versus* quando o desafio é esmagador e provavelmente fará um estudante se desligar. Há também a "escuta generativa", na qual ouvimos maneiras pelas quais o pensamento e as ideias dos estudantes podem gerar novas oportunidades de exploração ou expansão dos objetivos.

Documentação

Os processos de pensar e aprender podem ser elusivos e efêmeros. A documentação é o esforço para capturá-los com a maior riqueza possível. Porém, onde reside o pensamento? Está nas respostas que os estudantes nos dão? No trabalho final que eles apresentam? Embora esses artefatos possam conter resíduos de pensamento, muitas vezes o pensamento e a aprendizagem são obscurecidos no esforço de obter boas notas e produzir as respostas certas. Estamos mais propensos a encontrar pensamento no processo confuso de trabalhar ideias ao longo do tempo do que no produto final. Quando conseguimos capturar esse processo, ele nos oferece um veículo para análise e reflexão sobre o pensamento.

Nossos colegas do Projeto Zero, Mara Krechevsky, Terri Turner, Ben Mardell e Steve Seidel, passaram décadas investigando como a documentação apoia a aprendizagem dos estudantes e o desenvolvimento dos professores. Eles definem documentação "[...] como a prática de observar, registrar, interpretar e compartilhar, por meio de diversas mídias, processos e produtos de ensino e aprendizagem para aprofundar o aprendizado" (Given et al., 2010, p. 36). Incluída nessa definição está a ideia de que a documentação deve servir para avançar o aprendizado, e não apenas capturá-lo. Como tal, a documentação inclui não apenas o que é coletado, mas também as análises, interpretações e reflexões sobre o pensamento e a aprendizagem que ocorreram. Dessa forma, a documentação tanto se conecta ao ato de escutar quanto o amplia. Para capturar e registrar o pensamento dos estudantes, os professores devem ser observadores e ouvintes vigilantes. Quando capturam as ideias dos estudantes, sinalizam que elas têm valor e merecem ser exploradas e examinadas continuamente.

A documentação do pensamento dos estudantes também fornece um cenário a partir do qual eles podem observar seu próprio processo de aprendizagem, anotar as estratégias que estão sendo usadas e comentar sobre o desenvolvimento da compreensão. A visibilidade proporcionada pela documentação fornece a base para refletir sobre a aprendizagem e para considerá-la objeto de discussão. Assim, a documentação desmistifica o processo de aprendizagem tanto para o indivíduo quanto para o grupo, construindo maior consciência metacognitiva no processo. Para os professores, essa reflexão sobre a aprendizagem funciona como avaliação no sentido mais verdadeiro da palavra, pois a documentação ilumina a aprendizagem e a compreensão dos estudantes. Para descobrir essa riqueza, muitas vezes precisamos de mais olhos do que apenas os nossos. Compartilhar a documentação com colegas pode levar a discussões significativas sobre a aprendizagem e nos permitir perceber aspectos do pensamento dos estudantes e implicações para a instrução que podem ser facilmente perdidas quando trabalhamos sozinhos.

Assim como questionar e escutar são partes integrantes do uso das rotinas de pensamento, a documentação também é. Às vezes, os próprios estudantes documentam seu processo por meio de seu trabalho escrito, feito individualmente ou em grupos. Isso se torna um veículo para compartilhar o pensamento com os outros, não como uma prova de que alguém estava "na tarefa", mas como um artefato para os outros examinarem e comentarem. Outras vezes, os professores precisarão documentar para capturar o pensamento dos estudantes. Uma importante questão norteadora nesses casos é: "O que eu pretendo capturar para que nós, como classe, possamos retornar a isso mais tarde para um exame e análise mais cuidadosos?".

Rotinas de pensamento

As rotinas de pensamento são uma prática central para tornar o pensamento visível. Elas operam como *ferramentas* para estimular e promover o pensamento, como *estruturas* que revelam e apoiam o pensamento, e, por meio de seu uso ao longo do tempo, as rotinas tornam-se *padrões* de comportamento. Descobrimos que, ao aprender a usar rotinas de pensamento de forma eficaz, é útil compreender cada um destes três níveis: ferramentas, estruturas e padrões. Embora cada um deles seja apresentado separadamente na discussão a seguir, é importante reconhecer que as rotinas de pensamento operam nesses três níveis simultaneamente. Mesmo quando prestamos atenção ao aspecto de ferramenta de uma rotina de pensamento, reconhecemos que ela também está ajudando a estruturar e apoiar o pensamento. Ao mesmo tempo, está lentamente se tornando um padrão de comportamento.

Ferramentas. Como professores, primeiro devemos identificar que tipo de pensamento estamos tentando obter e, em seguida, selecionar a rotina de pensamento específica como a ferramenta para esse trabalho. Como qualquer ferramenta, é importante escolher a certa. Se um martelo é necessário, um serrote parece estranho e não funcionará muito bem. Então, de que tipo de ferramenta de pensamento precisamos? Em que tipo de pensamento queremos apoiar nossos estudantes? Se rotinas de pensamento são ferramentas, o que há na caixa de ferramentas?

Como o objetivo de desenvolver a compreensão é de suma importância para escolas comprometidas com a aprendizagem profunda, o pensamento que levará à compreensão é particularmente relevante. Portanto, a maioria das rotinas de pensamento é projetada com esse objetivo em mente. Que pensamento leva à compreensão? Como parte dos Projetos Pensamento Visível e Criando Culturas de Pensamento, identificamos oito movimentos de pensamento específicos que pareciam necessários para a elaboração da compreensão. Se qualquer um deles fosse deixado de fora do processo, provavelmente haveria lacunas significativas na compreensão ou seria muito mais difícil construir uma compreensão robusta do tópico. Esses oito movimentos de pensamento são: observar de perto e descrever o que existe, criar explicações e interpretações, raciocinar com evidências, fazer conexões, considerar diferentes pontos de vista e perspectivas, capturar o núcleo e formar conclusões, ponderar e fazer perguntas, e desvendar a complexidade e ir mais a fundo. Tomados em conjunto, esses oito movimentos formam o que chamamos de mapa da compreensão (ver Figura 2.1).

Ao especificar os tipos de pensamento necessários para construir a compreensão, o mapa da compreensão provou ser muito útil para professores e estudantes. Ele pode ser usado para identificar um tipo de pensamento necessário para ajudar os estudantes a se envolverem com um determinado conteúdo. Uma vez identificado, pode-se selecionar a rotina de pensamento apropriada para promover esse tipo de pensamento. Assim, a rotina torna-se uma ferramenta para atingir um objetivo. Isso é importante na forma como apresentamos as rotinas aos estudantes. Em vez de anunciar: "Hoje vamos fazer a rotina *Construindo significado*", que dá nome a uma atividade, anuncia-se o propósito da aula e os tipos de pensamento que se está tentando ativar e, em seguida, apresenta-se a rotina como uma ferramenta para realizar esse propósito: "Hoje queremos juntar todo o nosso aprendizado, fazer conexões, construir a partir de ideias de outros e levantar algumas questões adicionais. A ferramenta que vamos usar para nos ajudar a fazer isso é a rotina *Construindo significado*".

O mapa da compreensão também pode servir como uma ferramenta útil de planejamento para ajudar os professores a estruturar a compreensão por toda a unidade. Embora, em geral, não se planeje envolver os estudantes em todos os oito movimentos de pensamento em uma única aula, no decorrer de uma unidade, um professor pode facilmente garantir que se envolvam em cada um deles. Da mesma forma, os estudantes que buscam desenvolver sua própria compreensão podem aplicar os vários movimentos de pensamento por conta própria. Para muitos deles, o processo de construção da compreensão é um mistério. Como resultado, procuram continuamente aplicar as ferramentas que têm para memorizar o conhecimento na tenta-

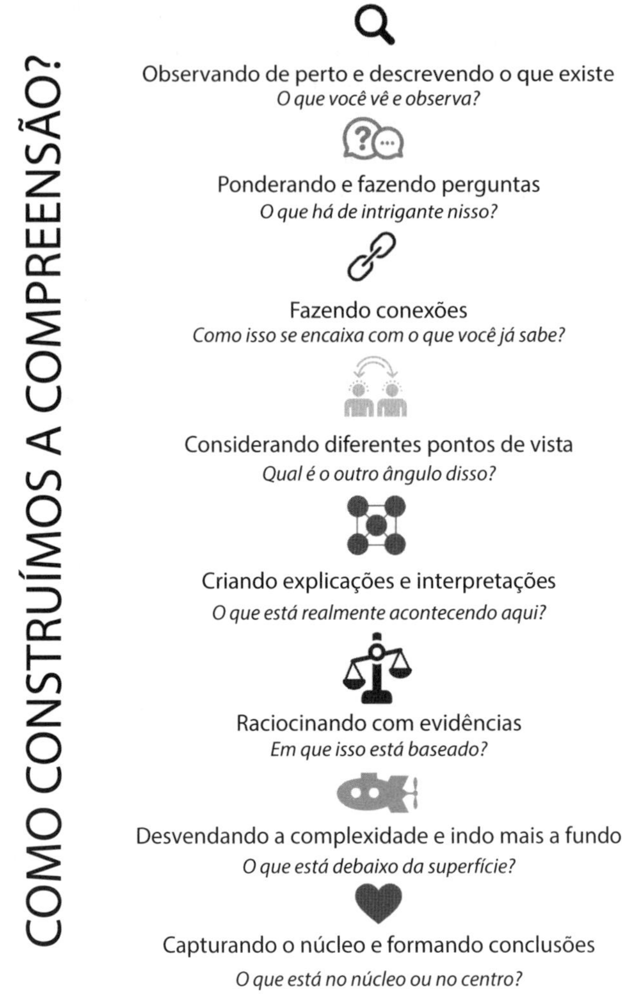

COMO CONSTRUÍMOS A COMPREENSÃO?

Observando de perto e descrevendo o que existe
O que você vê e observa?

Ponderando e fazendo perguntas
O que há de intrigante nisso?

Fazendo conexões
Como isso se encaixa com o que você já sabe?

Considerando diferentes pontos de vista
Qual é o outro ângulo disso?

Criando explicações e interpretações
O que está realmente acontecendo aqui?

Raciocinando com evidências
Em que isso está baseado?

Desvendando a complexidade e indo mais a fundo
O que está debaixo da superfície?

Capturando o núcleo e formando conclusões
O que está no núcleo ou no centro?

Figura 2.1 Mapa da compreensão.

tiva de construir a compreensão – sem muito sucesso, o que não é surpresa. O mapa da compreensão desmistifica esse processo.

Estruturas. As rotinas de pensamento que desenvolvemos foram cuidadosamente elaboradas para apoiar e estruturar o pensamento dos estudantes. Em muitos casos, as etapas da rotina funcionam como andaimes naturais que podem levar o pensamento a níveis mais sofisticados. Por exemplo, ao desenvolver a rotina *Construindo significado*, procuramos sequenciar e estruturar cuidadosamente um processo coletivo para fazer sentido, em que cada passo é construído em cima do anterior. Identificar as principais ideias relacionadas a um conceito estabelece uma base para a elaboração, que cria, então, uma variedade robusta de ideias que podem ser conectadas e das quais novas questões podem surgir. Por fim, para sintetizar e reunir esse processo, pedimos aos estudantes que capturem o núcleo do processo e escrevam uma definição do conceito que está sendo explorado. Assim, as etapas da rotina proporcionam uma progressão natural em que cada uma delas é baseada e amplia o pensamento da anterior.

Ao usar rotinas de pensamento, o objetivo nunca é simplesmente concluir uma etapa e passar para a seguinte, e sim usar o pensamento que ocorre em cada uma delas nas etapas subsequentes. Esse aspecto sequencial pode ser útil quando você começar a experimentar as rotinas em sua sala de aula. Pense em como você usará as respostas dos estudantes e as conectará ao próximo passo, procurando constantemente descobrir como um bom pensamento em uma etapa configura um bom pensamento na etapa seguinte.

Além de servir de base para o pensamento dos estudantes, as rotinas também fornecem estruturas para a discussão das ideias que estão sendo exploradas. Às vezes, os professores se esforçam para apoiar os estudantes a terem discussões valiosas e significativas por conta própria, mas elas podem ser inibidas pela falta de escuta ou pelo foco excessivo na conclusão do trabalho. Se os estudantes sentem que o trabalho do grupo é preencher a folha de exercícios, então eles concentram sua atenção na folha de exercícios, e não na discussão. Pode ser altamente benéfico elaborar um processo ou estrutura para orientar a discussão de um grupo. No entanto, muitas vezes pedimos aos estudantes que discutam ideias sem lhes fornecer uma estrutura para fazê-lo de forma eficaz. Particularmente, as rotinas apresentadas no Capítulo 3 são concebidas como estruturas de interação e discussão.

Por fim, é importante reconhecer que todas as rotinas de pensamento apresentadas foram concebidas como estruturas para tornar o pensamento visível. Embora isso possa parecer evidente, é importante levar isso em consideração para decidir sobre o sucesso de qualquer rotina. Não julgue seu sucesso com a facilidade com que a aula foi dada. Isso melhora com o tempo. Julgue seu sucesso pelo que é revelado sobre o pensamento dos estudantes. A pergunta que precisamos fazer a nós mesmos como professores, depois de usar uma rotina de pensamento, é: "O que eu aprendi sobre o pensamento dos estudantes como resultado de realizar essa rotina?". Se não puder responder a essa pergunta, várias coisas podem estar acontecendo:

- Um foco na correção, em vez de no pensamento.
- A abordagem da tarefa como trabalho, e não como uma oportunidade para explorar.
- Um conteúdo fraco, que oferece poucas oportunidades de pensamento.
- Uma necessidade de modelos de como o pensamento pode se parecer nesse caso.

Vamos examiná-las com mais profundidade e pensar em como cada uma delas pode ser moderada. Os estudantes podem não ter lhe passado aquilo que pensaram porque acharam que você estava procurando apenas uma resposta correta. A única maneira de combater isso é, de forma clara, mostrar interesse e valorizar o pensamento dos estudantes acima de sua correção. Os professores têm uma longa história de validação da correção e, portanto, os estudantes muitas vezes assumem que é isso que estamos buscando. Outra razão para respostas fracas pode ser que os estudantes tenham observado a tarefa como um trabalho a ser feito e, assim, tenham fornecido respostas simplesmente para preencher uma folha de exercícios ou completar as tarefas. Para combater isso, devemos situar claramente o uso de qualquer rotina de pensamento como uma chance de explorar e fazer sentido. A tarefa tem que ser dada com um propósito, como foi discutido anteriormente. Um terceiro culpado que leva a respostas fracas é a possibilidade de o conteúdo em si não ter sido muito rico. As rotinas de pensamento são sempre um casamento entre o conteúdo e a estrutura usada para explorá-lo. Se o conteúdo em si não for robusto e complexo, provavelmente o pensamento também não será. Por fim, os estudantes podem não ter certeza de que tipo de resposta é apropriada. Em outras palavras, eles podem não ter modelos de como deveria ser uma resposta. Uma tendência natural pode ser pensar que é preciso fornecer modelos no início. No entanto, isso pode resultar em uma infinidade de respostas imitativas. O que funciona melhor é simplesmente considerar o primeiro uso de uma rotina como a oportunidade de fornecer modelos. Certifique-se de que os estudantes tenham a chance de compartilhar e ver a resposta uns dos outros. Peça-lhes que identifiquem o que notaram sobre as respostas que realmente revelaram o pensamento de uma pessoa. Faça-os lembrar dessas qualidades na próxima vez que a rotina for usada.

Padrões de comportamento. As rotinas de pensamento devem ser compreendidas dentro da noção mais ampla das rotinas de sala de aula como construtoras de cultura. Nossa instrução ocorre em um contexto, e as rotinas contribuem para o estabelecimento desse contexto por meio da criação de comportamentos socialmente compartilhados e roteirizados (Yinger, 1979; Leinhardt; Steele, 2005). Professores eficazes em promover o pensamento abordam o desenvolvimento do pensamento dos estudantes dessa forma, criando um conjunto de rotinas que eles e seus estudantes podem usar repetidas vezes (Ritchhart, 2002). Os estudantes são capazes de usar as rotinas como "roteiros compartilhados" com independência cada vez maior. O verdadeiro poder das rotinas de pensamento só é totalmente percebido quando elas se tornam padrões de comportamento para estudantes e professores. Quando passam de atividades pontuais efetivas para o reino do "É assim que fazemos as coisas por aqui", começa a transformação dos estudantes como aprendizes. Certamente, isso leva tempo.

Embora a palavra "rotina" possa evocar imagens de rigidez, o que vemos nas salas de aula que estudamos é que, com o uso e com o tempo, as rotinas de pensamento se tornam flexíveis, em vez de rígidas, evoluindo continuamente. Observamos os professores constantemente adaptando rotinas de pensamento para melhor servir à aprendizagem em questão. Um elemento de uma rotina pode ser combinado com um elemento de outra para criar uma mistura única que atenda às necessidades do momento. Isso é possível porque, com o tempo, é o próprio *pensamento* que se torna parte da *rotina* do engajamento dos estudantes com o conteúdo.

Quando as rotinas de pensamento são usadas regularmente e se tornam parte do padrão da sala de aula, os estudantes internalizam mensagens sobre o que é a aprendizagem e como ela acontece. Rotinas de pensamento e esforços para tornar o pensamento visível não são simplesmente práticas que se apegam à gramática existente para dar uma renovada nas escolas. Pelo contrário, são práticas transformadoras que têm o poder de mudar a forma como abordamos o ensino e como os estudantes abordam a aprendizagem. Por meio de seu uso efetivo e regular, as rotinas de pensamento ajudam a criar uma história de escola, enviando a mensagem de que aprender não é um processo de simplesmente absorver ideias, pensamentos ou práticas dos outros, e a aprendizagem profunda envolve descobrir as próprias ideias como ponto de partida para aprender e conectar novas ideias ao próprio pensamento. As perguntas deixam de ser algo que um professor pede para testar seus conhecimentos para se tornarem impulsionadoras de aprendizado e investigação.

ORGANIZAR ROTINAS DE PENSAMENTO

Existem muitas maneiras de organizar e apresentar uma coleção de rotinas de pensamento. Em *Making Thinking Visible*, agrupamos as rotinas desde aquelas que costumam ser usadas no início de uma unidade até aquelas que vêm no meio e aquelas que muitas vezes servem a uma função mais conclusiva. Isso refletiu a forma como vimos os professores usando as rotinas em seu planejamento. Inicialmente, a equipe do Pensamento Visível as organizou em torno de quatro ideais-chave de pensamento: compreensão, verdade, justiça e criatividade. Em vários momentos e em lugares variados, os pesquisadores do Projeto Zero organizaram as rotinas em torno de objetivos específicos de instrução, como desenvolver a competência global, melhorar a memória, explorar a complexidade, apoiar a aprendizagem ou promover a transferência. Muitos educadores formularam seus próprios quadros organizacionais que correspondem às suas necessidades particulares.

No desenvolvimento da coleção de rotinas apresentadas neste livro, o "engajamento" foi um tema recorrente. Tínhamos rotinas de pensamento específicas que funcionavam bem para envolver os estudantes uns com os outros em discussões ativas, exploração ou *feedback* (Capítulo 3). Percebemos também que algumas de nossas novas rotinas de pensamento estavam centradas especificamente na construção da compreensão e do envolvimento com ideias (Capítulo 4). Por fim, um novo foco para o nosso trabalho foi que, à medida que começamos a pensar em capacitar os estudantes para assumirem um papel ativo no mundo, descobrimos que estávamos desenvolvendo rotinas que apoiavam o engajamento na ação (Capítulo 5). Consequentemente, escolhemos essa matriz como nossa estrutura organizacional para este livro (ver Figura 2.2). Isso não deve ser limitante de forma alguma, e você certamente encontrará rotinas que se encaixam facilmente em mais de uma categoria e que podem ser usadas para diversos fins.

Ao ler as rotinas apresentadas na Parte II, pense sobre como você pode usar qualquer uma delas. Mesmo que tenhamos tentado capturar uma gama diversificada de exemplos, talvez você ainda não possa encontrar um exemplo em Usos e variações ou Exemplo da prática que corresponda à sua própria área de conhecimento ou nível de ensino em que atua. Inspire-se nos exemplos oferecidos, mas pense além para explorar novas possibilidades. E não espere para começar! Se você tiver ideias para usar uma rotina de pensamento enquanto lê, coloque-a em prática o quanto antes. Essa é a melhor maneira de aprender a rotina e explorar suas possibilidades.

Rotina	Principais movimentos de pensamento	Notas
Rotinas para INTERAGIR com os OUTROS		
Dê um, receba um (GOGO)	*Brainstorming*, explicação, ordenação e classificação	Use para geração e compartilhamento de ideias. Faz os estudantes se moverem, falarem e explicarem
Escada de *feedback*	Olhar de perto, análise e *feedback*	Estrutura para dar *feedback* oral ou escrito. Pode ser usada por professores e estudantes
Discussão sem líder	Questionamento, sondagem e escuta	Use com texto para ajudar os estudantes a se apropriarem da discussão e aprenderem a fazer boas perguntas
Falar-perguntar-idear-aprender (SAIL)	Explicação, questionamento, exploração de possibilidades e *design thinking*	Use para compartilhar um protótipo, plano ou rascunho para esclarecer, planejar e gerar novas ideias
Construindo significado	Conexão, exploração da complexidade e levantamento de questões	Use para definir um tópico/conceito. Produz uma definição
+1	Memória, conexões e síntese	Método alternativo de anotações focado em usar a memória e melhorar as anotações dos outros

Figura 2.2 Matriz de rotinas de pensamento *(Continua)*.

Rotina	Principais movimentos de pensamento	Notas
Rotinas para INTERAGIR com IDEIAS		
Classificação de perguntas	Questionamento e investigação	Use para identificar perguntas para a investigação e para aprender a construir questões melhores
Descascando a fruta	Percepção, perguntas, explicação, conexão, perspectivas e refinamento	Use para estruturar a exploração de um tópico a fim de construir entendimento. Pode ser um documento em evolução
A rotina da história: principal-secundária-oculta	Perspectiva, complexidade, conexões, análise e questionamento	Use com recursos visuais para explorar diferentes histórias ou como uma estrutura para análise e aprofundamento
Beleza e verdade	Percepção, complexidade, explicações e captura do núcleo	Use com recursos visuais ou histórias para identificar onde residem a beleza e a verdade e como elas se cruzam
Nomear-descrever-agir	Olhar de perto, percepção e memorização	Use com recursos visuais para se concentrar em perceber e descrever enquanto constrói a memória de trabalho
Anotar	Síntese, questionamento e captura do núcleo	Use como uma estratégia de bilhete de saída ou para incentivar a discussão de um tópico após a apresentação de informações
Rotinas para INTERAGIR com AÇÃO		
Prever-coletar-explicar	Raciocínio com evidência, análise, explicações e previsões	Use no contexto de experimentação ou investigação
ESP+I (evidência, suposição, padrão + ideias)	Questionamento, captura do núcleo, explicações e análise	Use para refinar e refletir sobre uma experiência ou situação baseada em problema
Tenha certeza	Análise, planejamento, explicações e conexões	Use para ajudar os estudantes a analisarem exemplos para identificar metas e ações pessoais ou em grupo

Figura 2.2 Matriz de rotinas de pensamento *(Continuação)*.

Rotina	Principais movimentos de pensamento	Notas
Rotinas para INTERAGIR com AÇÃO		
O quê? E então? E agora?	Captura do núcleo, explicações e implicações	Use para fazer um balanço da situação, identificar o significado das ações e planejar ações futuras
Os 3 porquês	Conexões, tomada de perspectiva e complexidades	Use com uma questão ou problema para explorar como isso afeta diferentes grupos, individual e coletivamente
Os 4 se's	Conexões, tomada de perspectiva e complexidades	Use com uma questão ou problema para explorar possíveis ações que podem ser tomadas

Figura 2.2 Matriz de rotinas de pensamento *(Continuação)*.

PARTE

II

18 rotinas poderosas

3

Rotinas para interagir com os outros

Rotinas para INTERAGIR com os OUTROS			
Rotina	**Pensamento**	**Anotações**	**Exemplos de ensino***
Dê um, receba um (*Give One, Get One*)	*Brainstorming*, explicação, ordenação e classificação	Use para geração e compartilhamento de ideias. Faz os estudantes se moverem, falarem e explicarem	• 1º ano, *design*/aprendizagem baseada em projetos. Ashley Falls Elementary, Del Mar, Califórnia • 3ª série do ensino médio (EM), inglês. Penleigh and Essendon Grammar School, Melbourne, Austrália • 3º ano, estudos sociais. Chadwick International, Seul, Coreia do Sul
Escada de *feedback* (*Ladder of Feedback*)	Olhar de perto, análise e *feedback*	Estrutura para dar *feedback* oral ou escrito. Pode ser usada por professores e estudantes	• 3º ao 5º ano, *student-led conferences*. International School of Luxembourg • 2ª série do EM, física. Quaker Valley High School, Leetsdale, Pensilvânia • 5º ano, redação. Village School, Marblehead, Massachusetts • Educação infantil, artes. Sidwell Friends School, Washington, DC

Figura 3.1 Matriz de rotinas para interagir com os outros *(Continua)*.

---

* N. de R.T.: Todos os anos de escolaridade e níveis de ensino foram ajustados para promover a equivalência com as nomenclaturas utilizadas no Brasil.

Rotinas para INTERAGIR com os OUTROS			
Rotina	Pensamento	Anotações	Exemplos de ensino
Discussão sem líder (*Leaderless Discussion*)	Questionamento, sondagem e escuta	Use com texto para ajudar os estudantes a se apropriarem da discussão e aprenderem a fazer boas perguntas	• Ensino médio, psicologia. American International School of Chennai, Índia • Ensino médio, literatura. Mandela International Magnet School, Santa Fé, Novo México
Falar-perguntar-idear-aprender (*Speak-Ask-Ideas-Learned*)	Explicação, questionamento, exploração de possibilidades e *design thinking*	Use para compartilhar um protótipo, plano ou rascunho para esclarecer, planejar e gerar novas ideias	• 3ª série do EM, projetos de pesquisa-ação. University Liggett School, Grosse Pointe Woods, Michigan • 8º ano, música. Penleigh and Essendon Grammar School, Melbourne, Austrália • 2º ano, *design*/aprendizagem baseada em projetos. University Liggett School, Grosse Pointe Woods, Michigan
Construindo significado (*Making Meaning*)	Conexão, exploração da complexidade e levantamento de questões	Use para definir um tópico/conceito. Produz uma definição	• 3º ano, aprendizagem socioemocional. Parkview Elementary, Novi, Michigan • Ensino médio, educação especial. Rochester High School, Rochester, Michigan • 9º ano e 1ª série do EM, ciência da computação. Atlanta International School, Atlanta, Geórgia
+1	Memória, conexões e síntese	Método alternativo de anotações focado em usar memória e melhorar as anotações dos outros	• Ensino médio, matemática. International Academy, Troy, Michigan • 5º ano, estudos sociais. Bemis Elementary School, Troy, Michigan • 7º ano, artes visuais. American Community School, Abu Dhabi, Emirados Árabes Unidos

Figura 3.1 Matriz de rotinas para interagir com os outros *(Continuação)*.

DÊ UM, RECEBA UM

> ➢ O professor faz uma pergunta ou oferece um tópico para exploração e os estudantes, individualmente, geram várias respostas.
> ➢ O professor descreve o que os estudantes explicarão ou discutirão quando compartilharem ideias uns com os outros.
> ➢ O professor estabelece uma meta em termos do número de ideias a serem coletadas ou do tempo designado para a atividade.
> ➢ Os estudantes se levantam, juntam-se com um colega e ouvem as respostas iniciais uns dos outros. Cada um então "dá" uma nova ideia para a lista inicial de seu parceiro, elaborando a importância desse acréscimo.
> ➢ Os estudantes encontram um novo parceiro e repetem o processo pelo número de vezes preestabelecido ou pelo tempo determinado.
> ➢ Os estudantes retornam aos grupos iniciais* e compartilham suas listas ampliadas.

A estrutura básica dessa rotina existe há mais de 20 anos. Embora sua origem não seja totalmente clara, é provável que ela tenha sido desenvolvida por Harvey Silver e associados como parte do Projeto Educação Pensativa (*Thoughtful Education*), de 1997, nas escolas públicas do Condado de Clayton. Em sua essência, essa rotina é um processo de *brainstorming* em grupo e compartilhamento de ideias, um engajamento uns com os outros. Acreditamos que essa rotina básica tinha o potencial de se tornar uma poderosa rotina de *pensamento*, adicionando um componente de discussão e elaboração que levaria os estudantes a ir além de simplesmente compartilhar pensamentos iniciais e, assim, incentivar a discussão ativa e o processamento de ideias. Incluindo uma etapa adicional no final, envolvendo o processamento das respostas compartilhadas, eles seriam encorajados a se envolver uns com os outros com a intenção de procurar vínculos, descobrir complexidades e considerar diversas perspectivas. Isso eleva o aspecto do pensamento nessa rotina.

---

* N. de R.T.: De acordo com a descrição da rotina, verificar a etapa de preparação em que os estudantes iniciam a proposta em pequenos grupos de trabalho, nos quais deverão realizar individualmente sua lista de ideias e, ao retornarem nessa última etapa, compartilhar suas listas ampliadas.

Propósito

Dê um, receba um (do inglês *Give one, get one* [GOGO]) é uma rotina para incentivar os estudantes a ouvirem de perto uns aos outros, contribuírem com as ideias dos colegas e sintonizarem com uma série de perspectivas. Costumamos ouvir os professores expressarem grande desejo de construir culturas de sala de aula em que os estudantes prestem atenção ao pensamento uns dos outros, não como um ato de conformidade, e sim como uma ação crítica para desenvolver a compreensão. O aprendizado poderoso se desdobra na colaboração. Essa rotina funciona como uma ferramenta e estrutura para iniciar o movimento para encontrar outras pessoas com o propósito maior de promover a busca de perspectivas, o pensamento divergente e a elaboração de diversas ideias centrais para o tópico que está sendo explorado.

Para ajudar os estudantes a aprofundarem sua compreensão, é usado um processo de compartilhar ideias *e*, em seguida, explicar, justificar ou conectar essas ideias compartilhadas. Ter que justificar e explicar o próprio pensamento é fundamental para construir conexões e fixar ideias na memória. Ao final dessa rotina, o processamento de ideias ajuda a formar conexões, procurar semelhanças e diferenças e formar um quadro conceitual mais amplo.

Seleção do conteúdo apropriado

GOGO pode ser usada com uma grande variedade de conteúdo. É particularmente útil quando é provável que surjam várias ideias e perspectivas; por exemplo, ao gerar ideias para um projeto de *design*, revisar conteúdo para testes, descrever um personagem de um livro ou descobrir o conhecimento dos estudantes sobre um tópico. Sempre que um professor pede para debater ideias (*brainstorming*), a GOGO pode ser usada.

Uma diferença entre a geração de respostas iniciais na GOGO e o *brainstorming* é que, na rotina, um parâmetro é colocado na geração inicial de ideias. Por exemplo, um professor pode pedir aos estudantes que listem as três ideias mais importantes em um tópico sob investigação, ou quatro descritores-chave de um personagem de livro, ou as duas coisas com as quais eles mais se importam em relação a uma pergunta feita. É fundamental que o pedido encoraje múltiplas perspectivas e ideias, em vez de uma única resposta. O conteúdo deve dar margem a diversas respostas possíveis, criando uma necessidade para que, afinal, os estudantes deem e obtenham mais ideias uns dos outros.

Ao selecionar o conteúdo, imagine o que os estudantes poderiam fazer com a lista de ideias geradas, reunidas e compartilhadas. Se a lista provavelmente for limitada, então talvez a GOGO não seja a rotina mais adequada, pois não haveria muito o que compartilhar, processar e discutir mais tarde. Considere as listas expandidas de ideias que provavelmente surgirão para cada um e os grupos com os quais eles compartilharão. A intenção é que essas listas ampliadas se tornem a base de explorações mais elevadas do tema e sejam parte importante do planejamento futuro.

Etapas

1. *A preparação.* Comece com o grupo inteiro. O professor faz uma pergunta ou um aviso para que os estudantes respondam individualmente. Eles precisarão de um local para documentar suas ideias iniciais, que pode ser em papel ou em um dispositivo móvel. Essas listas precisam ser facilmente transportáveis. Como os *notebooks* podem ser complicados para esse objetivo, os professores podem permitir que usem seus celulares para essa finalidade.

2. *Faça a pergunta inicial e peça aos estudantes que gerem respostas.* Marque um período dentro do qual deverão responder (p. ex., 3 minutos) ou informe um número de respostas desejadas (p. ex., três a quatro respostas). Os estudantes constroem uma lista individual de ideias, que pode consistir em palavras únicas, frases ou uma resposta mais elaborada, dependendo da pergunta. Esteja ciente de que, para que tenham interações produtivas uns com os outros, eles precisam de tempo para articular suas próprias respostas pessoais à pergunta dada. Não economize tempo dessa vez.

3. *Explique o processo com foco no que será discutido.* Esclareça o processo de encontrar um parceiro, ouvindo atentamente um ao outro, oferecendo uma ideia adicional para a lista do colega e explicando o significado desse acréscimo. O foco é o envolvimento uns com os outros de maneira significativa. Cada parceiro dará e receberá um do outro, e esses acréscimos precisam ser registrados individualmente para que surja uma lista expandida para cada estudante. Ao introduzir inicialmente a GOGO, certifique-se de esclarecer o propósito:

- Escutem atentamente uns aos outros para oferecer uma boa contribuição.
- Ofereçam um acréscimo à lista do seu parceiro que seja novo ou que ainda não esteja representado. Se ambos descobrirem que suas listas iniciais são as mesmas, então pensem juntos em uma nova ideia que possam documentar.
- Escolham outros além dos participantes de seu próprio grupo para que, ao retornar para compartilhar suas listas expandidas com os colegas de grupo, no final da interação, vocês tenham várias perspectivas e ideias a serem consideradas.

4. *Estabeleça parâmetros para o compartilhamento.* Uma vez concluída a primeira troca de ideias com um parceiro, os estudantes agradecem uns aos outros e, em seguida, encontram um novo parceiro para se envolver no mesmo processo: *ouvir, compartilhar, elaborar* e *registrar*. Defina uma meta para o número de trocas (p. ex., repita esse processo três vezes) ou para um período (p. ex., faremos isso por 5 minutos).

5. *Os estudantes trocam ideias.* À medida que se envolvem na GOGO, as duplas podem terminar em momentos diferentes. Embora isso possa criar um pequeno atraso no emparelhamento com um novo parceiro, geralmente não há problema. Incentive-os a se encontrarem e compartilharem com os colegas de perto e de longe, até mesmo caminhando pela sala para encontrar a maior variedade de pessoas. Se você notar que não há muita redistribuição, peça mais movimentação, para que um grupo não fique apenas recebendo o mesmo conjunto de ideias das mesmas pessoas.

6. *Compartilhamento no grupo e discussão das ideias coletadas.* Depois que os estudantes ampliarem suas listas iniciais – coletando um certo número de novas respostas, ou quando o tempo para troca de ideias se esgotar –, eles retornam aos seus assentos para que possa ser iniciado o compartilhamento em pequenos grupos. Estabeleça a forma como os grupos compartilharão suas trocas. Por exemplo, cada pessoa no grupo pode compartilhar sua nova ideia favorita, ou a nova ideia que impulsiona muito seu pensamento ou que ilustra uma perspectiva-chave. Seja qual for a maneira como compartilham suas listas expandidas, é essencial que elaborem suas escolhas.

O objetivo dessa etapa é incentivar a profundidade, em vez de apenas compartilhar listas de maneira obrigatória.

7. *Compartilhamento do pensamento.* Como os grupos já compartilharam uns com os outros em suas mesas, talvez não haja uma necessidade urgente de compartilhar como uma turma inteira. Você pode querer ouvir a opinião de cada grupo, coletar as ideias mais importantes a serem observadas e, em seguida, compartilhá-las com toda a turma para provocar ou inspirar ainda mais o aprendizado. Se os grupos observaram destaques de seu compartilhamento em um *flip-chart*, um mural de compartilhamento* poderia ser eficaz, com os estudantes procurando pontos em comum ou conexões em toda a documentação ou novas ideias que não surgiram em sua própria discussão no grupo.

Usos e variações

Kate Dullard, diretora da Penleigh and Essendon Grammar School, em Melbourne, Austrália, usou a rotina GOGO com sua turma de inglês avançado para ajudar os estudantes a perceberem o poder de se envolver com outras pessoas ao trabalhar de forma colaborativa. A variação de Kate da GOGO pedia aos estudantes que primeiro comentassem um artigo, identificando especificamente dispositivos persuasivos significativos. Ela, então, usava a rotina para fazê-los compartilharem e elaborarem suas anotações individuais, tanto para oferecer mais ideias para os outros quanto para obter ideias que eles poderiam não ter notado inicialmente. Kate acreditava que a documentação se mostrava muito útil como avaliação formativa. "Recebi de meus estudantes, por *e-mail*, fotos 'antes' e 'depois' de seus artigos, e pude ver que muitos deles não haviam comentado sobre a imagem ou a manchete até que tivessem interagido com outras pessoas". Kate também observou que, quando os estudantes explicavam suas anotações, eles iam muito mais fundo do que em sua escrita inicial.

---

* N. de R.T.: No original, *gallery walk*, que é uma atividade na qual os estudantes circulam pela sala de aula para visualizar e discutir diferentes apresentações, projetos ou trabalhos expostos em diferentes estações ou locais. Em geral, os estudantes têm a oportunidade de deixar comentários ou perguntas sobre o trabalho dos colegas enquanto circulam pela galeria. Essa atividade promove a participação ativa, o compartilhamento de ideias e a reflexão sobre o trabalho dos colegas.

A professora do 1º ano Andrea Peddycord usou a GOGO como parte de um projeto de *design thinking* na Ashley Falls Elementary, em Del Mar, Califórnia. Todas as crianças estavam pensando na escola do futuro e como ela poderia ser. O 1º ano assumiu o projeto do espaço ao ar livre de uma futura escola imaginária. Andrea queria que pensassem livremente sobre esse projeto e sobre o que as pessoas ganham com as atividades ao ar livre, e não simplesmente criassem versões mais sofisticadas de seus equipamentos de *playground* atuais. Seu pedido era que escrevessem três coisas que gostavam de fazer ao ar livre. A turma discutiu a diferença entre "ir ao zoológico", que é um lugar, e "olhar para os animais", que é uma atividade. Se escrevessem um lugar, Andrea perguntava-lhes o que eles gostavam de fazer lá e os aconselhava a anotar essa atividade. Depois de descrever o processo da GOGO, Andrea explicou que, quando eles compartilhassem uma ideia de sua lista, deveriam contar o que havia naquela atividade que lhes dava alegria ou os fazia felizes. Quando a turma voltou a se reunir em pequenos grupos, eles compartilharam suas ideias coletadas e reuniram as ideias semelhantes. Surgiram categorias: jogos, coisas descontraídas e tranquilas, estar com a família, estar com os amigos, aventura e escalada. Andrea e seus estudantes usaram essas categorias como recursos fundamentais para seus futuros projetos de espaços de recreação ao ar livre.

Avaliação

À medida que os estudantes interagem uns com os outros, documentam de forma autônoma e realizam conversas independentes na GOGO, ouça atentamente e observe o que acontece. Preste atenção às ideias que surgem repetidamente nas listas de estudantes e em suas trocas. O que há de novo ou surpreendente? O que se espera? O que se revela sobre os interesses, valores, prioridades ou compreensão dos estudantes com base no que você ouve? Eles são capazes de pensar de forma ampla e divergente sobre o tema? Se não, qual seria o motivo? O tema foi enquadrado de forma muito restrita ou os estudantes não têm formação suficiente sobre o tema para serem capazes de pensar de forma mais ampla? Que tipos de equívocos parecem estar presentes? Sobre quais ideias conflitantes poderia valer a pena desenvolver novas oportunidades de aprendizagem?

Atente-se a temas comuns que aparecem nas discussões dos grupos. Por exemplo, existe um padrão na forma como discutem ou classificam a importância das ideias? Que semelhanças ou divergências você percebe entre diferentes grupos? Os estudantes são flexíveis em seu pensamento e abertos a diferentes pontos de vista ou são rápidos em aderir às suas listas iniciais e hesitantes em assumir as ideias dos outros?

Dicas

Assim como em outras rotinas de pensamento, é muito importante que os professores nomeiem propósitos e intenções antes de anunciarem procedimentos. Nessa rotina, é fácil fazer com que os estudantes levantem, compartilhem suas listas iniciais uns com os outros, copiem algo da lista do parceiro e depois terminem – sem nenhuma explicação ou elaboração sobre o que deram ou receberam. Cuidado para que a GOGO não se torne uma corrida de velocidade para o término, ou uma recreação, dando a ilusão de uma sala de aula ativa e engajada. Chame explicitamente a atenção para o propósito da rotina: "Queremos ouvir atentamente os outros e compartilhar ideias, porque isso nos dá a chance de solidificar nossa própria compreensão. E aumentamos a compreensão à medida que encontramos novas ideias e pontos de vista de outras pessoas. Lembre-se de que ouvir o outro não é apenas ficar em silêncio. Ouvir realmente significa que tentamos entender o que os outros oferecem e considerar como suas ideias se conectam e expandem nosso próprio pensamento".

EXEMPLO DA PRÁTICA

Sentir-se segura para compartilhar ideias publicamente com outros estudantes é importante para Regina (Nina) Del Carmen, professora do 3º ano da Chadwick International, em Incheon, Coreia do Sul. Como muitos dos estudantes parecem tímidos ou vulneráveis para expressar suas ideias publicamente, Nina deseja fomentar oportunidades que deem voz a todos, promovam o engajamento e garantam uma maior equidade.

Nina viu uma grande oportunidade de fomentar esse engajamento ao iniciar uma unidade de pesquisa de estudos sociais sobre paz e conflito. "*Dê um, receba um* (GOGO) oferece uma ferramenta e estrutura para que os estudantes gerem ideias iniciais, trocando e elaborando seus pensamentos uns com os outros", observa Nina. "Também me permite observar e avaliar seus conhecimentos prévios." Essa rotina também apoia um objetivo que Nina tem para os estudantes: o de se tornarem ouvintes atentos e abertos a novas ideias.

Como GOGO é um processo novo que ela deseja apresentar, Nina decide preparar o terreno. Ela pede que sua turma pense em um momento em que eles deram algo de valor ou importância para alguém e como foi essa experiência. Alguns falam, e Nina pede que eles elaborem: "Então, você pode contar um pouco mais sobre como foi isso? Como isso fez você se sentir?". Nina tenta preparar o cenário para que os estudantes se ajustem ao propósito da rotina, a fim de que se sintam confiantes para se envolverem na troca da GOGO. "A ideia de dar e obter ideias oferece aos estudantes uma nova perspectiva sobre o que eles podem fazer com seu pensamento e o de seus colegas, para realmente construir novas percepções e aprofundar a aprendizagem. Não quero que eles simplesmente pulem de ideia em ideia sem, de fato, tomar nota do que podem aprender uns com os outros."

Depois de iniciar uma conversa sobre o significado de uma troca saudável, Nina se concentra em seu propósito: "Hoje, eu gostaria que começássemos a trabalhar com uma nova rotina de pensamento chamada *Dê um, receba um*. Mas, em vez de dar e obter algo tangível, você dará e receberá ideias que considera valiosas e de grande importância". Nina faz gestos com as mãos para exemplificar o tipo de troca que quer começar a promover mais entre as crianças do 3º ano – dar e receber.

A professora projeta um *slide* com os seguintes questionamentos: "Reflitam sobre esta pergunta: quais são os fatores que criam a paz? Leve um tempo imaginando a paz. Imagine os momentos em que você está em paz. Liste três palavras para descrevê-la". Nina pede que os estudantes escrevam suas três palavras. Em seguida, ela projeta outro *slide*: "Reflitam sobre esta questão: quais são os fatores que geram conflito? Liste três palavras para descrever o conflito". Mais uma vez, Nina dá à turma um tempo para escreverem suas ideias iniciais.

Com listas iniciais de palavras que descrevem paz e conflito, Nina compartilha os passos da GOGO tentando não exagerar ou instruir: "Com suas listas iniciais em mãos, gostaria que vocês se levantassem, encontrassem outra pessoa para compartilhar uma palavra de sua lista – paz ou conflito – e explicasse por que você escolheu essa palavra em particular". Nina explica que, ao ouvirem as palavras e explicações um do outro, os estudantes devem documentar essas ideias, aumentando suas próprias listas iniciais, dando ideias uns aos outros e recebendo ideias uns dos outros. Ela os lembra: "Você receberá a palavra e a explicação de seu amigo – algo de valor e importância. Então, certifique-se de anotar esse presente".

Nina também chama atenção dos estudantes para assegurar-se de que o intercâmbio acontecerá nos dois sentidos. "Vocês vão dar uma ideia para o seu amigo e receber uma ideia de volta. E vamos expandir nossas listas iniciais de palavras sobre paz e conflito. Viram só o que eu quero dizer? Dê um... e receba um?"

Enquanto os estudantes partem para a troca GOGO, Nina escuta. Ela percebe que muitas crianças parecem pensar na paz como "estar quieto" e no conflito como "guerra". Isso não a surpreende. Ouvindo ainda mais atentamente, Nina percebe três grandes ideias sobre o conflito surgindo: conflito físico, conflito emocional e elementos de ambos.

Uma criança afirma: "Às vezes, o conflito começa com seus sentimentos, depois se torna físico e, se continuar, então se torna os dois". Isso é interessante. Nina observa a complexidade que os estudantes estão começando a explorar e descobrir, dando e recebendo ideias uns dos outros. "Ao ouvi-los, ouço algumas tensões que surgem sobre o conceito de paz. Por exemplo, ouvi alguns estudantes perguntando uns aos outros: 'A natureza é paz?', 'Família é paz?', 'O paraíso é paz?'". Ela está animada em notar essas coisas porque elas lhe dão ideias sobre como planejar os passos seguintes para a próxima unidade de investigação.

Por fim, Nina pede que voltem para suas mesas. "Agora que vocês deram e receberam muitas ideias uns dos outros, eu gostaria que compartilhassem suas listas ampliadas. Eu gostaria que vocês, como grupo, tentassem organizar as ideias em algumas categorias", anuncia Nina. "Quais temas existem? Em que tipo de ideias abrangentes todas as ideias dadas e recebidas parecem se agrupar?" Nina vê isso como mais uma oportunidade para os estudantes se envolverem com outras pessoas para elaborar a respeito do que eles inicialmente conceberam sobre seu tópico paz e conflito.

Enquanto os grupos conversam, Nina observa que alguns temas aparecem em suas respostas: paz como escolha, paz como partilha, paz como família, conexões com a natureza, paz como lugar, paz como sentimento, conflito emocional, conflito físico, ambos. Nina reflete: "De modo geral, vejo que as crianças relacionam a paz a algo bom, feliz, amoroso, tranquilo e positivo, enquanto o conflito as atinge como ruim, doloroso, ruidoso, negativo. Mas isso faz minha própria mente pensar. A ideia de que o conflito é ruim é interessante porque pudemos descobrir que, na verdade, nem todo conflito é ruim. E, por outro lado, estar quieto nem sempre indica paz".

Logo, Nina começa a pensar em experiências futuras que possam conectar essas ideias iniciais de "paz" e "conflito", mas, mais importante, também desafiar essas ideias iniciais e oferecer formas mais complexas de investigar esse tópico.

"Meu interesse pela GOGO vem do meu desejo de não apenas expor ideias iniciais sobre um próximo tópico, mas também estabelecer a base para fazer os estudantes ouvirem com intenção uns aos outros e se envolverem para nos aprofundarmos na investigação", diz Nina.

Com o tempo, essa rotina tornou-se uma parte essencial para Nina e seus estudantes – ao longo de toda a unidade paz e conflito e além desse tópico. "GOGO é uma rotina favorita da nossa turma", diz Nina. "À medida que se tornou rotina, tenho visto as crianças dispostas a mudarem e expandirem suas ideias, confiando em suas ideias e mais dispostas a interagir de maneiras que promovam uma escuta mais profunda, elaborações complexas e mais aprendizado".

ESCADA DE *FEEDBACK*

O apresentador escolhe um projeto, arte, construção, trecho escrito ou outro item sobre o qual deseja obter feedback sobre o que está funcionando e o que pode ser melhorado.

Esclarecer   Faça perguntas esclarecedoras com o objetivo de entender o que o apresentador está compartilhando, tentando fazer ou tentando descobrir.

Valorizar	Expresse o que está funcionando, o que é forte, o que demonstra reflexão ou o que é envolvente sobre o trabalho usando declarações como "Eu valorizo...".
Perguntas e preocupações	Levante questões, dúvidas ou preocupações sobre o trabalho. Compartilhe o que não está funcionando, o que é confuso ou o que poderia ser melhorado usando declarações como "Eu me pergunto..." ou "Parece que...".
Sugerir	Ofereça ideias para melhorar o material. O que poderia ser alterado, adicionado, retirado ou modificado? Seja específico. Use frases "E se..." para sugerir possibilidades, e não resultados absolutos.
Agradecer	O(s) apresentador(es) agradece(m) aos seus parceiros de *feedback*, informando o que levaram da conversa. Os parceiros de *feedback* agradecem ao apresentador, informando quais novas ideias eles obtiveram por meio do processo de dar *feedback*.

A *Escada de feedback* foi desenvolvida por nosso colega David Perkins e outros pesquisadores do Projeto Zero (Perkins, 2003). Surgiu como parte de um projeto de pesquisa-ação que realizaram com gestores universitários na Colômbia. Nesse cenário, eles se propuseram a desenvolver ferramentas e estruturas para o *feedback* comunicativo, ou seja, um *feedback* fundamentado na clareza, justo e equilibrado em termos de atenção, tanto aos aspectos positivos quanto aos negativos. O *feedback* comunicativo também se concentra na melhoria e na compreensão mais profunda dos assuntos em questão. No *feedback* comunicativo, não apenas a pessoa que recebe o *feedback* se sente respeitada e valorizada, mas a comunidade como um todo cresce em espírito colaborativo e reflexivo.

Propósito

Uma longa linha de pesquisa tem mostrado a importância do *feedback* para o desempenho e a aprendizagem (Black; Wiliam, 2002; Hattie; Timperley, 2007; Hattie, 2009). No entanto, o *feedback* muitas vezes não consegue atingir seu potencial. Isso pode acontecer quando as pessoas se sentem atacadas, desvalorizadas ou pessoalmente criticadas, ou quando o *feedback* é vago e não orientado à ação. Uma razão para isso é que, quando respondemos no momento, costumamos nos envolver principalmente em dois tipos de *feed-*

back: o *feedback* negativo, em que destacamos o que está errado e precisa ser corrigido (isso parece eficiente), ou o *feedback* conciliatório, em que tentamos ser vagamente positivos, tentando evitar críticas. No entanto, um bom *feedback*, do tipo que leva à melhoria e à aprendizagem, precisa emergir de condições de aprendizado mútuo e colaboração, focar nos pontos fortes e fracos e ser orientado à ação/solução. A *Escada de feedback* fornece uma estrutura para isso. Dessa forma, pode ser útil para os professores darem *feedback* aos estudantes, bem como a prática do *feedback* entre pares.

Seleção do conteúdo apropriado

A *Escada de feedback* pode ser usada com quase todo tipo de trabalho em andamento, como produzir rascunhos, planos de *design*, trabalhos de projeto, apresentações, obras de arte visuais e peças teatrais e musicais. A rotina geralmente funciona melhor quando há "trabalho" concluído suficiente para responder e o apresentador está interessado em refiná-lo ou aperfeiçoá-lo. Pesquisas mostram que os indivíduos não são propensos a aceitar *feedback*, a menos que seja visto como útil e significativo no momento (Wiliam, 2014). Em geral, isso significa que o *feedback* é algo que é solicitado e que há uma oportunidade de revisá-lo ou utilizá-lo. Também é importante reconhecer que o tipo de *feedback* que está sendo dado ao usar essa rotina não está simplesmente destacando elementos para corrigir, mas é mais permanente na medida em que identifica aspectos para repensar e considerar. Isso auxilia o processo de aprendizagem, pois o aprendiz fica no controle do processo de pensamento e tomada de decisão (Wiliam, 2016).

Etapas

1. *A preparação.* A rotina pode ser feita em duplas, pequenos grupos ou com a turma inteira. As etapas podem ser cronometradas, como é comum em protocolos de conversa, ou mantidas em aberto. Ao determinar os tempos, considere a duração e a complexidade do trabalho que está sendo apresentado (projetos mais elaborados levarão mais tempo), a idade dos estudantes (os mais jovens geralmente levam menos tempo) e o tamanho do grupo (grupos maiores exigirão mais tempo para o compartilhamento de perguntas e ideias). Como um guia aproximado, considere permitir de 2 a 5 minutos para cada etapa. O protocolo pode ser feito de 10 até 30 minutos.

2. *Apresente o trabalho*. Peça ao apresentador que compartilhe seu trabalho em andamento, dando ao público informações suficientes para que eles possam ser úteis nos questionamentos e no oferecimento de ideias significativas. Se houver pontos críticos, desafios ou problemas que o apresentador esteja encontrando, eles também podem ser compartilhados. O público que responde, seja um indivíduo ou um grupo, precisa de tempo para olhar de perto, ler e examinar o trabalho cuidadosamente. Essa fase da rotina não deve levar mais do que 3 ou 6 minutos, dependendo da complexidade do trabalho. Se a turma estiver dando *feedback* sobre uma tarefa comum, com a qual todos estão familiarizados, talvez não seja necessário apresentar o trabalho formalmente.

3. *Esclareça*. O público de respondentes é convidado a fazer perguntas esclarecedoras para garantir que entenderam completamente o trabalho. Elas são preparadas para evitar confusão ou para fornecer informações ausentes. Não se trata de oferecer sugestões. Assim, a pergunta "Você já pensou em...?" é, na verdade, uma sugestão enquadrada como pergunta e deve ser guardada para a fase de sugestão da rotina. Enquanto as perguntas são feitas, o apresentador responde. Às vezes, não há perguntas esclarecedoras, o que é bom. No entanto, se você estiver demonstrando isso pela primeira vez, convém demonstrar o que pode ser uma pergunta esclarecedora. Por exemplo, "Você pode esclarecer quem seria o usuário pretendido para esse produto?". Essa fase da rotina será bastante conversacional.

4. *Valorize*. O público agora está pronto para expressar declarações de valor na forma de frases como "Eu valorizo", que chamam atenção para o que foi positivo, forte, ponderado ou eficaz no trabalho. A valorização constrói uma cultura solidária de compreensão e ajuda o apresentador a reconhecer pontos fortes. Essas declarações de valor precisam ser específicas por natureza. Então, se alguém diz: "Essa parte foi muito boa", deve haver uma pergunta em seguida: "Você pode ser mais específico? O que está percebendo no trabalho que faz você dizer que é 'bom'?". Durante essa fase, o apresentador fica em silêncio, mas toma notas sobre o que é compartilhado.

5. *Perguntas e preocupações*. Nessa etapa, perguntas, dúvidas, confusões e preocupações são levantadas. Contudo, evite declarações absolutas de julgamento. Dizer "O que está errado é..." ou "Essa parte precisa ser consertada" pode colocar as pessoas na defensiva e fazê-las se desligarem. Em vez disso, use uma linguagem mais condicional: "Eu me pergunto se você poderia...", "Do meu ponto de vista, parece que...", "O que aconteceria se você...", "Você poderia dar uma olhada em...", "É possível que...". Durante essa etapa, o apresentador deve evitar a tentação de responder. Fazer isso muitas vezes cria uma postura defensiva e pode atrapalhar o processo.

6. *Sugira*. Os respondentes fornecem sugestões concretas sobre como melhorar o trabalho. Use frases como:

- Que tal adicionar...
- Talvez você pudesse refazer essa parte para...
- Algo que pode melhorar essa parte é...
- Pode ser útil considerar...

Às vezes, essa etapa é misturada com as "perguntas e preocupações", pois é bastante natural levantar uma questão e, em seguida, fornecer uma possível solução. Se uma sugestão específica não estiver clara para o apresentador, ele pode fazer perguntas para ajudar a esclarecer o que está sendo sugerido.

7. *Agradeça*. O apresentador compartilha brevemente o que está sendo aproveitado da sessão de *feedback* e o pensamento atual. Isso pode incluir o compartilhamento de uma etapa de ação ou algo sobre o qual eles queiram pensar mais. Os respondentes também agradecem ao apresentador pela oportunidade de dar seu *feedback*. O aprendizado na *Escada de feedback* deve ser uma via de mão dupla, na qual o processo de dar *feedback* também ajuda a entender mais sobre o próprio aprendizado e trabalho.

Usos e variações

Na International School of Luxembourg, a professora de francês Nora Vermeulin adaptou a *Escada de feedback* para usar com *student-led conferen-*

ces,* conduzidas por estudantes de 3º, 4º e 5º anos com seus pais. Os estudantes compartilharam exemplos de seu aprendizado em aulas de francês, a partir de seus portfólios, livros e materiais. Ao fazê-lo, concentraram-se em suas dificuldades de aprendizagem individuais e sucesso. Os pais, orientados por seus filhos, foram então solicitados a: 1) esclarecer, fazendo perguntas para obter uma compreensão mais profunda do aprendizado de seus filhos; 2) valorizar, apontando qualidades da reflexão dos estudantes; 3) identificar uma área para crescimento futuro; e 4) sugerir uma possível estratégia para avançar com o aprendizado da criança. Como os estudantes de Nora usavam a *Escada de feedback* regularmente para dar *feedback* entre pares sobre sua escrita pessoal (cópias da rotina eram colocadas nos cadernos deles), a transição para usá-la nesse novo contexto foi bastante tranquila e ajudou a facilitar conversas ricas entre pais e filhos, nas quais os comentários dos pais eram mais construtivos e menos negativos e críticos.

O professor da Quaker Valley High School, Matt Littell, usou a *Escada de feedback* com os estudantes de física da 2ª e 3ª séries do ensino médio como parte de um projeto para criar um veículo movido a elástico. Quando os estudantes chegaram à aula de Matt, entregaram seu protótipo de carro a um colega designado, sem fornecer mais explicações. Eles deveriam reservar 30 minutos para olhar atentamente para o veículo, documentando tudo o que podiam sobre seu projeto, construção e desempenho. Essa documentação seria apresentada ao projetista para uso no refinamento e modificação de seu protótipo. Os estudantes desenharam esboços a partir de várias perspectivas; identificaram as peças e suas finalidades; analisaram os materiais utilizados e sua eficácia; fizeram medições quantitativas de tamanho, velo-

---

* N. de R. T.: As conferências lideradas por estudantes, conhecidas como *student-led conferences*, são encontros em que os próprios estudantes assumem a liderança para apresentar e discutir seu progresso acadêmico, realizações e metas com seus pais e/ou responsáveis, frequentemente na presença de seus professores. Diferentemente das tradicionais reuniões de pais e professores, nas quais é o professor quem relata o desempenho do estudante, nessas conferências, os próprios estudantes têm a oportunidade de refletir sobre seu aprendizado, selecionar amostras de seu trabalho e preparar uma apresentação sobre seu progresso. Durante a conferência, o estudante explica o que aprendeu, discute as áreas nas quais precisa melhorar e estabelece metas futuras. Aqui, o papel dos pais e dos professores é proporcionar *feedback* construtivo, fazer perguntas e apoiar o estudante em seu processo de desenvolvimento. As conferências lideradas por estudantes promovem maior transparência e engajamento no processo educacional, além de fortalecer a colaboração entre a escola e a família.

cidade e aceleração; realizaram ensaios experimentais; fizeram perguntas/ questionamentos; e identificaram o que estava funcionando e o que precisava ser melhorado. Depois de 30 minutos, Matt reuniu a turma em torno de duas mesas, onde se sentou com um estudante e seu protótipo para uma atividade denominada *fishbowl observation*.* Matt orientou os estudantes a prestarem atenção especial ao que ele estava fazendo ao longo da discussão: sua linguagem corporal, as frases que ele usava e os tipos de perguntas que fazia. Então, passou a demonstrar a *Escada de feedback* (sem realmente dar esse nome) com a pessoa escolhida. Em seguida, houve uma discussão entre os "observadores" sobre o que perceberam. Os estudantes identificaram naturalmente os principais movimentos da rotina. Só então Matt apresentou a *Escada de feedback* como a estrutura que ele vinha usando, conectando-a de volta ao que haviam observado. Os estudantes, então, formaram trios para dar seu *feedback* usando a rotina.

Avaliação

Aprender a dar um bom *feedback* leva tempo. Em todas as fases dessa rotina, os professores devem procurar e apoiar o crescimento ao longo do tempo nos respondentes. Durante a etapa de esclarecimento, os estudantes podem identificar possíveis pontos de confusão ou elementos que precisam de mais clareza ou apenas assumem que já sabem? Na etapa de valorização, ajude-os a serem específicos em suas afirmações. Eles são capazes não apenas de identificar o que foi bom ou forte, mas também de explicar por que é assim? Caso não sejam, solicite uma resposta mais elaborada ou peça a outra pessoa que apresente as evidências. Aprender a apoiar afirmações com evidências torna-se facilmente um comportamento aprendido quando incentivado ao longo do tempo.

---

* N. de R. T.: A observação em aquário, conhecida como *fishbowl observation*, é uma dinâmica utilizada em contextos educacionais e de treinamento para facilitar a discussão e a observação de práticas ou comportamentos específicos em um ambiente controlado e estruturado. No formato tradicional, um pequeno grupo de participantes (o "aquário") se reúne no centro da sala para discutir um tema, resolver um problema ou demonstrar uma prática específica, enquanto os demais participantes (os observadores) formam um círculo ao redor do grupo central. Esse arranjo permite que os observadores assistam e analisem a dinâmica e as interações do grupo central em tempo real.

Levantar questões e preocupações de uma forma que não seja negativa pode ser complicado. Embora você queira que os estudantes sejam capazes de identificar pontos fracos, você também quer que eles sejam capazes de compartilhá-los de forma respeitosa. Preste atenção à linguagem que estão usando e ajude-os a reformular, se for preciso. Se você estiver usando iniciadores de frases (veja a seção Dicas, a seguir), preste atenção para ver quando esses trechos se tornam automáticos no vocabulário deles. Por fim, ser capaz de oferecer sugestões úteis e práticas é fundamental para dar um bom *feedback*. No início, os estudantes podem ser vagos em suas respostas, sugerindo apenas aspectos que precisam ser mudados. Mais uma vez, tente fazer isso se tornar algo mais específico. Além disso, tente fazer com que os estudantes ultrapassem o simples *feedback* corretivo, que identifica correções rápidas – "Amplie o título" –, e em direção a um *feedback* orientado a soluções, que se conecte diretamente a problemas e preocupações – "Se você transformasse seu título em uma pergunta, isso não ajudaria a atrair mais o interesse das pessoas? Porque, quando você fez a pergunta que estava pesquisando, eu me interessei muito mais". No último exemplo, uma possibilidade é apresentada com as implicações do que ela pode alcançar. Isso coloca o apresentador no lugar da tomada de decisão com um objetivo a ser considerado.

É igualmente importante prestar atenção aos apresentadores ao longo do tempo. Os estudantes são capazes de fazer bom uso do *feedback* que recebem? Eles veem isso como pontos de decisão a ponderar e pesar, em vez de apenas implementar? Os apresentadores estão mais abertos ao *feedback* e confortáveis em recebê-lo? Eles buscam ativamente o *feedback*? A linguagem da *Escada de feedback* começa a aparecer em outras situações?

Dicas

Inicialmente, pode ser útil começar com uma discussão geral do que é *feedback* e por que ele é importante para a aprendizagem. Essa discussão pode começar pedindo aos estudantes que se lembrem de um momento em que receberam um *feedback* que foi útil e, em seguida, auxiliando-os a identificar as qualidades de um *feedback* eficaz. Isso ajuda a esclarecer os objetivos da rotina e a identificar como ela apoia o aprendizado.

Aprender a dar um bom *feedback* exige prática. Na primeira vez que estiver usando a *Escada de feedback*, você pode querer fazer a rotina com a turma inteira, com um apresentador (escolhido com antecedência), para que os estudantes se familiarizem com o processo. Como alternativa, isso pode ser feito usando a dinâmica do aquário, em que um par trabalha a rotina no centro da sala enquanto o restante da turma observa em um círculo externo (assista à Natalie Belli usando essa técnica para apresentar a *Escada de feedback* à sua turma do 5º ano em Ladder..., 2019 [conteúdo em inglês]). Uma vez que estejam familiarizados com a rotina, você pode revisar os passos rapidamente no início, escrevendo-os no quadro ou distribuindo uma folha de apoio com a descrição da rotina.

O próximo passo de transição é usar a *Escada de feedback* com um grupo inteiro. Isso permite que você atue como um facilitador que pode monitorar a linguagem que os estudantes estão usando e avisar quando evidências ou especificidades não são dadas. Por fim, o último passo na liberação gradual do modelo de responsabilidade é fazer os estudantes praticarem individualmente, muitas vezes com cada parceiro se revezando como apresentador e respondedor. Enquanto eles trabalham na *Escada de feedback*, caminhe pela sala e ouça os pares. Anote os pontos fortes e as dificuldades. Você poderá observar a linguagem eficaz que estão utilizando. Após esse trabalho individual, faça um resumo do protocolo e peça aos estudantes que compartilhem suas reflexões. O que eles estavam achando fácil? E desafiador? O que precisa de mais prática? Também compartilhe suas próprias observações.

Oferecer inícios de frases específicos pode apoiar o aprendizado do uso de uma linguagem mais aberta e condicional. Em cada uma das etapas descritas anteriormente, havia exemplos de linguagem que poderiam ser úteis. Você pode adaptar isso para sua área de estudo e nível de ensino. Os inícios de frases fornecem um suporte muito concreto para o uso da linguagem e podem ser incorporados em um gráfico simples, como o da Figura 3.2. Também pode ser útil pedir aos estudantes que reúnam seus pensamentos por escrito antes do início da sessão de *feedback* ou antes de cada etapa. Isso garante que eles terão, de fato, algo a dizer.

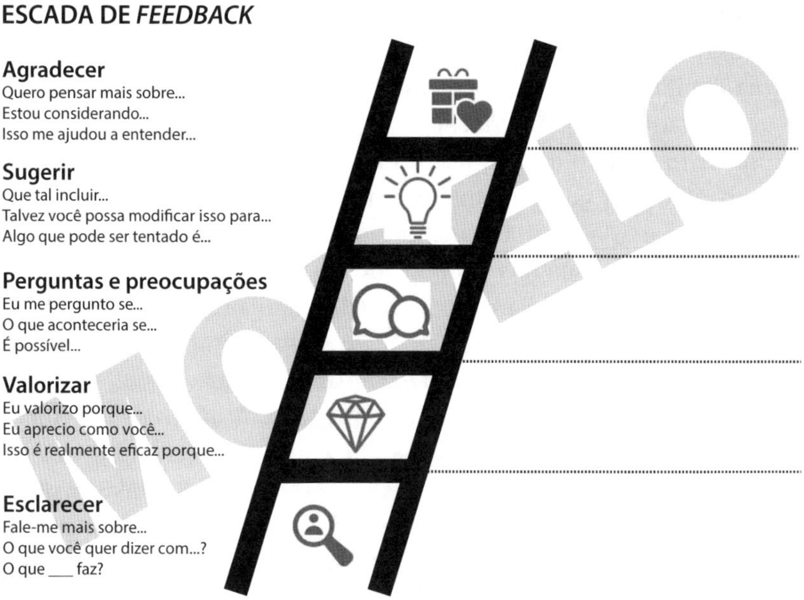

ESCADA DE *FEEDBACK*

Agradecer
Quero pensar mais sobre...
Estou considerando...
Isso me ajudou a entender...

Sugerir
Que tal incluir...
Talvez você possa modificar isso para...
Algo que pode ser tentado é...

Perguntas e preocupações
Eu me pergunto se...
O que aconteceria se...
É possível...

Valorizar
Eu valorizo porque...
Eu aprecio como você...
Isso é realmente eficaz porque...

Esclarecer
Fale-me mais sobre...
O que você quer dizer com...?
O que ___ faz?

Figura 3.2 Escada de *feedback*.

EXEMPLO DA PRÁTICA

As crianças da educação infantil da turma de Denise Coffin na Sidwell Friends School, em Washington, DC, aprendem a usar a *Escada de feedback* no início do ano letivo. Denise estrutura cuidadosamente o processo, examinando primeiro o trabalho que outros criaram para que o processo seja seguro e ninguém fique chateado com comentários de julgamento, já que as crianças estão aprendendo a usar a rotina. Denise começa pedindo que os estudantes olhem atentamente para *Egg Beater No. 2*, de Stuart Davis, na tela (esse trabalho pode ser visto em Davis, 1928). Em seguida, eles percorrem os degraus da escada para dar *feedback* ao Sr. Davis com Denise ajudando-os a entender a linguagem de cada passo e sua finalidade. Durante as próximas duas semanas, Denise traz mais alguns quadros de Stuart Davis para que vejam e deem seu *feedback*. Na obra *New York Elevated, 1931*,* quase parece que o artista assumiu parte do *feedback* da turma em relação ao uso de cores e formas definidas.

Tendo praticado a *Escada de feedback* três vezes com trabalhos de outros, as crianças da educação infantil agora estão prontas para colocá-la em prática para dar algum *feedback* em pares. Denise continua guiando toda a turma durante o

---

* N. de R.T.: A obra pode ser vista em https://www.1000museums.com/shop/art/stuart-davis-new-york-elevated/

processo, enquanto eles olham para as torres que as equipes construíram durante um desafio de matemática. A atividade era trabalhar em equipe para construir a torre mais alta possível usando diversos itens pré-selecionados. Denise reúne a turma para iniciar o processo de dar *feedback* ao primeiro grupo composto por Aiden, Riley e Maya. "Usaremos nossa *Escada de feedback* para ajudar uns aos outros a construir uma nova torre mais alta. Vamos tentar descobrir o que está funcionando bem e o que pode ser melhorado. Qual é o primeiro degrau da nossa escada?", Denise pergunta. Riley rapidamente responde: "Perguntas sobre a torre".

"Ok, alguém tem alguma pergunta?", Denise começa. Morgan pergunta: "Como você conseguiu que o bloco (redondo) ficasse parado?". Aiden responde: "Ficou rolando na mesa". Maggie pergunta sobre a dinâmica da equipe: "Vocês discutiram?". Ao que Aiden responde honestamente: "Eu não concordei com as outras ideias", e então Riley dispara: "Não discutimos, mas tivemos que juntar nossas ideias. Isso foi difícil".

Denise continua perguntando à turma: "Qual é o nosso próximo passo?". Maya oferece sua compreensão quando afirma: "Devemos fazer elogios", ao que Denise acrescenta: "Elogios ou observar o que valorizamos". Vários comentários rápidos são oferecidos: "Eu gosto quando eles colocam os grandes quadrados no fundo. Eu não fiz isso. Eu gosto porque parece haver um padrão aqui". Quando Morgan afirma: "Eu valorizo a estabilidade", Denise segue: "Você pode falar mais sobre isso?". Morgan responde: "Não balança. Quando construo a ponte (em casa), tenho que ter certeza de que ela tem estabilidade ou vai ficar balançando muito".

"Alguém sabe que passo vem a seguir?", Denise pergunta. Olhando para a escada que Denise desenhou no quadro, um estudante oferece: "Acho que são os desafios". Ao que outro acrescenta: "São as preocupações". Denise pergunta à classe: "O que podemos ter como preocupação ou cuidado?". Baseando-se em sua experiência como construtores e pessoas dando *feedback*, a turma expressa várias preocupações de forma aberta: "Eu me pergunto o que aconteceria com a torre se todos os blocos planos estivessem na parte inferior e os redondos lá" (apontando para cima). "Estou preocupada que ela não fique mais alta se eles não usarem os blocos como eu fiz" (apontando para a sua torre).

"Nosso último degrau na escada é compartilhar nossas ideias ou sugestões", afirma Denise.

Aiden, que está na equipe que recebe *feedback*, levanta a mão: "Tenho uma ideia de colocar essas colunas quadradas no alto. Não quero que caiam". "Você acha que isso tornaria a torre mais alta?", Denise pergunta. Aiden acena dizendo que sim. "Há outras sugestões?", Denise pergunta. "Acho que eles deveriam tentar colocar esses blocos no topo", diz Kai enquanto aponta para os blocos arredondados. Devon acrescenta, "E esses também", apontando para pequenos blocos na parte inferior que estão impedindo os blocos redondos de rolar.

À medida que o ano letivo avança, a *Escada de feedback* torna-se uma verdadeira rotina na sala de aula. Denise observa: "Sua simplicidade permite que crianças de 5 e 6 anos acessem o pensamento que a rotina exige. Eu posso facilmente conduzir jovens aprendizes através de um pensamento bastante complexo, permitindo também significa que a rotina se torna parte da linguagem deles rapidamente.

No decorrer do ano, ouço-os usando a linguagem da *Escada de feedback* de forma independente e em diversos contextos. Usar essa rotina nos ajuda a construir nossa comunidade de aprendizagem. Ela torna-se parte de suas identidades como aprendizes e permanece com eles quando saem da educação infantil".

DISCUSSÃO SEM LÍDER

Os membros do grupo, com antecedência, leem um texto ou assistem a um vídeo. Os estudantes criam duas perguntas sobre as quais estão interessados em discutir e refletem sobre como podem responder às suas perguntas e por que as acham interessantes ou instigantes.

Processo de discussão:

➢ Uma pessoa lê sua pergunta e explica por que ela é particularmente interessante.
➢ Os membros respondem à pergunta apresentada e compartilham seu pensamento, não levando mais do que 5 minutos no total para a discussão.
➢ Quando o tempo acaba ou a discussão termina, a pessoa que fez a pergunta resume a discussão em uma ou duas frases.
➢ Rodadas subsequentes: essas etapas são repetidas até que todos tenham compartilhado pelo menos uma pergunta.
➢ O grupo reflete sobre a discussão e como ela desenvolveu sua compreensão do texto e/ou os estudantes escrevem sobre como suas ideias e pensamentos mudaram ou se desenvolveram e quais novas perguntas a discussão ocasionou.

A professora do 7º ano Heather Woodcock, da Shady Hill School, em Cambridge, Massachusetts, criou a *Discussão sem líder* em um esforço para estimular a independência dos estudantes (Ritchhart, 2002). Heather frequentemente conduzia, na sala de aula, discussões sérias baseadas em texto, mas duas coisas a incomodavam. Primeiro, ela notou que parecia estar fazendo a maior parte do trabalho, pois fazia as perguntas, movimentava o grupo, trazia novos pontos e escolhia quem iria falar. Basicamente, era a discussão dela, não dos estudantes. Embora essas discussões em sala de aula fossem animadas, na realidade eram dois estudantes que sempre se manifestavam. Heather teve bastante trabalho para puxar outros para a discussão. Ela criou a rotina como uma estrutura para incentivar mais a apropriação dos estudantes e criar papéis para que todos se envolvessem. Além disso, Heather criou esse processo para ajudá-los a gerarem boas perguntas.

Propósito

A *Discussão sem líder* cria uma oportunidade para que os estudantes assumam e conduzam a direção de uma conversa sobre tópicos e conceitos importantes. Também faz mais estudantes participarem, trazendo seu pensamento para o aprendizado e se envolvendo ativamente na discussão. Essa rotina também fornece ao professor maneiras de ouvir e observar a turma, determinando exatamente quais ideias e conceitos estão vindo à tona em seus esforços para desenvolver a compreensão.

Outro componente essencial da rotina é aprender a fazer boas perguntas. As questões não são apenas impulsionadoras da aprendizagem, mas também são resultado dela. À medida que desenvolvemos uma compreensão mais profunda, nossas perguntas geralmente se tornam mais perspicazes. Não é fácil aprender a formular bons questionamentos que envolvam os outros na discussão. Isso leva tempo para ser desenvolvido. À medida que os estudantes trabalham com essa rotina, a habilidade de formular boas perguntas se desenvolve com o tempo.

Seleção do conteúdo apropriado

Como estrutura de discussão, essa rotina requer conteúdo que mereça discussão – uma obra de ficção ou não ficção, relatos históricos ou descobertas científicas em forma de texto ou de vídeo, por exemplo. É possível, inclusive, usar essa rotina após ouvir um palestrante convidado, ouvir uma apresentação ou assistir a uma demonstração. Os melhores tipos de material de origem para usar na *Discussão sem líder* são aqueles que apresentam ideias que possam ser debatidas ou fundamentadas por vários pontos de vista. O material que será a fonte de estudo e que contém diversas posições e perspectivas fornece muitas vias de entrada para que as perguntas sejam rigorosamente formuladas, colocadas e discutidas.

Etapas

1. *A preparação*. Identifique com antecedência o texto, vídeo ou outro material como fonte de estudo. Dê tempo para que os estudantes leiam ou assistam ao material com antecedência, seja em sala de aula ou em casa, como preparação para a discussão. Eles terão suas discussões em pequenos grupos, geralmente formados por quatro a

cinco participantes. Quando chegar a hora, selecionar os estudantes aleatoriamente é muitas vezes a melhor maneira de formar grupos (Liljedahl, 2016), embora em alguns momentos eles possam ser agrupados mais estrategicamente, dependendo da dinâmica e das necessidades do professor.

2. *Preparação de perguntas.* Cada membro do grupo cria e registra duas perguntas que acreditam que serão interessantes para sua discussão. Estas não são questões de compreensão fechadas, que podem ser facilmente respondidas, mas questionamentos que serão úteis para desenvolver uma compreensão mais sutil por meio da discussão com outras pessoas (para obter conselhos sobre como ajudá-los a gerar boas perguntas de discussão, consulte a seção Dicas, a seguir). Além de formular duas perguntas, cada estudante reflete brevemente sobre as questões escolhidas e como eles podem respondê-las pessoalmente. Eles explicam por que acham suas perguntas interessantes e úteis para a *Discussão sem líder*.

3. *Seleção de um cronometrista.* O grupo nomeia alguém para controlar o tempo e garantir que o grupo não leve mais de 5 minutos discutindo qualquer questão.

4. *Início da discussão.* Uma pessoa lê sua pergunta e explica por que ela é interessante para a consideração do grupo. Nesse ponto, se outros acreditam que têm uma pergunta que se conecta com a questão apresentada para discussão, eles podem sugerir combinar sua pergunta com a pergunta apresentada. No entanto, a decisão deve caber à pessoa que faz a pergunta original.

5. *Discussão da pergunta.* Os membros do grupo respondem à questão e compartilham seus pensamentos. Os estudantes podem explicar melhor um ponto, oferecer outra perspectiva, sugerir uma conexão ou revelar outra camada para a pergunta em discussão. Ao ouvir a resposta do outro, os estudantes devem ser encorajados a perguntar: "O que faz você dizer isso?" ou buscar mais explicação, evidência ou esclarecimento de alguma forma. A pessoa que fez a pergunta deve prestar atenção em quem está falando e convidar outros colegas para a conversa, certificando-se de que ninguém está dominando.

6. *Encerramento de uma rodada de discussão.* Quando a pergunta parece totalmente examinada ou o cronometrista indica que 5 mi-

nutos se passaram, a pessoa que originalmente fez a pergunta, e qualquer outra pessoa que adicionou uma questão, resume a conversa em uma ou duas frases. Isso permite que o formulador da pergunta original acrescente um pensamento final, ao mesmo tempo que agradece as contribuições dos pares.

7. *Repetição das rodadas.* Outro membro lê sua pergunta e os passos se repetem até que todos tenham compartilhado pelo menos uma de suas perguntas com seus colegas.

8. *Compartilhamento do pensamento.* Uma vez que todos tenham compartilhado e várias rodadas de discussão tenham ocorrido, o grupo reflete sobre a discussão como um todo e identifica as principais ideias, temas ou conexões que surgiram. Aqui, os membros do grupo articulam como sua compreensão do material fonte de estudo foi enriquecida pela conversa e/ou os indivíduos escrevem sobre como suas ideias e perspectivas ampliaram, mudaram ou se desenvolveram. O grupo deve identificar quais perguntas parecem desencadear mais conversa, considerar quais novas questões surgiram ou refletir sobre qual ponto pode ter sido deixado de fora da conversa e por que isso pode ter acontecido.

Usos e variações

Walter Basnight, professor de psicologia da American International School of Chennai, na Índia, descobriu que um ótimo uso da *Discussão sem líder* era quando surgiam momentos de tensão ao explorar questões éticas. "Quando surgem polaridades, temos uma tensão de pensamento em que os estudantes desejam debater todos os tipos de questões", disse Walter. "Por exemplo, quando consideramos comportamentos psicológicos e como eles se manifestam no mundo do consumidor ou no local de trabalho. Outros exemplos seriam quando nos perguntamos até que ponto é ético testar em animais para o avanço do conhecimento". Quando aparecem tais questões, Walter pede aos estudantes que formulem perguntas em preparação para uma *Discussão sem líder*. Nessas discussões, Walter particularmente se preocupa com as habilidades de ouvir uns aos outros, parafrasear o que ouviram e pressionar o pensamento uns dos outros com segurança e confiança, com perguntas como "O que faz você dizer isso?".

Walter reflete: "Trata-se de construir cultura e dar aos estudantes a capacidade de ir além do 'compartilhamento em série', prosseguindo para investigar o que está sendo explorado em sala de aula". Ele ensina explicitamente os estudantes a dialogarem uns com os outros com perguntas generativas e facilitadoras desde o início do ano letivo. Em voz alta, ele demonstra o tipo de questionamento e reflexão que acontece em sua área de estudo. Essas experiências preparam os estudantes para se envolverem em uma *Discussão sem líder*, em que Walter é capaz de ouvi-los atentamente e perceber o que mais repercute entre eles.

Avaliação

Observe os tipos de perspectivas, vínculos ou complexidades que as perguntas dos estudantes revelam. Eles exibem profundidade e nuances, ou pairam sobre a superfície do texto? A natureza das perguntas muitas vezes indica onde está a compreensão sobre um texto ou tópico. Se você observar que eles têm dificuldade em fazer boas perguntas, isso pode indicar que o texto ou tópico em si não é a escolha mais adequada ou que precisam de ajuda para desenvolver sua capacidade de formular perguntas. Eles também podem precisar de mais modelos de como questões complexas podem se parecer.

Durante a *Discussão sem líder*, resista ao impulso de se concentrar apenas em quais estudantes estão "entendendo" e quais não estão. É mais benéfico situar-se como observador, notando quais estão respondendo às perguntas uns dos outros e como. Os estudantes estão aprimorando sua compreensão, incorporando perspectivas trazidas por outros? Eles são capazes de construir sobre os comentários alheios ou oferecem pensamentos desconectados das ideias que foram compartilhadas? Elaboram as ideias que foram compartilhadas e pressionam uns aos outros a fazê-lo? Os estudantes revisam seu pensamento com base na conversa?

Preste atenção às conexões que os estudantes fazem, observando ligações e temas que surgem. Capture as perguntas que eles fazem durante as rodadas. De que forma eles vão ao tema central ou, então, são superficiais? Eles estão fazendo perguntas que podem justificar uma investigação mais aprofundada depois que a *Discussão sem líder* for concluída?

Anote a participação na discussão. Quem fala e quem não fala? Alguém domina? O grupo é sensível a essa dinâmica e tenta puxar aqueles mais quietos para a conversa? Os estudantes ouvem uns aos outros, prestando atenção, ou ficam distraídos? Os questionadores ouvem com interesse enquanto outros discutem suas contribuições?

Dicas

Não interrompa o processo de pré-discussão. As perguntas que os estudantes geram para a *Discussão sem líder* importam muito e, portanto, todo o investimento de tempo para ajudá-los a identificar e articular perguntas significativas vale a pena. Elaborar questões poderosas e ponderadas vai se tornar melhor com o tempo e com a prática. Os estudantes não sabem naturalmente o que torna uma pergunta de discussão envolvente, em especial quando essa rotina não lhes é familiar. Consequentemente, combiná-la com a rotina *Classificação de perguntas* (Capítulo 4) pode ser útil para fornecer algumas sugestões para ajudá-los a gerar possibilidades. Alguns exemplos são:

- O que você acha que o orador/autor quer dizer com...?
- Qual seria outro exemplo de...?
- O que você acha que o autor/orador está supondo quando diz...?
- Que provas e razões existem para...?
- Quem poderia ter um ponto de vista alternativo sobre...?
- Qual seria provavelmente a consequência ou efeito de...?
- Qual é a lição que podemos tirar de...?
- Qual é a ideia central que está sendo expressa por...?
- Como as coisas mudariam ou seriam diferentes se... acontecesse?
- Quais são os pontos fortes e fracos de...?

No entanto, não deixe que esses inícios de frase limitem o pensamento dos estudantes. Eles servem apenas para despertar ideias sobre como as perguntas podem ser elaboradas.

Esperar muito do início pode minar o interesse dos estudantes em participar de uma *Discussão sem líder*. Uma forma de lidar com isso é pedir a eles que repassem com você, ou com colegas, suas ideias iniciais para perguntas e encontrem uma ou duas que possam parecer "certas o suficiente" por enquanto. Use discussões anteriores para identificar e discutir boas questões. Muitas vezes, há bastante a ser aprendido identificando as qualidades de perguntas passadas eficazes. Com o tempo, uma vez estabelecida essa rotina, o processo de pré-discussão deverá parecer mais simples.

Os estudantes também podem precisar de apoio para ouvir uns aos outros e desenvolver as ideias deles. Aqui, novamente, os inícios de frases podem ser úteis:

- Concordo com...
- Poderia dizer isso novamente? Não estava claro para mim.
- O que eu acho que você disse foi...
- Com base na ideia de _____, gostaria de acrescentar...
- O que _____ acabou de dizer me lembra...
- Gostaria de trabalhar em cima do que acabou de dizer porque...
- Uma conexão que estou fazendo com o que foi dito é...

EXEMPLO DA PRÁTICA

Nevada Benton, professora do ensino médio da Mandela International Magnet School, em Santa Fé, Novo México, acredita fortemente na promoção da *equidade de voz** em sua sala de aula de literatura. Ela acredita que os adolescentes sempre têm muito a dizer, e deseja que eles sintam que sua sala de aula é um lugar onde suas ideias, opiniões e percepções têm grande valor.

Por estar firmemente convicta de que os estudantes devem falar bastante, Nevada faz grandes esforços para fazê-los se envolverem em discussões em pequenos grupos com frequência, e tem feito isso há vários anos. Sua preocupação com isso, no entanto, é que ela costuma ver aqueles com opiniões fortes conduzindo a discussão, enquanto outros estudantes permanecem em silêncio. Ela se pergunta se talvez uma causa subjacente para os estudantes silenciosos é que eles precisam de mais tempo para processar as ideias. Sem muita estrutura ou orientação, talvez os mais quietos achem mais fácil simplesmente pegar carona nos mais falantes.

Tentativas anteriores de tratar essa questão deixaram Nevada um pouco insatisfeita. "Já experimentei o método do palitinho de picolé; a ideia de ter o nome de cada um em um palito e depois puxar um deles e chamá-lo quando voltarmos a nos reunir em turma", reflete Nevada, "e embora essa estratégia faça mais pessoas falarem, eu me preocupo que isso crie mais angústia do que confiança nos que são mais quietos."

---

* N. de R. T.: Em português, uma tradução comumente utilizada para "*equity of voice*" é "equidade de voz" ou "igualdade de voz", que capturam a ideia de criar um ambiente onde todos têm a chance de serem ouvidos de maneira justa e equilibrada.

Como as discussões em pequenos grupos já são um pilar na prática de Nevada, ela sente que a *Discussão sem líder* oferece uma estrutura para que os estudantes se aproximem do sonho que ela tem de fazê-los conversar uns com os outros e levar as conversas adiante. Cada estudante que tenha criado pelo menos uma ou duas perguntas prontas para adicionar à conversa, vindas de suas próprias experiências e perspectivas, chama a atenção de Nevada. E os passos parecem-lhe criar uma espécie de rede de segurança. Cada estudante pode saber como será o fluxo da conversa, para que não precise se preocupar em ser pego de surpresa por um passo incerto que o faça se sentir embaraçado ou com medo de participar.

Nevada prepara seu primeiro uso da *Discussão sem líder*, selecionando conteúdo que, à primeira vista, poderia parecer um pouco difícil ou desconhecido. Ela escolhe um poema novo para todos e espera que o melhor aconteça. No entanto, nessa primeira tentativa, Nevada não dá muito tempo para os estudantes gerarem suas perguntas e pressupõe que as etapas da rotina automaticamente gerarão uma conversa mais profunda. Mas isso não acontece. "Alguns deles realmente entraram na conversa", refletiu Nevada, "mas, para outros, o poema que eu havia selecionado era tão inacessível que eu me vi fazendo muitos redirecionamentos e explicações. Acho que fui longe demais nessa primeira tentativa."

Porém, em vez de desistir, Nevada persiste alguns dias depois. Dessa vez, ela decide preparar a rotina conscientizando os estudantes, inicialmente, sobre o que torna uma conversa de alta qualidade. Eles contam a ela coisas como quando conseguem dialogar uns com os outros de modo focado, quando cooperam uns com os outros e quando diferentes pontos de vista são oferecidos para debate. Nevada anota em uma lista as sugestões dos estudantes sobre o que constitui uma boa discussão e os convida a pensar nelas como suas normas. "À medida que entramos em nossa próxima rodada de *Discussões sem líder*, acho que podemos manter essas normas para nós mesmos", compartilha Nevada com a turma. "Todos nós podemos assumir a responsabilidade de levar essas qualidades para a discussão."

Nevada também decide que o material para discussão ainda precisa parecer novo, mas também acessível – algo que não foi incorporado no poema que ela usou na primeira vez. Ela apresenta um trecho de um filme de arte estrangeiro, com personagens de animação tentando se equilibrar em uma plataforma geométrica com grande dificuldade. Sem narração ou texto, o simbolismo e o imaginário são intrigantes e misteriosos, e naturalmente surgem diversas interpretações e construções de significados possíveis. Nevada descobre que os estudantes não podem deixar de levantar questões sobre o que está acontecendo. Eles parecem maduros o bastante para iniciar uma fase de formulação de perguntas.

Ela entrega aos estudantes uma lista de perguntas iniciais e pede que cada um escreva duas questões que eles pessoalmente queiram trazer para o grupo de *Discussão sem líder* com base no vídeo que acabaram de assistir. Nevada reintroduz as etapas do processo, apontando vários pontos ao longo do caminho onde eles devem ouvir, responder e compartilhar. Ela também os lembra das normas de boas conversas que tinham acabado de desenvolver juntos.

Na opinião da professora, o processo parece correr melhor dessa vez. "Alguns simplesmente não conseguem deixar de contribuir. Eles têm muito a dizer", reflete.

Claro, houve momentos que não correram tão bem quanto Nevada esperava, mas ela se conformou com essas imperfeições. Sabe que colocar a *Discussão sem líder* em prática como uma questão de rotina, em vez de uma atividade pontual, exigirá mais tentativas, com atenção redobrada aos detalhes. "Colocar o processo em funcionamento, sem esperar perfeição, é o mais importante para mim nessa fase de estabelecer isso como uma nova maneira de interagir e conversar em minha aula", diz Nevada.

De fato, à medida que a *Discussão sem líder* se tornou mais rotineira para Nevada e seus estudantes ao longo do ano letivo, ela aprimorou vários aspectos do processo, que acreditava que poderiam enriquecer padrões de interações poderosas. "Comecei a fazer com que entregassem suas perguntas antes, por exemplo", lembra Nevada. "Eu não fiz isso para que eles sentissem que eu tinha que dar o sinal verde para eles. Na verdade, eu temia que essa mensagem poderia ser transmitida. Mas senti que podia ter uma noção dos tipos de perguntas que consideravam essenciais para discutir e procurei lugares onde eu pudesse orientá-los a formular perguntas mais discutíveis e contestáveis, em vez daquelas que poderiam ser facilmente respondidas."

Nevada ainda realiza miniaulas de tempos em tempos, como conduzir uma experiência de aquário e pedir aos estudantes que reflitam sobre o que torna uma boa pergunta interessante. Ela pede a eles que observem e citem situações em suas *Discussões sem líder* que pareçam pontos de virada ou momentos de grande percepção e os convida a pensar sobre como podem se desafiar mais a raciocinar sobre as afirmações durante esses momentos. "Não quero que pensem que as coisas têm que ser perfeitas para serem maravilhosas", diz Nevada, "mas quero transmitir a eles uma sensação de que, à medida que desenvolvemos o hábito de nos envolver uns com os outros e desenvolver uma conversa elaborada juntos, haverá partes do processo que sempre poderemos tornar melhores."

Nevada quer que os estudantes se sintam à vontade e se apropriem dessa rotina. O objetivo não é seguir sem erros ou falhas, mas o que torna tudo mais enriquecedor para todos é manter esse processo e se apoiar nas ideias uns dos outros. "Acho que tudo começa com a crença de que os estudantes são capazes de muito mais do que lhes damos crédito", reflete Nevada. "Se lhes dermos ferramentas e estruturas e nos esforçarmos para colocá-las em prática rotineiramente, eles nos surpreenderão com suas ideias e considerações".

FALAR-PERGUNTAR-IDEAR-APRENDER

O apresentador escolhe um plano, uma ideia de projeto, uma peça escrita, um discurso ou outro item sobre o qual deseja obter mais clareza, informação ou feedback.

Falar O apresentador compartilha com o grupo seu plano/ideia de projeto/peça.

Perguntar	O grupo faz perguntas esclarecedoras e de sondagem ao apresentador.
Idear	O grupo oferece ideias para melhorar o plano/ideia de projeto/peça. O apresentador anota o que é oferecido, mas não aceita, rejeita ou avalia especificamente qualquer sugestão.
Aprender	O apresentador declara o que aprendeu ou está extraindo da conversa, afirmando qualquer novo pensamento sobre o plano/ideia de projeto/peça.

Trabalhando com professores, muitas vezes usamos protocolos como ferramentas para ajudar os colegas a gerar novas ideias para planos e projetos ou para resolver problemas práticos (p. ex., veja CLEE, [2022]). No entanto, muitos desses protocolos para adultos têm inúmeras etapas ou exigem muito tempo para serem concluídos. Achamos que seria útil ter um protocolo mais simplificado para uso em sala de aula, para quando os estudantes estão envolvidos em trabalho de projeto ou *design thinking*. Com base nas melhores ideias de protocolos de aprendizagem profissional, criamos a rotina *Falar-perguntar-idear-aprender* (do inglês *Share-Ask-Ideas-Learned* [SAIL]).

Propósito

Essa rotina oferece uma estrutura para dar e receber ideias de colegas e sugestões para o desenvolvimento inicial do projeto, quando novas ideias podem ser facilmente integradas e úteis na formação do trabalho. Embora isso certamente possa ser pensado como *feedback*, a rotina SAIL é um pouco mais sugestiva e aberta a possibilidades. Além disso, é mais provável que o *feedback* típico ocorra perto do final de um projeto, para ajudar os estudantes a polirem e refinarem o material. Em geral, a SAIL é colocada no início do processo, quando os estudantes ainda estão nas etapas de planejamento. Quando situada no início, ela os ajuda a pensar em ideias, gerar opções e considerar alternativas que possam ser usadas para moldar seu trabalho. Outro objetivo fundamental dessa rotina é criar uma comunidade de estudantes na qual eles se vejam como recursos de aprendizagem. Isso significa que o grupo que responde ao apresentador não é apenas um público atento, mas também ativo em termos de questionamento e oferecimento de ideias.

Seleção do conteúdo apropriado

A rotina SAIL funciona de forma mais eficaz na fase de desenvolvimento de um projeto, plano ou *design*. Por exemplo, os estudantes podem estar planejando um projeto de pesquisa pessoal ou consulta e precisam de ideias para dar continuidade. Eles podem estar procurando projetar ou construir algo em um espaço destinado e têm apenas uma vaga ideia do que querem realizar, mas se beneficiariam ao conversar com outras pessoas para ajudá-los a esclarecer o propósito e os objetivos. Em uma aula de redação, os estudantes podem ter ideias para uma história ou até mesmo personagens que desejam incorporar, mas não pensaram realmente para onde suas ideias podem ir ou o que precisam considerar ao criar sua história. Um professor pode ter uma ideia inicial para uma unidade ou atividade, que pode ser debatida com colegas ou até mesmo com os estudantes.

Etapas

1. *A preparação.* A rotina pode ser feita em pequenos grupos (no mínimo, três pessoas) ou com a turma inteira. As etapas podem ser cronometradas, como é comum em protocolos de conversa, ou deixadas em aberto. Ao determinar os tempos, pense na complexidade do projeto/proposta que está sendo apresentado (projetos mais elaborados levarão mais tempo para explicar, mas não devem exceder 4 minutos), na idade dos estudantes (os mais jovens geralmente levam menos tempo) e no tamanho do grupo (grupos maiores exigirão mais tempo para o compartilhamento de perguntas e ideias). O protocolo pode ser feito entre 5 e 25 minutos. Na primeira vez que usar SAIL, você pode querer fazer a rotina usando um apresentador (escolhido com antecedência) na turma inteira, para que os estudantes possam se familiarizar com o processo. Como alternativa, isso pode ser feito usando a dinâmica de aquário, em que um grupo menor trabalha a rotina no centro da sala enquanto os observadores estão em um círculo externo, ao redor do grupo.

2. *Falar.* Peça ao apresentador que compartilhe seu plano/ideia de projeto/peça com o grupo. Essa fase não deve levar mais do que 3 ou 4 minutos, no máximo. A ideia aqui é dar ao público informações suficientes sobre o projeto para que eles possam ser úteis ao fazer

boas perguntas e oferecer ideias significativas. Muitas vezes é útil explicar:

- O "porquê" do projeto/peça, ou seja, a motivação pessoal por trás dele.
- O "como", ou seja, a forma como o apresentador está se propondo a enfrentar ou abordar o projeto.
- O "quê" em termos do que foi feito até agora.
- Quaisquer pontos críticos, desafios ou problemas que o apresentador esteja encontrando.

3. *Perguntar.* O público é, em seguida, convidado a questionar. Enquanto as perguntas são feitas, o apresentador responde. Essa fase da rotina terá natureza bastante conversacional. Dependendo do projeto, pode levar de 2 a 10 minutos. A rotina identifica dois tipos de perguntas que os ouvintes devem fazer – esclarecedoras e de sondagem (Allen; Blythe, 2004):

- **Perguntas esclarecedoras** são feitas em benefício do questionador. Elas fornecem informações básicas e contexto para ajudar o questionador a entender melhor a situação. Não exigem muito pensamento para responder e em geral podem ser respondidas em apenas algumas palavras. Por exemplo, "Você já escreveu uma história como essa no passado?", "Quantos jogadores serão necessários para o seu jogo?" e "Quem você já entrevistou a respeito desse tema?" podem ser respondidas rapidamente e ajudarão o questionador a entender melhor o contexto.
- **Perguntas de sondagem**, por sua vez, são feitas em benefício do apresentador. Elas são elaboradas para incentivar uma maior reflexão e introspecção, e exigem mais pensamento para responder. Podem até virar um diálogo. Por exemplo, "Por que esse recurso é importante para você?" e "Como você vai saber se isso deu certo?" exigem muito mais reflexão e podem produzir maior clareza para o apresentador. Às vezes, as perguntas de sondagem não podem ser respondidas na hora, exigindo mais reflexão. Nesse caso, o apresentador simplesmente diz que precisa pensar melhor.

4. *Idear.* Depois de obter uma noção melhor do projeto por meio do questionamento, o público está pronto para dar sugestões. Elas são

oferecidas no modo *brainstorming*, o que significa que o apresentador não as avalia na hora, apenas as recebe. No entanto, se uma ideia ou sugestão não estiver clara, o apresentador faz perguntas a fim de entender completamente o que está sendo oferecido. Algum tipo de documentação pode ser útil. Os estudantes mais velhos podem gravar as ideias sugeridas para si mesmos, e os mais novos podem gravar um vídeo para capturar a conversa e ouvi-la mais tarde. Essa fase da rotina pode levar de 3 a 10 minutos.

5. *Aprender.* Essa etapa prevê o encerramento da sessão de compartilhamento. Os aprendizados e lições do apresentador da sessão são rapidamente recapitulados. Por exemplo, pode ter havido uma pergunta a ser ponderada, ou pode ter havido uma sugestão a ser seguida. O apresentador também deve agradecer ao grupo por suas contribuições. Essa etapa geralmente leva apenas 1 ou 2 minutos.

Usos e variações

Todos os anos, na University Liggett School, na área metropolitana de Detroit, os estudantes da 3ª série do ensino médio embarcam em um projeto de pesquisa acadêmica (ARP, do inglês *Academic Research Project*) de um ano sobre um tema à sua escolha. A ideia é dar a eles uma oportunidade de investigação individualizada que seja substancial e complexa. O ARP é uma chance de desenvolver uma área de curiosidade e paixão além dos muros da escola (para saber mais sobre o projeto ARP, assista ao vídeo The Academic..., 2017 [conteúdo em inglês]). Os tópicos vão desde uma investigação sobre pesca com isca artificial até a viabilidade de comunidades com emissão zero de carbono e o projeto de equipamentos esportivos adaptados para jogadores com deficiência. Devido à diversidade de assuntos, a coordenadora sênior de projetos, Shernaz Minwalla, sabia que não poderia ser a única pessoa ajudando os estudantes a construírem seus projetos. Ela queria que eles se vissem como colegas valiosos no processo, então decidiu usar a rotina SAIL em intervalos regulares no decorrer do ano. Trabalhando em trios em intervalos de 20 minutos, cada estudante se revezava como apresentador. Eles sentiram que não só era de grande valor aprender sobre os projetos dos outros, como também descobriram que as ideias e recursos compartilhados por seus colegas eram úteis para elaborar seus próprios trabalhos.

Na aula de música do 8º ano de Peter Bohmer na Penleigh and Essendon Grammar School, em Melbourne, Austrália, a rotina SAIL ajudou os estudantes a explorarem a composição de músicas originais projetadas para evocar emoção. Peter começou apresentando diferentes imagens de tempestades no mar (uma conexão com o interlúdio de Benjamin Britten a *Peter Grimes*) e pediu-lhes que fizessem um rápido *Ver-pensar-questionar* (*See-Think-Wonder*; Ritchhart; Church; Morrison, 2011) sobre as imagens. Então, os estudantes foram incumbidos de elaborar uma obra musical que refletisse suas observações, pensamentos e questionamentos a partir das imagens. Peter os orientou a tirar 10 minutos para anotar ideias para a atividade proposta. Trabalhando em grupos de quatro pessoas, eles se revezavam como apresentadores usando SAIL. Observando os grupos, Peter ficou impressionado com os comentários durante a parte "aprendida" da rotina, observando que muitos estudantes ofereciam maneiras pelas quais, como resultado da atividade, seu próprio pensamento havia mudado a partir de suas ideias iniciais. Isso se conectou ao objetivo de Peter de ajudá-los a entender como a música poderia evocar emoção.

Avaliação

Procure e apoie o crescimento ao longo do tempo, tanto dos apresentadores quanto dos ouvintes. Na primeira parte da rotina, procure ver como os estudantes são capazes de apresentar um projeto em desenvolvimento de forma que os outros possam entender. Eles são capazes de organizar sua apresentação em uma sequência lógica, que seja fácil de seguir? Eles conseguem antecipar o que precisa ser explicado? Eles são capazes de antecipar e levantar questões cujas respostas podem beneficiá-los?

Tanto a fase "perguntar" quanto a fase "idear" colocam os estudantes em um papel ativo de engajamento com o conteúdo do outro. Eles são capazes de assumir esse papel ou simplesmente sentam-se como ouvintes? Quem precisa de incentivo e apoio para se tornar um contribuinte mais ativo? Os estudantes são capazes de fazer perguntas esclarecedoras e de sondagem, que demonstrem que ouviram o apresentador? (Para saber como facilitar isso, consulte a seção Dicas, a seguir.) Observação: se muitas perguntas esclarecedoras estiverem sendo feitas, isso pode indicar que o projeto não foi bem explicado durante a primeira etapa da rotina. À medida que os estudantes oferecem ideias, procure observar se desenvolvem a capacidade de assumir perspectivas diferentes da sua. Eles estão oferecendo sugestões com base no que fariam ou são capazes de manter os objetivos do apresentador e o público potencial em mente? As ideias mostram respeito pelo que já foi feito e permitem que o apresentador desenvolva seu trabalho em vez de abandoná-lo?

A fase "aprender" é uma chance para os apresentadores mostrarem que ouviram seu público. Os estudantes são capazes de lembrar e contar ideias que lhes foram úteis? Os apresentadores conseguem resumir as ideias dos outros de forma que mostre compreensão? O apresentador é capaz de discorrer sobre um plano para os próximos passos com base na conversa?

Os estudantes podem ter dificuldades em realizar todas essas ações na primeira vez. Na verdade, podem ter dificuldades a cada passo. Como parte de sua avaliação, é útil chamar atenção para o que foi bem feito, além do que ainda precisa ser melhorado. Usando a rotina SAIL repetidamente ao longo do tempo e fornecendo *feedback* regular sobre o desempenho, espera-se que melhorias sejam observadas.

Dicas

Como ocorre com a maioria dos protocolos de conversação, pode ser útil fazer uma rodada com o grupo antes de esperar que os estudantes o façam de forma independente. Isso também permite que você assuma o papel de facilitador enquanto orienta o grupo pelas etapas. Como facilitador, você pode lembrá-los sobre a diferença entre perguntas esclarecedoras e perguntas de sondagem, bem como ajudá-los a identificar que tipo de pergunta eles estão fazendo. Você também pode demonstrá-las. Por fim, como facilitador, você irá detalhar a rotina em termos do que funcionou, do que foi desafiador e do que pode ser melhorado da próxima vez. Considere usar a dinâmica de aquário descrita anteriormente.

É importante documentar as perguntas, principalmente as de sondagem. Se documentadas, na conclusão da rotina você pode perguntar ao apresentador qual delas foi mais útil e por quê. Repetir essa técnica várias vezes ajuda um grupo a identificar o que torna uma pergunta de sondagem boa. Isso pode ajudar os estudantes em seus futuros usos da rotina SAIL, além de muitas outras situações de aprendizagem.

O poder de tornar o pensamento visível **87**

Para ajudá-los a entender o fluxo da rotina, considere o uso de um diagrama simples, com o apresentador de um lado, o público do outro e setas mostrando o fluxo da conversa (veja a Figura 3.3).

FALAR
uma ideia, plano, desafio, rascunho

PERGUNTAR
perguntas esclarecedoras e de sondagem

IDEAR
sugestões, ações, mudanças

APRENDER
quais novas percepções e ideias foram aprendidas

Figura 3.3 Diagrama da rotina SAIL.

EXEMPLO DA PRÁTICA

Jodi Coyro reconheceu uma oportunidade para uma investigação autêntica para as crianças do 2º ano da University Liggett School, em Detroit, quando uma estudante, durante o momento de exploração, perguntou se poderia criar seu próprio jogo de tabuleiro – com os colegas rapidamente seguindo seu exemplo. Jodi já havia antecipado uma futura exploração do mundo do jogo e queria adiantar a unidade para aproveitar o interesse deles em criar jogos de tabuleiro. À medida que a criação do jogo evoluiu, Jodi buscou apoio do reitor de pedagogia e inovação, Mike Medvinsky, que achou que o projeto de jogos oferecia a oportunidade perfeita para a exploração da modelagem e da impressão 3D e para o uso da rotina SAIL.

A turma acaba de entrar pela manhã, quando Jodi anuncia: "Vamos começar o dia com nosso trabalho de projeto e mais uma rodada da rotina SAIL. Ontem terminamos na vez da Sônia. Hoje, acho que temos duas pessoas que estão prontas". Olhando para o grupo, Jodi verifica se sua avaliação está correta e pede aos dois garotos que se adiantaram para compartilhar que decidam quem irá primeiro. Um rápido jogo de pedra, papel e tesoura determina que Max vai começar. "Vai ser difícil levantá-lo", afirma Max enquanto começa a mover seu jogo, "Rei *versus* Rei", para a mesa no centro da sala.

"Ok, nosso primeiro passo é falar, certo?", Jodi confirma. "Todos vocês. Prestem atenção ao Max para que possamos ouvi-lo compartilhar e entender seu jogo." Max começa a explicar seu jogo, que usa peças de tabuleiro de xadrez pretas e brancas e um dado de 20 lados. "É como o xadrez, mas os dados dizem quantos espaços mover. As peças se movem nas mesmas direções e formas que o xadrez, mas o número de espaços é baseado no lançamento do dado. Se você parar em um espaço especial no tabuleiro, sua peça está fora", explica Max. Ele detalha: "Parar em certos lugares fará com que você seja atingido por desastres naturais, como tornados ou *tsunamis*, que o derrubam, mas se você parar em um meteoro, então você pode jogar o meteoro em seu oponente e nocauteá-lo".

Notando que várias mãos já estão levantadas em antecipação, Jodi orienta a discussão. "Vamos pensar em fazer nossas perguntas. Vejo que alguns de vocês já estão com a mão levantada. Antes de começar, quero que se lembrem de usar nossa linguagem: 'Eu tenho uma pergunta esclarecedora para você' ou 'Eu tenho uma pergunta de sondagem para você'". Antes de permitir que Max chame seus colegas, Jodi os incentiva a se afastarem do topo da mesa, onde estavam amontoados para ver mais de perto.

Katya faz a primeira pergunta: "Os cavalos ainda podem seguir em forma de L?". Ao que Jodi gentilmente pede: "Katya, que tipo de pergunta você está fazendo?". "Acho que é uma pergunta esclarecedora". Max responde afirmativamente e demonstra o movimento da peça do cavalo.

Max então chama Jason. "Acho que tenho uma pergunta de sondagem", começa. "Então, se você lançar um número, você consegue mover essa quantidade de espaços no jogo?" Reconhecendo que Jason tem uma pergunta esclarecedora, Jodi elabora: "Então você está esclarecendo quais são as regras". Max explica que é assim que as regras funcionam.

Aaliya faz outra pergunta, com um pouco de hesitação: "Acho que é uma pergunta de sondagem. Vai acrescentar outros quadrados no tabuleiro?", apontando para os recortes pretos no tabuleiro.

"Não", esclarece Max, "eles são prisões. Vou perguntar se posso tornar uma prisão 3D. Estou pensando em mudar a forma de alguns quadrados."

A pergunta de Aaliya e a resposta de Max mostram que perguntas esclarecedoras e perguntas de sondagem nem sempre se distinguem à primeira vista. Embora a resposta rápida "Não" de Max indicasse que essa é uma pergunta esclarecedora, sua elaboração e pensamentos sobre modificar o tabuleiro do jogo indicariam que uma nova área de pensamento se abriu para ele. Max continua a chamar seus colegas, que em sua maioria têm perguntas esclarecedoras, destinadas a desenvolver sua própria compreensão de como o jogo deve ser jogado. Em determinado momento, um membro do grupo comenta: "Estou pegando o jeito".

Após cerca de 10 minutos de questionamentos e explicações, Jodi avança na conversa: "É hora de pensarmos em ideias e sugestões para Max". As mãos se levantam. Jason oferece uma sugestão enquadrada como uma pergunta: "Eu estava me perguntando se a peça 3D que você fez com 20 lados é o tipo certo para o seu jogo. Parece-me que se você lançar e parar em um 20 o jogo acaba imediatamente". Max imediatamente responde: "Ok, vou mudar isso". Jodi intervém: "Você não precisa mudar isso. É apenas uma sugestão". Ao que Max responde de forma que mostra que entende o espírito e a implicação da sugestão: "Eu sei o que você está dizendo. É sobre se você quer que o jogo vá mais longe ou termine imediatamente".

Outro colega oferece uma ideia: "Você pode fazer com que algo aconteça com a prisão, e você tenha que ir a algum lugar, mas que haja alguma maneira de sair". Max gosta dessa ideia: "Vou dar um jeito de inserir algo que possibilite sair. Ainda preciso fazer alguns ajustes. Vou colocar uma chave especial no tabuleiro em que, se você parar lá, poderá sair da prisão". Essa discussão provoca outras ideias sobre a prisão: torná-la maior, para poder abrigar mais jogadores, e criar mais delas. Outras ideias continuam a ser compartilhadas nos minutos seguintes.

Sentindo que os estudantes estão ficando ansiosos para concluir e começar a trabalhar em seus próprios jogos, Jodi termina perguntando a Max o que ele aprendeu com a discussão. "Quero pensar mais na prisão e em como isso vai funcionar no jogo. Também nos dados e em quanto tempo o jogo deve durar. Talvez eu precise jogar algumas vezes para ver o que funcionará melhor".

Refletindo sobre a sessão, Jodi sente que a rotina SAIL foi útil para fornecer uma estrutura para que pensassem em seus jogos e obtivessem novas ideias de melhoria. "Ainda há alguma confusão sobre perguntas esclarecedoras e de sondagem", observa. "Acho que a realidade é que há muitas perguntas esclarecedoras, porque os estudantes do 2º ano têm dificuldade em explicar um jogo em palavras, e isso configura naturalmente a necessidade de esclarecer as regras. Eles querem fazer perguntas de sondagem, então acho que, em sua busca para fazer isso, às vezes as rotulam erroneamente." Mesmo com o predomínio de perguntas esclarecedoras, Jodi sentiu que o processo de ouvir e responder é útil. "A rotina SAIL oferece a esse grupo um caminho para aumentar sua capacidade de compartilhar o pensamento e praticar a verdadeira escuta. O diálogo rico uns com os outros tão cedo no ano letivo permite que nossa cultura de sala de aula cresça exponencialmente."

CONSTRUINDO SIGNIFICADO

Escolha um conceito, ideia, tópico ou evento para dar significado. Guie o grupo pelos tópicos a seguir, um de cada vez. Registre as respostas em um flipchart:

➢ Cada pessoa **responde** ao foco escolhido com uma única palavra. A palavra de cada pessoa deve ser única para que se junte ao significado coletivo.

➢ Cada pessoa **acrescenta** à palavra de outra pessoa uma palavra ou frase adicional para elaborar de alguma forma.

➢ Coletivamente, o grupo **faz conexões** entre as ideias que já estão escritas no *flipchart*, desenhando linhas e escrevendo nelas para esclarecer as conexões.

➢ Cada pessoa **registra uma pergunta** sobre o tema em foco com base no que surgiu até o momento.

> Com base na discussão de *Construindo significado* do grupo, no *flipchart*, cada indivíduo agora **escreve sua própria definição** da ideia, tópico, conceito ou evento que está sendo explorado em uma nota adesiva e a lê em voz alta para o grupo, antes de colocá-la no *flipchart*.

A rotina *Construindo significado* surgiu, assim como muitas outras, da nossa experiência em facilitar o aprendizado de um grupo. Trabalhando com professores no Projeto Aprendendo a Pensar, Pensando para Aprender (*Learning to Think, Thinking to Learn Project*), queríamos que explorassem o significado do conceito de *engajamento* e levantassem perguntas e ideias sobre ele antes de lançarmos métodos de engajamento dos estudantes. A palavra "engajamento" às vezes é usada em excesso e pode significar coisas diferentes para as pessoas. Inicialmente, cogitou-se utilizar a rotina *Conversa com giz** (Ritchhart; Church; Morrison, 2011), mas ela era bastante familiar ao grupo, e queríamos algo novo. Além disso, pensamos que, para realmente aprofundar o significado do conceito, teríamos que facilitar uma discussão mais profunda. Decidimos combinar a ideia de nos comunicarmos no papel coletivamente com um foco em etapas para levar as pessoas a pensarem mais profundamente juntas, e então experimentamos um processo de fazer isso com o grupo. Ao longo do ano seguinte de testes com professores e estudantes, refinamos as etapas e o processo para criar a rotina *Construindo significado*. Como ela é bastante visual, apresentamos um exemplo dela aqui (veja a Figura 3.4) na esperança de que o gráfico seja orientador à medida que você lê.

Propósito

Essa rotina pede que os estudantes explorem um tópico, conceito, ideia ou evento familiar por meio da criação de conexões, perguntas, construção de explicações e sínteses, a fim de alcançar um significado mais profundo. O tema pode ser familiar no sentido de que os estudantes trazem muito

---

* N. de R. T.: No original, *Chalk Talk*, é uma rotina de pensamento que promove a reflexão, o pensamento crítico e a colaboração em sala de aula. Nessa prática, os estudantes escrevem suas ideias, perguntas e comentários silenciosamente em um quadro de giz ou no papel, criando uma conversa escrita. Eles leem as contribuições dos colegas e respondem ou conectam suas próprias ideias, permitindo a exploração de múltiplas perspectivas. Após a escrita, o professor facilita uma discussão oral para aprofundar a análise das contribuições.

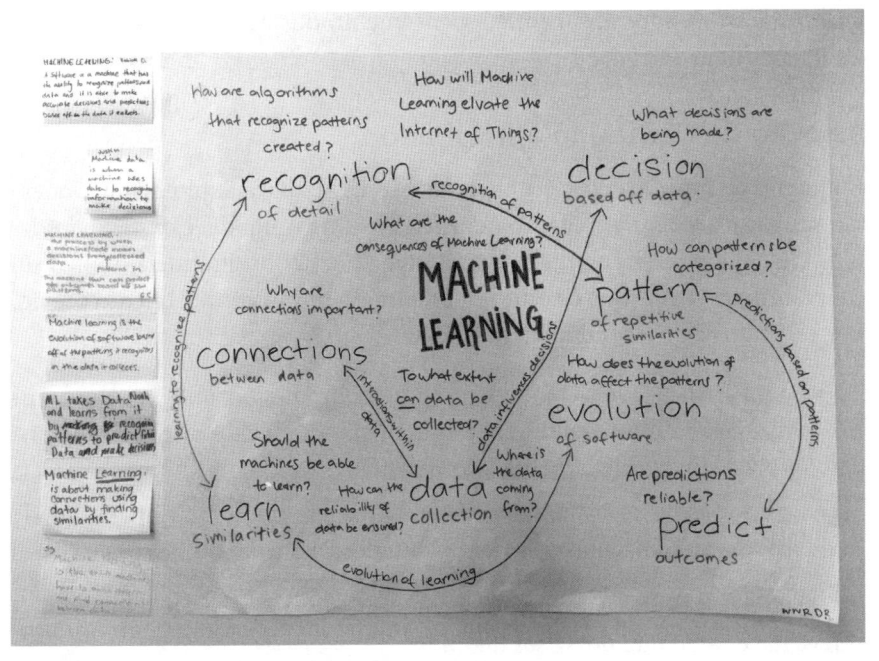

Figura 3.4 *Construindo significado* do "aprendizado de máquina" na aula de ciência da computação do 9º ano e da 1ª série do ensino médio.

conhecimento prévio, ou pode ter se tornado familiar por meio da exploração do grupo sobre o tema ao longo do tempo. *Construindo significado* destaca a noção de construir a compreensão de forma colaborativa por meio da apresentação de ideias, do acréscimo ao que os outros disseram, do levantamento de perguntas e da síntese. A rotina começa com associações simples de uma palavra com o tema. Ao coletar diferentes associações de cada membro do grupo, os aspectos fundamentais do tema começam a surgir. As associações iniciais do grupo são então ampliadas à medida que as pessoas acrescentam novas palavras às primeiras palavras umas das outras. Nesse ponto, surge um grande mapa de características e ideias associadas. No entanto, essas ideias estão dispersas na página e precisam ser conectadas.

Uma vez esgotadas as conexões, o grupo levanta questões sobre o tema com base no que apareceu na discussão documentada. Por fim, como forma de destilar e sintetizar seu novo aprendizado, escrevem uma definição pessoal do tema. Documentando todos esses processos e engajando-se neles passo a passo, a aprendizagem e o pensamento dos estudantes são estruturados e tornam-se visíveis.

Seleção do conteúdo apropriado

Enquanto a *Conversa com giz* costuma ser usada para explorar uma questão provocativa de investigação no início de uma unidade, *Construindo significado* se concentra na definição de um único conceito, ideia, tópico ou evento. Assim, exige que os estudantes tenham muito conhecimento prévio. Por esse motivo, é frequentemente usada:

- para analisar ideias familiares, como comunidade, *bullying* ou aprendizagem, a fim de obter uma visão mais profunda sobre elas e desenvolver um significado mais consensual; ou
- como forma de sistematizar a aprendizagem no final de uma unidade sobre um tema, como sustentabilidade, revolução ou frações.

Nos dois casos, os estudantes devem ter ideias substanciais sobre o tema e deve haver algo que possa ser definido.

Etapas

1. *A preparação.* Coloque uma grande folha de *flipchart* na mesa de cada grupo. Como alternativa, o *flipchart* poderia ficar pendurado nas paredes. Coloque de cinco a oito marcadores de uma única cor em cada mesa (p. ex., uma mesa fica com azul, uma com vermelha, uma com preto, e assim por diante). Entregue uma nota adesiva por estudante, para a rodada final. Coloque-os em grupos de cinco, no mínimo, a oito, no máximo. Esteja preparado para escrever cada etapa da rotina no quadro quando chegar a hora.

2. *Apresentar o tópico para a rotina.* Peça para alguém escrever a palavra/conceito, tópico ou ideia que está sendo explorada no centro da página. Solicite que pensem em quais palavras vêm à mente quando ouvem essa palavra.

3. *Responder com uma palavra.* Um de cada vez, peça a cada membro do grupo que registre a palavra que vem à mente quando ouve a palavra inicial. A palavra de cada um precisa ser diferente. Os estudantes podem dizer sua palavra em voz alta e escrevê-la quando chegar

a sua vez. Espalhe-as ao redor da página para que não estejam todas reunidas em um só lugar ou em uma lista. Depois que todos tiverem escrito sua palavra, junte todos os marcadores do grupo e passe-os para a próxima mesa, para que cada grupo comece a próxima rodada usando uma nova cor.

4. *Acrescentar.* Um de cada vez, cada membro acrescenta algo à palavra de outra pessoa. Esse acréscimo pode ser outra palavra que vem à mente quando se pensa naquela palavra em particular ou um complemento, transformando-a em uma frase. Não é preciso que haja uma correspondência um para um das respostas; isso significa que duas pessoas podem fazer acréscimos à mesma palavra e algumas palavras podem não ter nada acrescentado a elas. Se os estudantes estão acostumados a criar mapas conceituais, eles podem automaticamente começar a desenhar linhas em seus acréscimos. Como as linhas são usadas para conexões, peça que façam seus acréscimos acima, abaixo ou em qualquer lado da palavra original, sem desenhar nenhuma linha. Depois que todos tiverem escrito sua palavra, colete todos os marcadores do grupo e passe-os para a próxima mesa, para que cada grupo comece a próxima rodada usando uma nova cor.

5. *Fazer conexões.* Instrua os grupos a discutir as conexões que surgem das ideias na página. À medida que as conexões são identificadas, alguém no grupo deve registrar a conexão, desenhando uma linha entre as ideias conectadas e escrevendo na linha qual é a conexão. Por se tratar de um processo em grupo, nem todos darão uma contribuição por escrito nessa fase. Quando parecer que os grupos esgotaram sua capacidade de fazer conexões, colete todos os marcadores do grupo e passe-os para a próxima mesa, para que cada grupo comece a próxima rodada usando uma nova cor.

6. *Gravar uma pergunta.* Um de cada vez, cada membro grava uma pergunta sobre o tópico original com base na exploração até o momento. As perguntas não precisam estar conectadas a nada na página e podem ser escritas apenas no espaço em branco. Os estudantes podem fazer sua pergunta em voz alta antes de escrevê-la.

7. *Escrever uma definição.* Distribua uma nota adesiva para cada estudante. Instrua-os a escrever sua definição atual do tópico/ideia/

conceito com base na exploração em grupo. Incentive-os a usar as ideias que surgiram em seus grupos. Ressalte que essa é uma definição individual, que captura seu entendimento, e não uma definição de dicionário. Uma vez que todos no grupo tenham escrito sua definição, cada um lê sua definição em voz alta e a coloca no *flipchart*.

8. *Compartilhar o pensamento.* Faça um mural de compartilhamento. Peça aos estudantes que identifiquem semelhanças e diferenças entre o grupo deles e o dos outros. Como alternativa, você pode focar em um aspecto da rotina, como as palavras que surgiram, procurar quaisquer conexões adicionais que eles fariam nos cartazes de outro grupo ou questionar sobre perguntas feitas que eles consideram mais interessantes. Detalhe o que foi observado pela turma inteira.

Usos e variações

Alexandra Sánchez, da Parkview Elementary, em Novi, Michigan, descobriu que *Construindo significado* poderia ser feita com uma turma inteira de crianças pequenas, com o professor atuando como escriba. "Um problema com fofoca foi se acumulando lentamente na minha turma, e um dia, no recreio, ele explodiu. Encontrei um texto que eu poderia compartilhar com os estudantes para colocar todos no mesmo barco. Depois, pedi à turma para ficar no tapete e disse que achava que uma rotina de pensamento poderia nos ajudar a entender melhor a ideia de fofoca", contou Alexandra. Usando um marcador azul, Alexandra registrou palavras isoladas: ruim, boato, propagação, triste, indelicado, e assim por diante (Figura 3.5). Quando sentiu que a turma estava ficando sem novas palavras, ela convidou as crianças a acrescentarem algo às palavras que já estavam na página que ela escreveu em rosa. À medida que a turma passou a explorar as conexões, Alexandra ficou impressionada com o engajamento. "As crianças levaram isso muito a sério", disse. As perguntas delas revelaram sua preocupação em parar com o comportamento. Para a última etapa, Alexandra pediu que os estudantes voltassem para seus assentos e escrevessem suas próprias definições de fofoca. Depois, ela leu cada definição em voz alta. Alexandra concluiu com uma conversa sobre fofocas e seu impacto. "Senti que eles apreciaram o fato de eu dedicar um tempo para ajudá-los a entender seus problemas mais profundamente e desenvolver sua capacidade de resolvê-los", refletiu.

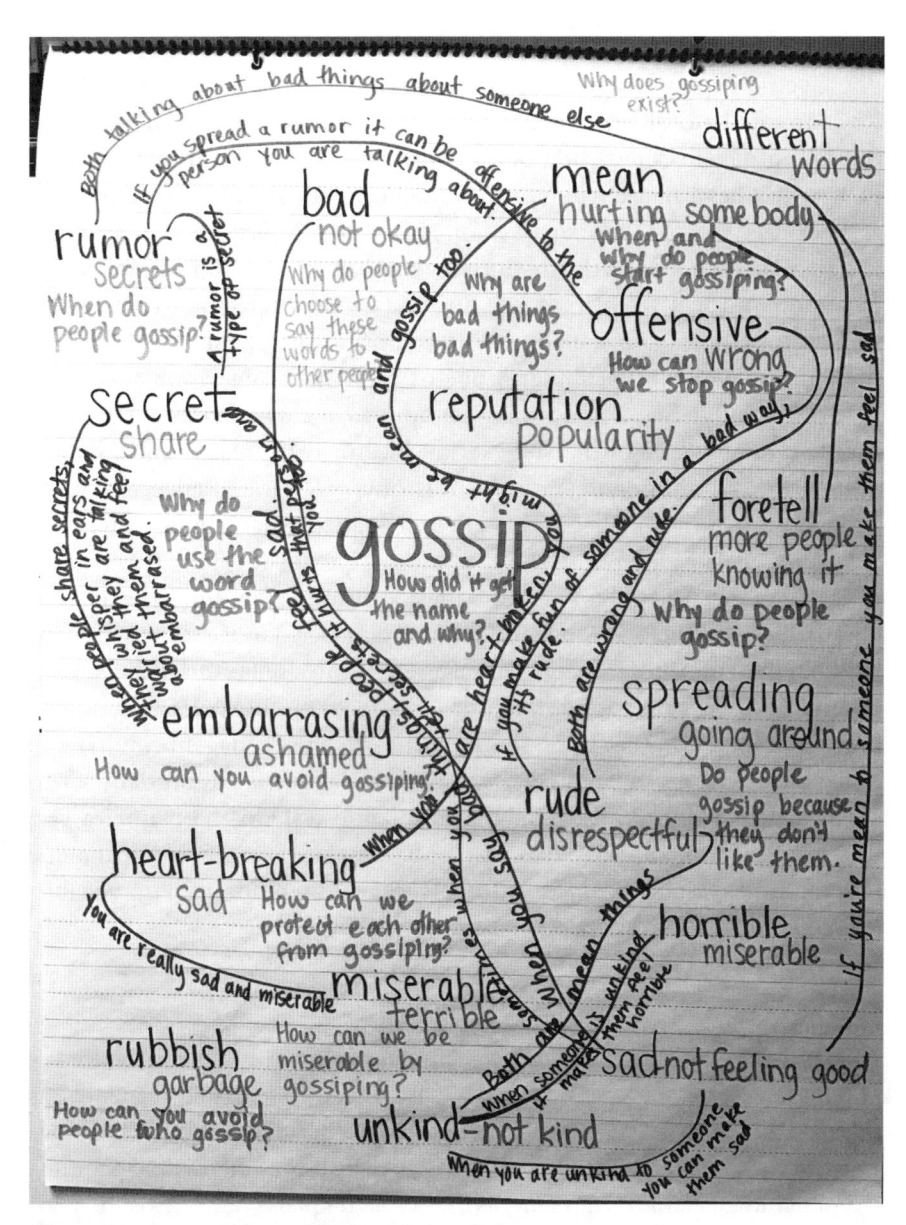

Figura 3.5 *Construindo significado* no 3º ano: fofoca.

Trabalhando com um grupo de estudantes com sérios desafios de linguagem e aprendizagem, as professoras de educação especial Renee Kavalar e Erika Lusky da Rochester High School, em Michigan, sentiram que a abordagem roteirizada para o ensino de vocabulário fornecida no programa oficial não envolvia os estudantes. Elas decidiram experimentar a rotina *Construindo significado* como alternativa. Após a primeira experiência com a palavra "instintivamente", que levou 30 minutos, tanto Renee quanto Erika sentiram que a rotina gerou muito mais discussão e interação do que a abordagem roteirizada. "Ficamos satisfeitas com algumas das palavras do vocabulário que os estudantes sugeriram por conta própria", relatou Erika. "Eles nem sempre as incluem na sua expressão oral não estruturada ou na sua escrita. Ficamos surpresas com o debate acalorado e os abundantes argumentos que surgiram." Renee Kavalar e Erika Lusky sentiram que a rotina era uma maneira mais significativa para os estudantes aprenderem o vocabulário do que o programa roteirizado, mas será que realmente foi melhor? Elas decidiram fazer um experimento comparando as duas abordagens durante um período de duas semanas. Descobriram que, uma vez que elas e os estudantes se familiarizavam com a rotina, eram capazes de completá-la em 10 a 20 minutos, dependendo da palavra. Isso se comparava ao tempo utilizado na abordagem roteirizada. No entanto, na abordagem roteirizada, 80% das vezes os estudantes não alcançaram o domínio do vocabulário quando testados na primeira vez. Isso resultou na necessidade de ensinar e testar novamente. Na turma que utilizou *Construindo significado*, todos alcançaram o domínio do vocabulário quando testados pela primeira vez.

Avaliação

À medida que os estudantes respondem com palavras iniciais, procure ver que tipo de vocabulário eles trazem. Suas contribuições estão relacionadas ao conceito que está sendo explorado ou são periféricas? Se eles têm formação adequada e o tema é rico, o vocabulário deve representar isso. Se muitos têm dificuldade para trazer palavras diferentes daquelas que outros mencionaram, isso pode indicar que essa não foi a melhor rotina a ser usada, pois o conceito ainda não está claro. Nos acréscimos dos estudantes, veja se suas contribuições oferecem camadas de complexidade e profundidade, em vez de apenas uma repetição do que já foi dito.

As conexões dos estudantes revelarão até que ponto seus conhecimentos sobre o tema estão integrados ou são discretos. Como eles estão respondendo às contribuições dos outros? Estão melhorando sua compreensão, incorporando ideias declaradas por outros, ou acham difícil integrar as ideias dos demais? Veja se são capazes de identificar conexões que vão além dos recursos superficiais. Tendo identificado uma conexão, eles conseguem articulá-la? Observando as perguntas que os estudantes fazem, elas vão ao núcleo do tópico ou ficam na tangente? Se o tema é familiar, há perguntas que possam justificar uma investigação mais profunda? Se o tema é aquele que a turma acabou de estudar, há perguntas que mostrem que estão indo além e ampliando-o para novas áreas? Há equívocos que aparecem nas palavras, complementos, conexões ou perguntas que justificam discussão e exploração futuras? Ao examinar as definições dos estudantes, certifique-se de que eles fizeram uso da discussão do grupo para ir além do que poderiam ter ido antes da rotina.

Dicas

Se os estudantes estão familiarizados com a *Conversa com giz*, é útil reconhecer as semelhanças entre ela e *Construindo significado*. Ambas utilizam *flipcharts* em grupos e marcadores. No entanto, em uma *Conversa com giz*, o grupo permanece em silêncio, enquanto em *Construindo significado* os membros do grupo podem falar. Uma grande diferença, claro, é que *Construindo significado* é mais estruturada e ocorre em rodadas ou etapas facilitadas pelo professor. Em vez de dizer aos estudantes todas as etapas de uma só vez, é melhor revelar um passo de cada vez, pois isso evita sobrecarga cognitiva.

A codificação de cada etapa por cores torna muito mais fácil ver como as ideias se desenvolvem. Se cada grupo tiver sua própria cor para começar e, em seguida, passar seus marcadores após cada rodada, cada folha de *flipchart* de cada grupo de *Construindo significado* terá cada etapa com uma cor diferente, embora não na mesma cor que os outros que concluíram aquela etapa em suas próprias folhas. Em termos de tamanho de grupo, cinco é o número mínimo, já que grupos menores não têm ideias iniciais suficientes nas duas primeiras etapas, dificultando a identificação de conexões mais tarde.

É importante que essa rotina seja abordada de forma aberta e exploratória, para que os estudantes não se desliguem ou se preocupem em dar a resposta correta. Além disso, a natureza colaborativa deve ser enfatizada, para que se sintam confortáveis em usar e elaborar as ideias dos colegas. A discussão das conexões como um grupo é particularmente importante. Essa etapa é fundamental para desenvolver a compreensão dos estudantes e não deve ser apressada. Permita que escrevam apenas depois que as conexões tiverem sido minuciosamente exploradas.

EXEMPLO DA PRÁTICA

Joyce Lourenco Pereira, da Atlanta International School, decidiu usar *Construindo significado* para ajudar os estudantes do 9º ano e da 1ª série do ensino médio de ciência da computação a consolidar sua compreensão do conceito de aprendizado de máquina (*machine learning*) na conclusão de sua unidade de estudo. "Sempre achei esse um tema complexo e desafiador para os estudantes entenderem, pois envolve como as máquinas aprendem e interpretam as informações", explicou Joyce. Ela sentiu que a rotina daria uma oportunidade importante para conectar e sintetizar todo o aprendizado.

"Hoje, vamos usar uma rotina para nos ajudar a construir nosso significado coletivo de 'aprendizado de máquina'. Quero que vocês aproveitem, no decorrer desse processo, todas as oportunidades de aprendizado que experimentamos até agora em nosso estudo. Vocês vão trabalhar com seus grupos para completar essa rotina juntos, como uma construção conjunta do significado", anuncia Joyce. Em seguida, ela lê as instruções para cada uma das quatro primeiras etapas da rotina no quadro e pergunta se os estudantes têm alguma dúvida.

"Tudo bem se apenas uma pessoa fizer a escrita?", pergunta um deles. "Podemos pendurar na parede, para que seja mais fácil de ver?", questiona outro. Joyce diz aos estudantes que ambas as opções são possíveis se algum grupo quiser experimentar dessa forma. Ela está curiosa para ver como essas adaptações funcionarão.

Por estar trabalhando com estudantes mais velhos e mais independentes, Joyce permite que os grupos definam seu próprio ritmo. Ela dá a cada grupo uma cópia das etapas, para serem consultadas conforme a necessidade, e informa que eles terão de 15 a 20 minutos para passar pelas etapas 1 a 4. Em seguida, projeta um cronômetro no quadro para os estudantes consultarem e coloca uma música instrumental para tocar, suavemente, ao fundo.

À medida que os estudantes começam a incluir palavras, os membros do grupo são rápidos em apontar se uma palavra já foi usada. Embora haja um pouco de frustração quando isso acontece, eles se apoiam mutuamente para encontrar novas palavras, caso alguém tenha dificuldade para fazê-lo. Enquanto Joyce anda pela sala, percebe que não há muita conversa acontecendo. Ela incentiva os grupos a perguntarem uns aos outros "O que faz você escrever isso?", para entender melhor a contribuição de cada pessoa. Sua sugestão é aceita imediatamente. Joyce ouve alguém questionando um colega sobre a palavra "decisão". O estudante responde: "Os computadores têm que classificar grandes quantidades de dados, e as decisões foram tomadas com base nesses dados". Isso leva aquele que fez a pergunta inicial a escrever a frase "com base nos dados", para aprofundar a palavra "decisão".

Em outro grupo, os estudantes estão discutindo a palavra "evolução". Um deles se pergunta sobre a evolução específica do *software* na melhoria do aprendizado de máquina, enquanto outro se pergunta sobre a evolução dos dados e seu impacto nos padrões descobertos. Ao falar sobre as diferentes maneiras pelas quais a palavra "evolução" pode se aplicar ao aprendizado de máquina, eles estão encontrando conexões que provavelmente não teriam percebido sem uma discussão. Enquanto Joyce continua seu monitoramento discreto, ela lembra à turma que restam cerca de 5 minutos.

À medida que os estudantes entram na fase de questionamento, Joyce percebe que muitas das perguntas poderiam ser facilmente respondidas com "sim" ou "não". Ela sugere que tentem melhorá-las. "Será que sua pergunta não poderia ser feita de forma a encorajar os outros a explorar possibilidades, em vez de apenas responder 'sim' ou 'não'?", questiona. Como consequência, um estudante modifica sua pergunta original de "O aprendizado de máquina tem consequências importantes?" para "Quais são as consequências do aprendizado de máquina?". Joyce percebe que essa simples sugestão gera muito interesse entre os membros de cada grupo, e há um maior desejo de responder e se envolver com as questões uns dos outros.

Conforme o prazo se aproxima, Joyce observa que todos os grupos completaram as quatro primeiras etapas. "Um representante de cada grupo poderia trazer a página para a frente e a pendurar, por favor? Queremos ver se conseguimos identificar e partilhar as semelhanças observadas entre os diversos cartazes."

"A palavra 'dados' está em toda parte. E continua aparecendo", observa um estudante. "As perguntas são as mais diferentes possíveis", diz outro. "É, a gente realmente enlouqueceu com as perguntas", acrescenta outro. "Parece que todos os grupos tinham dúvidas sobre a ética no aprendizado de máquina." Após a conversa na turma, Joyce passa notas adesivas para completarem a etapa final do desenvolvimento da definição pessoal de "aprendizado de máquina". Enquanto os estudantes escrevem, muitos vão até os cartazes para encontrar o vocabulário que pretendem usar. Depois que todos tiverem escrito suas definições, eles as compartilharão em voz alta e afixarão as definições no cartaz do seu grupo (veja na Figura 3.4).

Refletindo sobre a primeira experiência dela e de seus estudantes com a rotina *Construindo significado*, Joyce sente que a ferramenta atendeu ao seu objetivo de ajudar os estudantes a se unirem e sintetizarem seu aprendizado. "Eles tiveram uma compreensão compartilhada e profunda do 'aprendizado de máquina', e puderam falar sobre isso de maneira mais completa e ponderada." As perguntas geradas também criaram um caminho para impulsionar ainda mais a aprendizagem. "Fiquei completamente surpresa com as perguntas que os estudantes desenvolveram. Elas foram ricas e se tornaram pontos excelentes que usamos em discussões posteriores em sala de aula."

ROTINA +1

> *Depois de ler um texto, assistir a um vídeo, ouvir uma aula ou receber novas informações, um grupo faz o seguinte:*
>
> **Relembrar** Em 2 a 3 minutos, trabalhando apenas com a memória, os estudantes recordam e registram os principais detalhes, fatos e ideias da apresentação.
>
> **Mais 1** Os estudantes passam suas folhas de papel para a direita. Levando de 1 a 2 minutos, cada um lê as listas à sua frente e *adiciona uma nova informação* à lista em mãos. REPITA esse processo pelo menos mais duas vezes.
>
> **Revisar** Devolva os papéis ao proprietário original. Os estudantes leem e revisam os acréscimos feitos em suas folhas. Eles também podem adicionar quaisquer ideias colhidas da leitura das folhas de outros que eles consideraram importantes.

Como pesquisadores, passamos um tempo em sala de aula observando o ensino e a aprendizagem, para entender melhor esses processos. Uma prática que vemos em muitas salas de aula, principalmente no ensino médio, é a de os estudantes fazerem anotações. Embora isso não seja algo ruim, há vários problemas com essa prática. Primeiro, quando eles fazem anotações, a participação nas aulas geralmente diminui, pois concentram-se em registrar o material da melhor maneira, não em discutir e questionar ideias contidas nele. Segundo, em muitos casos, registram tudo o que está sendo dito ou escrito no quadro, sem qualquer mecanismo de filtragem, mesmo quando é dito que terão acesso ao material após a aula. Uma terceira questão, não diretamente observada, mas identificada por meio de pesquisas, é que anotar ou ler as anotações geralmente não é uma estratégia eficaz de memorização, embora os estudantes muitas vezes pensem que é (Brown; Roediger III; McDaniel, 2014). Para fixar algo na memória, é preciso recuperar informações, não simplesmente registrá-las e lê-las (Karpicke, 2012). Para abordar essas três questões – aumentar a participação em sala de aula enquanto se envolve com ideias, facilitar a filtragem eficaz das informações e promover a construção de memórias, desenvolvemos a *Rotina +1*.

Propósito

Essa rotina cultiva a prática de recuperação, identificando ideias importantes que merecem ser lembradas. Megan Smith e Yana Weinstein, cientistas da psicologia cognitiva, que escrevem para o *blog The Learning Scientists*, descrevem a prática de recuperação como "recriar algo que você aprendeu no passado a partir de sua memória e pensar sobre isso agora. Em outras palavras, um tempo depois de ter aprendido algo, por meio da leitura de um livro ou escutando uma aula ou um professor, você precisa trazê-lo à mente ou recuperá-lo" (Smith; Weinstein, [2016]). Elas sugerem que recuperar ideias relevantes *depois* de ter recebido informações e as mantido por apenas algum tempo possibilita que essas informações sejam lembradas e trabalhadas de forma flexível no futuro. Não queremos que os estudantes sejam simplesmente recebedores passivos de informações, mas processadores ativos de informações relevantes por meio da recuperação e aplicação.

A prática de recuperação ocorre por meio de esboços de anotações, desenho de ilustrações de ideias-chave ou mapeamento de conceitos relevantes. Nossa versão dessa prática fornece aos estudantes uma estrutura para identificar ideias-chave e recordá-las. Em seguida, por meio do engajamento com os outros, eles constroem sobre as notas dos colegas. Ao longo desse processo, concentram-se na construção de significado e relevância.

O benefício da anotação pós-experiência é que os estudantes são obrigados a recuperar e identificar as principais ideias, um movimento de processamento importante. Isso é significativamente diferente de tentar fazer anotações durante a experiência real, na qual é fácil se perder em detalhes e informações supérfluas. Essa rotina aproveita o poder do grupo para melhorar as anotações de todos por meio de etapas específicas de fazer acréscimos às listas de lembranças iniciais uns dos outros, o que leva a novas conversas com profundidade. Ao mesmo tempo, cada indivíduo cria documentação escrita para referência futura. Um exemplo em vídeo dessa rotina, em inglês, pode ser encontrado em +1 Routine... (2017).

Seleção do conteúdo apropriado

Essa rotina pode ser usada como alternativa às anotações tradicionais. Assim, funcionará com o mesmo conteúdo. Qualquer cenário em que os estudantes se deparem com novas ideias e informações oportuniza usar essa rotina. Esses momentos podem ser uma aula, uma visita guiada em uma excursão, um texto ou uma breve apresentação em vídeo. Seja qual for o estímulo, o importante é que a informação transmita uma variedade de fatos, ideias ou conceitos para lembrar e possibilidade de encontrar os principais pontos que valem a pena ser anotados.

Etapas

1. *A preparação.* Para escrever, os estudantes precisarão de um papel que possa ser passado adiante. Um caderno ou folha em branco servirão bem (mas um computador, não). Peça que escrevam seu nome na página, para que as próximas anotações possam ser devolvidas a eles depois de terem sido passadas. Se se sentarem em volta de uma mesa, eles podem passar seus papéis no sentido horário. Se estiverem em outra disposição, organize os grupos de modo que cada pessoa tenha acesso fácil à lista de um colega. Os estudantes precisam responder a pelo menos dois ou três colegas. O papel não será necessário até que o estímulo tenha sido apresentado, por isso é melhor esperar até que ele seja necessário, para que não se torne uma distração.*

2. *Relembrar.* Após o estímulo, peça que relembrem e registrem o que acabaram de vivenciar individualmente. Em 2 a 3 minutos, cada pessoa gera uma lista de ideias lembradas da apresentação. As listas podem incluir fatos, declarações ou conceitos maiores. Nesse momento, não é necessário que os estudantes avaliem essas ideias.

3. *Passar notas e fazer acréscimos – "mais 1".* Quando termina o tempo para recuperar e relembrar, os estudantes passam suas notas para a pessoa à sua direita. Agora, peça que dediquem de 1 a 2 minutos para ler essa nova lista e façam o que puderem para acrescentar pelo

---

* N. de R. T.: A orientação para a rotina é de que o papel ou o caderno só seja entregue ou solicitado aos estudantes após o contato com o estímulo, para evitar que tomem notas durante a apresentação.

menos uma nota adicional; pode ser uma elaboração, um novo detalhe, um outro ponto, algo que estava faltando, ou uma conexão entre ideias. Embora essa rotina tenha sido originalmente projetada para que os estudantes adicionem uma única ideia nova na página uns dos outros antes de passá-la adiante, é possível que adicionem muito mais do que um único item. O objetivo é usar o pensamento de cada um para construir um conjunto robusto de notas. Você pode decidir, com base no estímulo, nos seus objetivos e nos estudantes da sua turma, o que acha que funcionará melhor.

4. *Repetir a etapa +1.* Passe as notas pelo menos mais uma ou duas vezes, para que cada um tenha contribuído para pelo menos duas ou três listas de lembranças originais. Durante essa etapa, à medida que se deparam com novos conjuntos de notas, eles precisarão de tempo para lê-las e determinar quais outros pensamentos podem ser adicionados.

5. *Devolver as notas ao seu criador para revisão e elaboração.* Os estudantes revisam suas listas de lembranças originais com todos os acréscimos documentados. Em seguida, acrescentam qualquer item que puderem ao seu próprio conjunto de anotações. Um último "mais 1", podemos dizer assim. Essa etapa leva apenas alguns minutos.

6. *Compartilhar o pensamento.* Tendo em mãos os conjuntos robustos de notas criadas coletivamente, os estudantes agora iniciam uma discussão uns com os outros. Eles podem querer levantar questões para uma consideração mais aprofundada, sintetizar o que realmente lhes parece ser o núcleo do tópico de apresentação ou descobrir complexidades nos materiais dos colegas. Para concluir, pequenos grupos podem classificar fatos e ideias em termos de importância, a fim de determinar o que é mais relevante. Os grupos ou a turma poderiam usar suas anotações para criar um *Título*,* ou como um primeiro

---

* N. de R. T.: No original, *Headline*, rotina que ajuda a sintetizar e a destacar as ideias principais de um conteúdo educacional. Após uma apresentação, leitura ou atividade, os estudantes são incentivados a criar uma frase ou título que capture a essência do que aprenderam. Ao compartilhar e discutir seus títulos com os colegas, engajam-se ativamente no processo de aprendizagem, refinando suas ideias e apreciando diferentes perspectivas.

passo na rotina *Gerar-ordenar-conectar-elaborar*,* para começar a criar um mapa conceitual de grupo (Ritchhart; Church; Morrison, 2011).

Usos e variações

Jeff Watson, professor de matemática do ensino médio da International Academy East, em Troy, Michigan, usou a *Rotina +1* várias vezes com os estudantes. "Sempre que eu quiser ver quais ideias-chave os estudantes lembram de certas atividades, e o quanto eles conseguiram mantê-las na memória, eu peço-lhes para fechar seus *notebooks*, guardar seu material e, simplesmente, recuperar as ideias mais importantes que eles acham que são relevantes para o nosso aprendizado no momento." As anotações que os estudantes de Jeff lembram e, em seguida, constroem coletivamente no momento geram interações produtivas. "A *Rotina +1* fornece uma ótima recapitulação de nosso aprendizado mais recente, e as conversas fazem com que mais ideias, ainda a serem descobertas, sejam trazidas à tona."

Embora geralmente não sejam conhecidos por pedir aos estudantes que façam anotações, os professores do ensino fundamental também encontraram usos e variações interessantes para a *Rotina +1*. Kim Smiley, professora do 5º ano da Bemis Elementary School, em Michigan, usou a *Rotina +1* com vídeos de estudos sociais. Ela também a utilizou com os estudantes depois de uma assembleia escolar, relacionada aos nativos americanos. "Os estudantes puderam se sentar e começar imediatamente a escrever notas sobre as 'grandes ideias' que tinham aprendido", disse Kim. Eles chegaram a dizer que consideravam essa uma boa rotina porque os obrigava a realmente ouvir e se concentrar. Um estudante disse a Kim: "Eu gostei mais disso do que de fazer anotações enquanto estava na assembleia. Acho que isso é porque eu pude realmente me concentrar na apresentação".

---

* N. de R. T.: No original, *Generate-Sort-Connect-Elaborate*, rotina que auxilia a organizar e a aprofundar a compreensão sobre um tópico. Primeiro, os estudantes geram uma lista de ideias, palavras ou conceitos relacionados ao tema. Em seguida, classificam essas ideias em categorias que façam sentido, promovendo a organização do conhecimento. Depois, conectam as ideias classificadas, estabelecendo relações e identificando padrões ou temas comuns. Por fim, elaboram essas conexões, aprofundando sua análise e compreensão, muitas vezes criando um mapa conceitual que reflete a complexidade e as inter-relações do tópico estudado.

Avaliação

À medida que os estudantes redigem suas listas iniciais, circule na sala para ver que tipo de coisas eles se lembram, de quantas coisas se lembram (uma indicação da memória de trabalho) e em que nível de detalhe constroem suas anotações. Observe como procedem. Eles trabalham rapidamente para anotar as ideias, para que não as esqueçam, ou trabalham de forma mais metódica, usando uma ideia como ponto de partida para outra? Quando passarem suas listas, observe o que adicionam. Eles acrescentam a mesma ideia a cada lista ou a leem atentamente e observam onde podem incluir detalhes ou elaborações em resposta a essa leitura atenta? Oferecem objeções ou perguntas às listas dos outros?

Quando as anotações tiverem sido devolvidas e você tiver convidado os estudantes para conversar uns com os outros sobre as principais ideias que valem a pena anotar, ouça os pontos levantados. Os grupos identificaram alguns aspectos importantes que a experiência de aprendizado pretendia que eles considerassem? Que outras ideias eles consideraram importantes? Se suas seleções o surpreenderem ou se você sentir que elas estão fora do padrão, pergunte: "O que faz você dizer isso?" ou "Que outro grupo gostaria de acrescentar algo a essa ideia ou talvez contestá-la?".

Dicas

Para os estudantes mais velhos, que são mais acostumados a fazer anotações como um recurso comum de sua atividade em sala de aula, pode ser útil falar sobre por que você está pedindo a eles que *não* façam anotações inicialmente, e sim observem ou busquem relevância. Explique um pouco da ciência do cérebro em relação à memória e à prática de recuperação das informações e que fazer anotações no momento para capturar tudo simplesmente não é uma técnica útil de aprendizagem. Você também pode explicar que deseja que eles sejam mais focados, mais engajados e mais conscientes durante a apresentação do material e não sejam pegos copiando cada expressão. Garanta que eles sairão com um bom conjunto de anotações e que sua memória do material será aprimorada.

Alguns estudantes têm uma reação negativa a outros escrevendo em seus papéis ou em seus cadernos. Se isso acontecer, notas adesivas podem ser usadas para as inserções. Às vezes, os estudantes acham útil se as inserções forem feitas em uma cor diferente, para que sejam fáceis de detectar. Isso vale para as inserções que os estudantes fazem à sua própria página, ao final do processo.

Alguns professores podem querer descobrir uma maneira de fazer a passagem de anotações eletronicamente. Embora isso seja viável, certifique-se de que o processo não iniba o compartilhamento e a discussão que a rotina deve despertar. Estudos também mostraram que a própria representação física melhora a memória de maneira que a anotação eletrônica não faz (Perez-Hernandez, 2014). Se forem usados meios eletrônicos para passar as anotações, considere como isso pode acontecer para que todos concentrem a atenção em uma única lista à sua frente de cada vez.

EXEMPLO DA PRÁTICA

Apenas olhando para a sala de aula de artes visuais do ensino médio de Matt McGrady na American Community School, em Abu Dhabi, é fácil ver que tornar o pensamento visível é uma característica proeminente de seu ensino. As ideias, processos e projetos são documentados por todo o ambiente. É importante para Matt criar um espaço em seu estúdio de arte onde seja seguro e encorajador para os estudantes assumirem os pontos de vista dos outros quando estão pensando e criando. Contudo, Matt está preocupado porque, às vezes, as ideias dos estudantes fluem tão livre e rapidamente que perspectivas interessantes se perdem ou as ideias nem sempre são totalmente exploradas quanto poderiam ser. Ele questiona se poderia haver uma maneira de capturar os pensamentos dos estudantes para que eles ganhem mais destaque para a classe e não simplesmente desapareçam quando o momento passar. Matt também se preocupa com o fato de que os estudantes quietos nem sempre têm tanta chance de ter seus pontos de vista considerados por aqueles que costumam falar mais. Ele acredita que a *Rotina +1* pode ser muito benéfica para abordar suas preocupações, já que cada estudante terá a oportunidade de oferecer seus pontos de vista, sugerir mais pontos, contestar ideias e colaborar uns com os outros.

Matt apresenta à turma do 7º ano a *Rotina +1* no início de uma unidade sobre arte abstrata. Como acontece com qualquer novo tópico, ele sabe que haverá uma grande variedade de noções preconcebidas sobre arte abstrata, com muitos estudantes pensando que é apenas um monte de tinta espalhada, sem qualquer intenção ou razão. Matt planeja uma entrada no tema que tanto irá trazer à tona as ideias iniciais dos estudantes, sejam elas quais forem, quanto imediatamente começar a provocar novas maneiras de pensar sobre esse gênero artístico.

Os estudantes assistirão a um vídeo com uma breve introdução à arte abstrata e sua história ao longo do tempo. Há muitas informações para considerarem. Antes de começar, Matt informa: "Não quero que vocês se preocupem em tentar obter todas as informações. Em vez de fazer anotações durante o vídeo, gostaria apenas que anotassem mentalmente o que é importante. Quais são alguns dos elementos-chave da arte abstrata que parecem ser dignos de nota, na sua opinião?"

Matt prepara os estudantes fazendo com que eles peguem seus diários de arte e preparem uma página em branco, pronta para que eles se lembrem de grandes ideias, dignas de nota, depois que o vídeo terminar. Então, ele pede que deixem seus diários de lado, apenas um pouco fora do alcance.

"Então, não faremos anotações em nossos diários durante o vídeo?", pergunta um estudante.

"Não, não, eu não quero que vocês se percam anotando e deixem de perceber aquilo que poderão sentir como grandes ideias", Matt responde.

"Vamos nos sentar e ouvir?", questiona outro estudante.

"Não exatamente", Matt responde enquanto verifica se todos organizaram seus diários para se preparar. "Eu quero que vocês se sentem e escutem, mas mais do que isso, quero que fiquem atentos às ideias-chave. O que você ouve? Quais parecem ser os pontos críticos que o narrador está tentando nos fazer entender sobre a arte abstrata?"

Outro estudante pergunta, hesitante: "Mas, e se eu me esquecer das coisas quando o vídeo terminar?".

Matt os tranquiliza. "Vocês não vão conseguir colocar tudo na sua cabeça. Isso seria uma coisa muito difícil para qualquer um fazer. Mas acredito que há valor em praticarmos nossa memória de trabalho, guardando aquilo que nos parece importante e, em seguida, nos engajando em uma nova rotina que gostaria de compartilhar com vocês hoje, chamada *Rotina +1*." Matt explica, resumidamente, as etapas gerais para a nova rotina: eles terão um momento para relembrar o que é importante em seus diários, depois adicionar ideias às lembranças uns dos outros e, depois de algumas rodadas passando suas anotações para os outros, os diários voltarão ao seu criador original para que ainda mais acréscimos possam ser feitos. Matt complementa: "De certa forma, vamos criar um pensamento coletivo sobre nossas ideias iniciais de arte abstrata. Ao longo da unidade, também iremos revisar esse pensamento inicial algumas vezes. Podemos acrescentar algo ao nosso pensamento, ou então mudar nosso pensamento; nosso objetivo é usar as perspectivas uns dos outros para continuar aumentando nossa compreensão da arte abstrata".

Quando os estudantes têm uma ideia clara o suficiente de como o processo funciona, Matt reproduz o vídeo de 7 minutos, que descreve, cronologicamente, as origens da abstração na arte ocidental. Quando o vídeo termina, ele pede que todos escrevam silenciosamente as principais ideias que guardaram na página em branco de seus diários de arte. Depois de 2 minutos de recordação individual, Matt solicita que passem sua lista para a pessoa à sua direita. Pede-lhes que façam uma leitura tranquila das anotações que acabaram de receber e façam o que puderem para acrescentar algo a essa lista. Ele sugere que adicionem detalhes, elaborações ou informações mais importantes. "Façam o que puderem para adicionar algo a essas notas – o máximo que puderem", incentiva Matt.

No final da primeira rodada de acréscimos, Matt pede que passem novamente suas notas para a direita e repitam o processo. Ele chama a atenção para o fato de que a lista está mais robusta agora, então eles devem pensar bem para adicionar qualquer outra coisa que acreditam ser significativa. "Vocês podem até desenhar algo ou fazer uma conexão a partir de suas próprias ideias a respeito do conteúdo que assistimos no vídeo. Tentem adicionar uma analogia ou uma metáfora para dar corpo a uma ideia. Mas procurem ao máximo não repetir uma ideia que já está lá", sugere Matt.

Após três rodadas, Matt pede aos estudantes que devolvam as notas ao autor original, para um exame mais aprofundado (Figura 3.6). Ele pede que fiquem mais alguns minutos em silêncio para ler sua própria lista e fazer pelo menos mais um acréscimo. "O que vocês se lembram claramente e por que acham que foi a coisa que mais lembraram? E o que os outros pareciam perceber que você não percebeu, mas pode documentar agora?"

Tendo construído seu conjunto de anotações, Matt então pede a pequenos grupos que conversem sobre seus pensamentos iniciais a respeito de arte abstrata e sobre o que ela é. As notas geradas pela *Rotina +1* funcionam como âncora para essas interações. Matt percebe que os estudantes estão realmente ouvindo uns aos outros e tendo discussões interessantes. Eles debatem ideias levantadas no vídeo e fazem perguntas com confiança. Matt fica agradavelmente surpreso com a facilidade com que esse processo parece familiar e acessível, mesmo na primeira vez.

Refletindo sobre o uso inicial da *Rotina +1*, Matt diz: "Uma coisa que notei foi uma espécie de frenesi de estudantes lendo e se concentrando quando surgia um novo conjunto de notas. É como se todos quisessem entrar lá e ver o que mais poderiam acrescentar. Isso foi emocionante de observar". Ele menciona que viu alguns estudantes escreverem a mesma coisa toda vez que recebiam um novo conjunto de notas, o que ele tentou desencorajar. "Acho que eles podem ter escrito a mesma coisa todas as vezes porque sentiram uma sensação de confiança com esse complemento em particular. Esse foi um processo novo para eles e para mim, então imaginei que, enquanto eles estiverem contribuindo uns com os outros, podemos continuar trabalhando para tornar esse processo melhor."

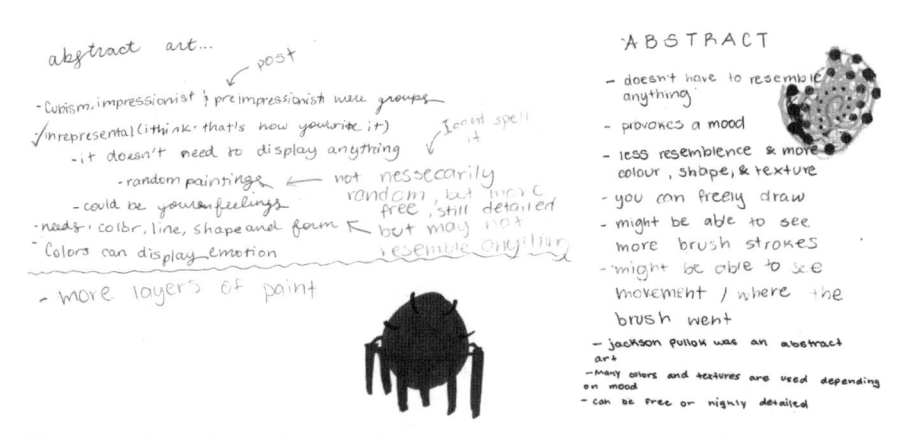

Figura 3.6 Anotações da *Rotina +1* de estudante do 7º ano sobre arte abstrata.

4

Rotinas para interagir com ideias

Rotinas para INTERAGIR com IDEIAS			
Rotina	**Pensamento**	**Anotações**	**Exemplos de ensino**
Classificação de perguntas (*Question Sorts*)	Questionamento e investigação	Use para identificar perguntas para a investigação e para aprender a construir questões melhores	• 1º ano, ciências. American Embassy School, Nova Delhi, Índia • Adultos, aprendizagem profissional. Association of Independent Schools of South Australia, Adelaide • 3º ano, investigação científica. Academia Cotopaxi, Quito, Equador
Descascando a fruta (*Peeling the Fruit*)	Percepção, perguntas, explicação, conexão, perspectivas e refinamento	Use para estruturar a exploração de um tópico a fim de construir compreensão. Pode ser um documento em evolução	• 9º ano, robótica. Penleigh and Essendon Grammar School, Melbourne, Austrália • Educação infantil, leitura. Bemis Elementary, Troy, Michigan • 1ª série do ensino médio (EM), poesia. Washington International School, Washington, DC
A rotina da história: principal-secundária-oculta (*The Story Routine: Main-Side-Hidden*)	Perspectiva, complexidade, conexões, análise e questionamento	Use com recursos visuais para explorar diferentes histórias ou como uma estrutura para análise e aprofundamento	• 5º ano, aconselhamento. Condado de Oakland, Michigan • 9º ano, história. Penleigh and Essendon Grammar School, Melbourne, Austrália • 3ª série do EM, ciências contábeis. Penleigh and Essendon Grammar School, Melbourne, Austrália

Figura 4.1 Matriz de rotinas para interagir com ideias *(Continua)*.

Rotinas para INTERAGIR com IDEIAS			
Rotina	**Pensamento**	**Anotações**	**Exemplos de ensino**
Beleza e verdade (*Beauty and Truth*)	Percepção, complexidade, explicações e captura do núcleo	Use com recursos visuais ou histórias para identificar onde residem a beleza e a verdade e como elas se cruzam	• 5º ano, ciências. Garden Elementary School KAUST, Thuwal, Arábia Saudita • 1ª série do EM, literatura. American International School, Lusaka, Zâmbia • 5º ano, biblioteca/história. St. Philip's Christian College, Newcastle, Austrália
Nomear-descrever-agir (*Name-Describe-Act*)	Olhar de perto, percepção e memorização	Use com recursos visuais para se concentrar em perceber e descrever enquanto constrói a memória de trabalho	• 4º ano, estudos sociais. Bemis Elementary, Troy, Michigan • 3ª série do EM, espanhol. South Fayette High School, McDonald, Pensilvânia • 1º ano, ciências. Bemis Elementary, Troy, Michigan
Anotar (*Take Note*)	Síntese, questionamento e captura do núcleo	Use como uma estratégia de bilhete de saída ou para incentivar a discussão de um tópico após a apresentação de informações	• 3ª série do EM, ciências. Washington International School, Washington, DC • 3º ano, ciências. Osborne Elementary, Quaker Valley, Pensilvânia • 9º ano, história. Munich International School, Alemanha

Figura 4.1 Matriz de rotinas para interagir com ideias *(Continuação)*.

CLASSIFICAÇÃO DE PERGUNTAS

Individualmente ou em grupo, faça um brainstorming *sobre um grande conjunto de perguntas a respeito do tema e escreva cada uma delas em notas adesivas ou cartões.*

➢ **Ordenação por generatividade.** Qual a probabilidade de a pergunta gerar engajamento, percepção, ação criativa, compreensão mais profunda e novas possibilidades? Discuta e coloque cada uma delas no eixo horizontal da generatividade.

> **Ordenação por relevância.** O quanto o grupo se preocupa em investigar essa questão? Discuta e mova cada nota adesiva para cima ou para baixo no eixo vertical da relevância.
> **Em grupo, decida como cada quadrante de perguntas será tratado e levado adiante.**

Muitas das rotinas que desenvolvemos (Ritchhart; Church; Morrison, 2011) convidam os estudantes a fazerem perguntas, como *Ver-pensar-questionar*, *Pensar-misturar-explorar* e *Ponte 321*, e assim por diante. Como resultado, os professores perguntaram: "O que eu faço com todos os questionamentos que os estudantes fazem?". A rotina *Classificação de perguntas* foi criada para ajudar nisso, especificamente colocando a posse das perguntas de volta nas mãos dos estudantes.

Propósito

A investigação produtiva depende de boas perguntas. Mas nem sempre é fácil fazê-las. Para ajudar os estudantes a aprenderem a formular e identificar os tipos de perguntas que podem orientar seu aprendizado, eles devem praticar exatamente isso. É claro que não há uma única maneira de lidar com as perguntas geradas. Algumas delas podem ser dignas de investigação prolongada e facilmente trabalhadas em uma unidade de investigação. Outras podem ser exploradas apenas brevemente. Porém, como determinar quais perguntas procurar? Essa rotina ajuda os estudantes a separarem suas dúvidas e identificarem aquelas que são generativas e relevantes para explorar.

Seleção do conteúdo apropriado

O uso mais apropriado dessa rotina é quando você deseja ajudar os estudantes a formular perguntas relevantes e generativas sobre conceitos e ideias abrangentes, que são de seu interesse. Funciona bem com a aprendizagem baseada em projetos, vários modelos de investigação (Murdoch, 2015; MacKenzie; Bathurst-Hunt, 2019) ou qualquer uma das principais experiências investigativas, como as encontradas nos programas do *International Baccalaureate* (IB).

Ao considerar o uso dessa rotina, é útil refletir: "Qual é o conceito mais amplo do qual nosso tema é um ótimo exemplo?". Muitas vezes, esse conceito mais amplo é onde se encontra a mais rica oportunidade de desenvolvimento de perguntas. Por exemplo, gerar questões especificamente sobre a "invenção da imprensa" é uma oportunidade diferente de gerar perguntas sobre "como a tecnologia e a inovação influenciam as maneiras como vivemos". O primeiro caso se concentra em um objeto muito particular, o segundo se concentra em um conceito mais amplo, sobre a engenhosidade humana e o papel que ela desempenha. É aqui que as boas perguntas geralmente começam e florescem. É claro que um tópico também precisa ser de interesse para os estudantes, e, para desenvolvê-lo, pode ser preciso alguma exploração guiada inicial.

Etapas

1. *A preparação.* Apresente o tópico em torno do qual você deseja que os estudantes desenvolvam perguntas e, em seguida, peça-lhes que façam um *brainstorming* sobre o tema individualmente ou em pequenos grupos. Tenha notas adesivas ou cartões para que possam documentar todas elas e para que sejam facilmente movidas nas etapas subsequentes. Uma vez que tenha sido acumulado um grande banco de questões, uma por nota adesiva, a aula está pronta para iniciar a fase de ordenação.

2. *Classificar por generatividade.* Desenhe uma linha horizontal longa no quadro ou use fita adesiva no chão ou na mesa e a rotule como "generativa". Escreva "alto" no lado direito da linha e "baixo" na extremidade oposta. Explique que essa linha horizontal representa uma sequência contínua para que eles classifiquem todas as suas perguntas de acordo com a generatividade de cada uma em relação às outras. Ou seja, a cada pergunta, os estudantes decidem qual a probabilidade de que ela provoque engajamento, percepção, ação ou novos entendimentos sobre o tema em relação às demais. Toda pergunta é válida. O objetivo não é descartar questões, e sim classificá-las. Dê tempo para que discutam as perguntas e suas razões para a colocação ao longo dessa sequência contínua horizontal "generativa".

3. *Classificar por relevância*. Agora, crie uma linha vertical longa cortando o eixo horizontal e a rotule como "relevante". Escreva "alto" na parte superior dessa linha vertical e "baixo" na extremidade inferior. Peça aos estudantes que considerem seu próprio interesse autêntico em cada pergunta, ou seja, o quanto eles pessoalmente se importam e estão investidos em perseguir qualquer uma dessas questões previamente organizadas na linha horizontal. Eles movem cada pergunta diretamente acima ou abaixo de sua posição atual para indicar o quão estão interessados nela, tomando o cuidado de manter sua posição horizontal à medida que movem para cima ou para baixo. Permita que discutam as perguntas e as razões por trás de seus posicionamentos em qualquer direção desse movimento contínuo vertical de "relevância".

4. *Compartilhar o pensamento*. Peça ao grupo que dê um passo para trás e avalie a classificação. Cada pergunta agora reside dentro de um dos quatro quadrantes. O quadrante superior direito (quadrante 1) contém todas as questões que o grupo decidiu serem as mais generativas para investigar e com as quais eles mais genuinamente se importam. Essas perguntas são as "melhores apostas" para uma investigação significativa. O quadrante superior esquerdo (quadrante 2) contém perguntas que o grupo não considera tão generativas em relação a outras questões, mas ainda representam muito interesse genuíno. Estas são, muitas vezes, perguntas breves e respondíveis. O grupo decide como quer lidar com as questões desse quadrante, talvez pedindo aos voluntários que investiguem e retornem ao grupo em aulas seguintes. O quadrante inferior esquerdo (quadrante 3) contém as perguntas que o grupo acredita serem as menos generativas e com o menor interesse genuíno. Em termos de investigação contínua, esse conjunto provavelmente não produzirá muitos novos aprendizados. O quadrante inferior direito (quadrante 4) contém todas as questões que parecem generativas em essência, mas nas quais o grupo atualmente parece ter pouco interesse. Informe ao grupo que elas estão suspensas nesse momento, mas que estão abertas a uma análise mais aprofundada no futuro, caso a investigação as traga de volta para o primeiro plano.

Usos e variações

Enquanto lecionava na American Embassy School em Nova Delhi, Índia, Tahireh Thampi usou a rotina *Classificação de perguntas* com crianças do 1º ano para ajudá-las a desenvolver questões que não fossem muito amplas ou vagas ou que apenas provocassem respostas dicotômicas. Com um conjunto geral de questões que os estudantes haviam produzido anteriormente em seu estudo de invertebrados, Tahireh pediu a eles que usassem quatro perguntas iniciais para reformular a lista anterior de maneira mais criativa: *Como seria se...? Como seria diferente se...? E se supusermos que...? O que mudaria se...?* Uma vez que a turma produziu cerca de uma dúzia de perguntas revisadas, Tahireh fez cópias delas em cartolina para que as duplas pudessem ter um baralho de cartas. Na aula seguinte, ela distribuiu a cada dupla um baralho com as perguntas da turma e pediu que decidissem, juntos, como classificá-las ao longo de duas sequências diferentes. Tahireh renomeou o eixo horizontal para "possibilidades e caminhos", explicando que queria que eles classificassem as perguntas pelo critério de oferta de "poucas" ou "muitas" possibilidades de estudo. Ela renomeou o eixo vertical para "interesse" e pediu aos estudantes que alinhassem as perguntas para cima ou para baixo de acordo com o interesse que eles tinham em cada uma delas. Como cada dupla tinha o mesmo conjunto de 12 perguntas para classificar, Tahireh e sua assistente podiam facilmente ouvi-los discutirem suas escolhas de classificação e como estavam tomando decisões de posicionamento.

Uma variação interessante dessa rotina se chama *Tipos de ação*. Em vez de trabalhar com perguntas, um grupo trabalha com um conjunto de ações possíveis que eles produziram. Dez equipes escolares que trabalham com a Association of Independent Schools of South Australia, em um projeto de três anos para construir uma cultura de pensamento em suas escolas, usaram essa rotina para ajudá-las a identificar suas "melhores apostas" para o futuro. Antes, o grupo pensava estritamente sobre suas ações e, quase sempre, apenas em uma dimensão. Ou apenas uma única ideia seria considerada e discutida, para que houvesse pouco tempo para explorar caminhos alternativos. As equipes escolares queriam fugir desse padrão. Depois de pensar em um grande conjunto de ações possíveis e escrevê-las em notas adesivas, sem criticá-las, cada grupo começou a classificá-las. Eles rotularam o eixo horizontal de "poder", representando o poder de fazer a escola avançar e romper o *status quo*, e o eixo vertical de "gerenciabilidade", considerando o tempo, os recursos e a energia para executar as ações. As ações que foram colocadas no primeiro quadrante foram "bons pontos de partida". O segundo quadrante foi "vale a pena considerar", o terceiro "não vale a pena o esforço", e o quarto, "longo alcance". Por meio de *Tipos de ação*, as equipes escolares puderam planejar, a partir das que lhes pareceram mais ponderadas, ações para serem implementadas.

Avaliação

Fazer uma pergunta que tenha alguns encaixes exige prática e experiência. À medida que os estudantes se sentem mais confiantes com a formulação de questões, observe se eles se afastam do que se pode considerar perguntas superficiais e se dirigem àquelas que pedem mais nuances e investigação. Se você notar que elas parecem um pouco superficiais, uma lista de perguntas iniciais, como aquelas usadas na preparação para uma *Discussão sem líder* (Capítulo 3), poderá ajudar.

Conforme os estudantes organizam os dois eixos, ouça os motivos que eles dão para a escolha do local onde colocam as perguntas. O que torna uma pergunta generativa para eles? O que torna uma pergunta relevante? Eles estão interessados na história ou complexidade das ideias, nas pessoas envolvidas, na influência, no propósito ou em outras questões? Como determinam que tipos de perguntas parecem oferecer novas perspectivas, além do óbvio? As perguntas exigem uma grande variedade de movimentos de pensamento para investigar, como olhar de perto, fazer conexões ou desvendar a complexidade? Ou exigem apenas a coleta de informações?

Dicas

Logo no início, discuta o que faz uma boa pergunta e suscite as ideias dos estudantes. Isso os induz a considerar a qualidade das perguntas que fazem, em vez de simplesmente fabricar questionamentos. Livros como *Make Just One Change: Teaching Students to Ask Their Own Questions*, de Rothstein e Santana (2011), e *Creating Cultures of Thinking: The 8 Forces We Must Master to Truly Transform Our Schools* (Ritchhart, 2015) têm sido muito úteis para os educadores com quem trabalhamos, a fim de apoiar os estudantes na formulação, no processamento e na busca de perguntas.

Muitas das rotinas de pensamento, tanto as deste livro quanto as de *Making Thinking Visible* (Ritchhart; Church; Morrison, 2011), incluem oportunidades para questionar, imaginar e explorar. Em vez de introduzir um tópico e, em seguida, fazer um *brainstorming* de um novo conjunto de perguntas, um professor poderia facilmente utilizar o que já veio à luz de outras rotinas de pensamento, como uma lista inicial de perguntas, com a *Classificação de perguntas*. O mapa da compreensão (Figura 2.1, no Capítulo 2) pode servir como trampolim para que os estudantes desenvolvam perguntas para classificar no início de uma jornada de pesquisa.

Quando a documentação da rotina *Classificação de perguntas* é exibida com destaque, educadores e estudantes podem revisar e referenciar isso ao longo de todo um ciclo de investigação. Os estudantes podem acrescentar algo às perguntas, elaborar perspectivas ou até mesmo ver algumas delas ganharem mais significado do que aquele concebido inicialmente. Educadores podem usar a documentação para planejar aulas e experiências. A natureza dinâmica de elaborar, movimentar, adicionar ou descartar as notas adesivas é uma característica de documentação fundamental dessa rotina.

EXEMPLO DA PRÁTICA

Paul James (PJ) Miller, professor do 3º ano da Academia Cotopaxi, uma escola internacional em Quito, Equador, observou que, quando pedia aos estudantes que fizessem perguntas sobre um novo tópico, eles costumavam produzir questões amplas, vagas ou sinuosas. "Às vezes, algumas de suas perguntas são tão distantes que eu realmente não sei o que fazer com elas. E depois, uma vez que temos todas essas perguntas, nem sempre sei o que fazer com todas elas", disse PJ. Assim como muitos educadores, ele sabe que responder a todos os questionamentos dos estudantes é uma façanha impossível. Nunca haveria tempo suficiente para isso. Essa também não seria a maneira mais valiosa de modelar bons hábitos de pesquisa. PJ e sua *coach* instrucional, Laura Fried, sentiram que a rotina *Classificação de perguntas* poderia ser promissora para ajudar os estudantes a desenvolver uma investigação significativa.

Para começar, PJ e Laura decidem centrar a atenção dos estudantes em todos os pontos para os quais eles desenvolveram perguntas. Eles conversam e discutem até mesmo por que os estudantes fazem perguntas e o que poderia torná-las poderosas para a aprendizagem. Juntos, PJ e Laura sentem que essa conversa ajuda os estudantes a verem as perguntas menos como uma lista de verificação para completar e mais como um conjunto emocionante e dinâmico de curiosidades que aumentam à medida que aprendem. "Não queremos que os estudantes pensem que apenas fazemos perguntas e respondemos, e pronto, acabou", diz PJ. "Quero que as perguntas pareçam mais vivas do que apenas uma corrida para concluí-las."

No dia seguinte, PJ lança uma nova unidade de investigação sobre ecossistemas, introduzindo brevemente o tema e partilhando algumas imagens para envolver a imaginação da turma. Ele, então, pergunta: "Lembram de ontem, quando falamos sobre a importância de fazer boas perguntas para ajudar no nosso aprendizado? Vocês acham que poderiam criar, nessas notas adesivas, algumas perguntas que acreditam que serão boas para fazermos sobre ecossistemas?". Ele informa que a ideia é que os estudantes tentem ao máximo escrever o que consideram boas perguntas e que produzam muitas delas.

"Escrevo apenas uma pergunta em cada nota adesiva?", pergunta um estudante.

"Sim, isso mesmo, apenas uma questão por nota adesiva. Então, se você tem duas perguntas que acredita que podem ser boas, use duas notas adesivas, uma para cada pergunta", responde PJ. No início, a sala fica bem tranquila, depois as crianças ficam ocupadas escrevendo muitas perguntas.

Assim que vê que cada estudante tem algumas perguntas, PJ pede a todos que as coloquem no quadro. Um grande grupo de perguntas fica imediatamente visível. As crianças se reúnem e começam a olhar para as notas adesivas umas das outras. PJ entra nas conversas que surgem: "Uau, assim como eu pensei, vocês têm muitas perguntas sobre ecossistemas. Olhem para todas as perguntas que temos!". As crianças acenam concordando. Ele continua: "Deixe-me explicar o que eu acho que podemos fazer com todas elas". Os estudantes voltam a sua atenção para ele e PJ prossegue: "Agora, cada pergunta aqui em cima vai gerar alguma reflexão para nós. Vocês não teriam feito a pergunta se isso não fosse ajudar no nosso aprendizado. Mas, com tantas assim, é difícil saber por onde começar, então gostaria que fizéssemos uma pequena classificação".

"Classificação? O que você quer dizer?", pergunta um estudante.

"Bem, classificar significa que vamos tentar descobrir uma maneira de encontrar as perguntas nessa grande pilha que levarão nosso aprendizado sobre ecossistemas muito mais longe e de forma mais profunda", diz PJ. Ele tem o cuidado de garantir-lhes que todas as questões são úteis e importantes. No entanto, algumas delas podem produzir oportunidades para muita reflexão, enquanto outras podem apenas levá-los um pouco adiante no caminho.

Pegando um marcador e desenhando uma longa linha horizontal no quadro, PJ escreve "Gera muito pensamento" na extremidade direita e desenha rapidamente a imagem de um grande tipo de motor de fábrica industrial. Na outra ponta, ele escreve "Gera pouco pensamento" e esboça rapidamente a imagem de uma pequena bateria ao lado. Ele explica que quer que os estudantes classifiquem o conjunto de perguntas ao longo dessa linha. Aquelas que parecem ter muita energia vão mais para a direita e as que dão somente um pouco de energia vão mais para a esquerda.

"Agora, eu não pedi a vocês que colocassem seu nome nessas perguntas de notas adesivas por um motivo. Vocês conseguem adivinhar por quê?", PJ pergunta.

"Para você não saber de quem é?", responde um estudante.

"Bem, sim, mais ou menos", explica PJ. "Mas mais importante, agora que temos todas essas perguntas no nosso banco de perguntas da turma, o banco pertence a todos nós. Juntos, podemos tomar boas decisões para nossa investigação em classe em vez de nos preocuparmos com cada pergunta específica. Vocês querem tentar isso?"

Ele convida os estudantes a irem em duplas ao banco de perguntas para escolher uma para lidar, não necessariamente a sua, mas qualquer uma delas. A dupla, então, decide onde colocá-la ao longo da linha de generatividade. "Lembrem-se", diz PJ, "as perguntas que você e seu colega acham que podem ser como esse grande motor aqui, você vai querer colocar mais para este lado da linha. Elas têm muito poder. E aquelas perguntas que você acha que nos dão um pouco de energia, como essa bateria, basta colocá-las desse lado da linha."

Logo há muita movimentação e discussão. É certo que PJ está um pouco preocupado por imaginar que algumas das crianças se concentrem apenas em suas próprias perguntas, enquanto outras possam se sentir magoadas de alguma forma. No entanto, ele se surpreende com o processo correndo muito melhor do que ele ou sua *coach*, Laura, esperavam. Os estudantes levam o convite para classificação muito a sério. Entre as duplas, há algum debate sobre onde colocar certas perguntas, mas PJ observa que elas rapidamente chegam a um consenso. Isso o agrada. Ele se questiona se, no passado, subestimou os estudantes ao não lhes dar oportunidades de assumir a responsabilidade de criar perguntas e determinar quais poderiam promover um bom aprendizado. PJ, com um pouco de orientação de Laura, decide que, para uma primeira tentativa dessa rotina, a classificação ao longo da linha contínua de generatividade é suficiente para hoje.

Eles retornam à rotina *Classificação de perguntas* no dia seguinte. PJ inclui um eixo vertical usando a seguinte linguagem: "há interesse em investigar" e "não há grande interesse em investigar". Logisticamente, PJ e Laura tinham antecipado que as notas adesivas poderiam se soltar, desfazendo, assim, a classificação de generatividade feita no dia anterior. Portanto, PJ pede aos estudantes que imaginem cada pergunta na linha horizontal como se tivesse a sua própria raia de natação. Ele explica que cada pergunta vai nadar para a direção "há interesse em investigar" ou nadar na direção oposta, em direção a "não há grande interesse em investigar" (veja a Figura 4.2). Esse segundo dia de trabalho, ao longo da linha de relevância, vai tão bem quanto o primeiro dia.

No terceiro dia, a turma olha para os quatro quadrantes de notas adesivas. PJ pergunta: "Se vamos centrar a nossa investigação para chegar aos lugares mais distantes possíveis, alguém tem uma ideia de por onde devemos começar?". Eles rapidamente identificam a seção altamente generativa e altamente relevante como um bom ponto de partida para suas pesquisas sobre ecossistemas. Esse parece ser um conjunto naturalmente bom de perguntas para começar.

Agora, eles examinam os outros quadrantes e decidem que a seção de baixa generatividade/alta relevância (quadrante 2) poderia ser tratada em rodadas rápidas nos dias seguintes. PJ pede a diferentes estudantes que se voluntariem para fazer uma minipesquisa independente sobre esse conjunto de perguntas, a fim de satisfazer o interesse de todos. Para as perguntas que terminam abaixo da linha horizontal, a turma decide deixá-las como estão – como em um tanque de espera. "Às vezes, não sabemos quais perguntas serão realmente importantes e interessantes até começarmos a investigá-las", diz PJ, "então, ter um tanque de espera parece um bom plano para elas por enquanto."

Refletindo sobre a experiência, PJ compartilha: "Acho que, no passado, eu tinha medo de não saber o que fazer com as perguntas dos estudantes se eu não estivesse completamente no controle. Acho que finalmente estou entendendo qual pode ser o meu papel na criação de uma sala de aula pensante. Eu preciso acreditar no que meus estudantes podem fazer!".

Figura 4.2 Estudantes do 3º ano classificam suas perguntas sobre ecossistemas.

DESCASCANDO A FRUTA

> *Selecione um tópico, conceito ou problema para o qual você deseja mapear sua compreensão.*
>
> ➤ Introduza o gráfico "descascando a fruta". Explique que uma maneira de pensar sobre o processo de desenvolvimento da compreensão é pensando nele como um pedaço de fruta.
>
> ➤ Comece com a **PELE** ou camada externa da fruta. *Descreva o que você vê e percebe.* Registre todas as características ou aspectos que você vê e percebe imediatamente. Anote o que você já sabe sobre o tema, seu conhecimento prévio.
>
> ➤ Vá além da pele, para a **MEMBRANA** da fruta. *Levante perguntas, dúvidas e questionamentos.* Registre suas respostas.
>
> ➤ Entre na polpa ou **SUBSTÂNCIA** da fruta. Aqui, você desenvolverá ou acompanhará sua compreensão à medida que: *faz conexões, constrói explicações e interpretações, identifica e considera diferentes pontos de vista.* Ao registrar essas informações, certifique-se de estar fundamentando suas afirmações com as evidências disponíveis.
>
> ➤ Defina o **NÚCLEO** da fruta. *Capture a essência ou o núcleo do tópico, conceito ou questão.* Do que se trata realmente?
>
> ➤ Agora, dê um **PASSO ATRÁS**. Identifique quais novas *complexidades* estão surgindo ao examinar o tópico como um todo. O que está ficando complicado, com nuances ou em camadas? Que novos mistérios ou dúvidas estão surgindo?

Quando o Projeto Pensamento Visível desenvolveu o mapa da compreensão (veja a Figura 2.1, no Capítulo 2) como um meio de articular os tipos de pensamento necessários para construir a compreensão, as pessoas perguntaram se o próprio mapa poderia ser uma rotina. Embora tenhamos enfatizado que não há uma sequência para os movimentos de pensamento e que a construção da compreensão pode seguir muitos caminhos diferentes, reconhecemos que poderia ser muito útil se alguém propusesse uma sequência para o pensamento. David Perkins assumiu a tarefa de desenvolvê-la, e assim nasceu a rotina *Descascando a fruta*.

Propósito

A compreensão é um dos principais objetivos de nossa instrução. Entretanto, os estudantes muitas vezes não têm as ferramentas para desenvolver sua compreensão ou não sabem como fazer o processo sozinhos. A memorização de informações é relativamente simples, mas construir a compreensão pode ser um grande desafio. A rotina *Descascando a fruta* oferece *uma forma* de sequenciar o processo de desenvolvimento da compreensão. Ela tem muitas etapas e, portanto, pode demorar muito mais do que o normal para uma rotina de pensamento. O gráfico da Figura 4.3 pode ser útil tanto para relembrar os passos e a metáfora da rotina quanto para introduzi-la aos estudantes.

Se o objeto de compreensão é relativamente pequeno, por exemplo, um poema, ensaio ou obra de arte, então a rotina pode ser feita em um ambiente com os estudantes trabalhando juntos, em pequenos grupos. Se o foco vai ser um tópico mais amplo, digamos, entender democracia, funções ou eletricidade, então essa rotina pode ser usada como um organizador gráfico para acompanhar a sequência de aprendizagem ao longo do tempo. Por fim, a rotina pode ser usada como uma ferramenta de síntese no final de uma unidade, reunindo o aprendizado e dando sentido ao conjunto. Dessa forma, ajuda a integrar e dar sentido ao conhecimento e às informações adquiridas para que elas possam, de fato, levar à compreensão.

Descascando a fruta

Por baixo da pele
Questionamentos
Que dúvidas e perguntas aparecem?

Substância
Considerar diferentes pontos de vista
Como isso é visto por outro ângulo?

O interior
Raciocinar com evidência
Em que você está baseando essa ideia?

Núcleo
Capturar o núcleo e chegar a conclusões
O que está no núcleo ou centro disso?

Substância
Crie explicações
O que está acontecendo aqui?

Substância
Fazer conexões
Como isso se encaixa?

Passo atrás
Desvendar complexidades
O que está ficando complicado, com nuances ou em camadas?

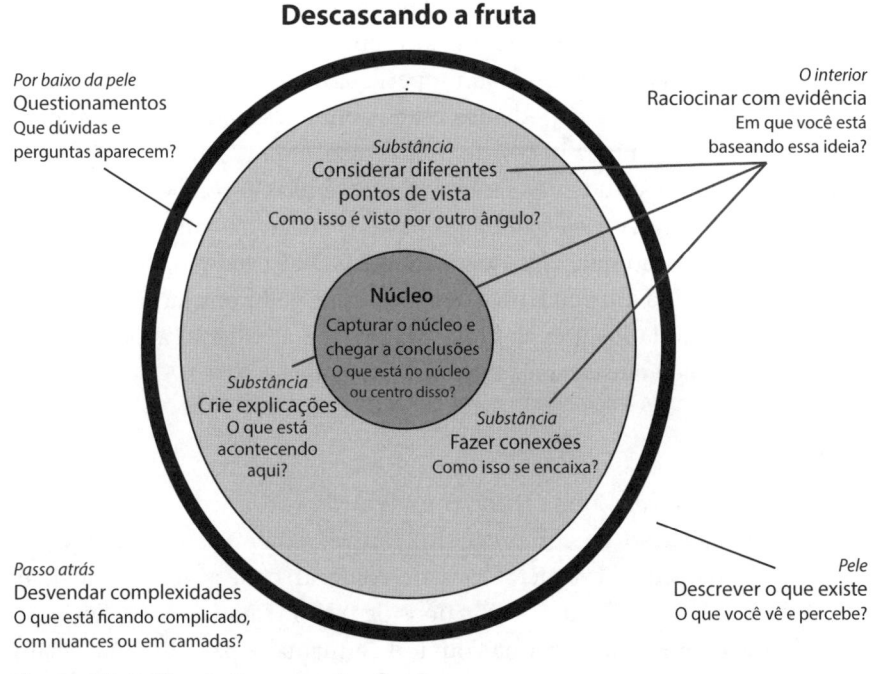

Pele
Descrever o que existe
O que você vê e percebe?

Figura 4.3 Gráfico de *Descascando a fruta*.

Seleção do conteúdo apropriado

Essa rotina exige que haja algo para entender profundamente, em vez de apenas adquirir conhecimento. O objeto de compreensão pode ser relativamente autônomo, ou pode ser uma unidade de estudo inteira. Por exemplo, os estudantes podem trabalhar em grupos para tentar entender uma passagem de texto, um evento atual ou um documento de fonte primária. Se estiver trabalhando com esses materiais de fontes tão definidas, o próprio material deve ser rico o suficiente para que os estudantes possam usar o que realmente está na página, na tela ou no documento, para construir sua compreensão e não precisar recorrer ao Google para "encontrar as respostas". Em outras palavras, o material de origem deve dar a oportunidade de construir algum nível de compreensão apenas por meio de análise e exploração cuidadosas.

Se a rotina tiver que ser usada como parte de uma unidade de instrução, então não se está identificando um único material de origem, mas, sim, pensando-se em toda uma sequência de instrução e todo o material que será usado. Quer se esteja trabalhando na compreensão de um tópico (p. ex., Segunda Guerra Mundial) ou de um conceito (p. ex., sustentabilidade), um primeiro passo importante é identificar o que queremos que os estudantes compreendam, e não apenas saibam superficialmente. Tendo esclarecido os objetivos de compreensão, podemos usar a rotina *Descascando a fruta* para ajudar a sequenciar nossa instrução. Nesse caso, teremos muito material de origem ao qual os estudantes serão expostos e usarão. Em vários pontos, iremos parar e envolver os estudantes na construção da compreensão com base no conteúdo ao qual eles foram expostos. Por exemplo, depois de ler um texto e assistir a um pequeno vídeo, podemos pedir que façam uso desse material para ajudá-los a explorar conexões que auxiliarão a esclarecer o conceito ou tópico que estamos buscando entender.

Etapas

1. *A preparação.* Compartilhe o gráfico da rotina como um modelo de construção de compreensão. Converse com os estudantes por meio da sequência metafórica de começar com a pele e trabalhar até o núcleo. Divida-os em grupos de três ou quatro (primeiro, você pode querer fazer a rotina com toda a turma) e peça-lhes que leiam

e examinem cuidadosamente o conteúdo com o qual você está tentando construir uma compreensão.

2. *A pele.* Trabalhando em uma grande folha de papel (tipo *flipchart*), peça que desenhem um grande círculo, preenchendo a maior parte da página. Do lado de fora do círculo, os estudantes registram o que estão observando. O que é imediatamente aparente? O que eles já sabem sobre o material que estão examinando?

3. *A membrana.* Peça que desenhem um círculo menor de cerca de 2 a 5 centímetros dentro do círculo original. Dentro desse anel, os estudantes registram suas curiosidades, perguntas e dúvidas sobre o tópico, conceito ou material que estão explorando.

4. *A substância.* Peça que desenhem um pequeno círculo de cerca de 7 a 10 centímetros de diâmetro no centro do papel. Isso criará um segundo anel, muito maior. Dentro dele, os estudantes registram as conexões que estão fazendo, as explicações que estão construindo e os pontos de vista que estão examinando. Esse processo exigirá muita discussão e exame do material e deve ter tempo suficiente. Lembre-se, esse é um processo de construção de compreensão, não de relatar respostas previamente fornecidas. Isso significa que podem surgir equívocos e erros que precisarão ser tratados em discussões e ensinamentos futuros.

5. *O núcleo.* No círculo central, os estudantes registram um enunciado que sintetiza a ideia central, mensagem ou significado que estão atribuindo ao material em estudo. Do que realmente se trata?

Usos e variações

Com base na metáfora da fruta, a professora dos anos finais do ensino fundamental Sheri McGrath, da Penleigh and Essendon Grammar School, em Melbourne, Austrália, criou esferas de papel semelhantes a pedaços de frutas a partir de seis folhas de papel com diferentes cores. Cada grupo recebeu uma esfera e uma folha de *flipchart* para usar em sua unidade sobre robótica. Os estudantes retiraram a primeira folha da esfera para encontrar as instruções: "O que você sabia sobre robótica no início desta unidade?". Eles desenharam um grande círculo em sua folha de *flipchart* e registraram suas respostas do lado de fora. Em seguida, retiraram a segunda folha de papel colorido da esfera para receber as orientações para o próximo passo da rotina: "Quais perguntas e dúvidas você tinha no início da unidade? Que questionamentos adicionais surgiram a partir do nosso estudo da robótica?". Eles registraram suas respostas dentro do círculo que haviam desenhado. Sheri, então, os instruiu a desenhar o círculo interno, de 7 a 10 centímetros, no centro ou na página. Ela explicou que as respostas para as próximas três camadas da esfera da "fruta" seriam registradas nesse grande anel na folha de *flipchart*. Trabalhando em seu próprio ritmo, os grupos progressivamente descascaram as camadas de sua esfera de papel para revelar direções para registrar as conexões entre a robótica e os outros tópicos que haviam estudado em ciências, bem como em outras disciplinas. A camada seguinte convidou-os a explicar alguns dos princípios científicos em ação no campo da robótica. A quinta e penúltima camada pedia aos estudantes que considerassem diferentes pontos de vista sobre a robótica: "Como será que os outros se sentem a respeito do tema?". A última folha de papel pedia que registrassem: "Em uma única frase, como você poderia resumir o que é robótica?". Sheri achou que o processo passo a passo de desdobrar a esfera para revelar o próximo conjunto de instruções ajudou a tornar a rotina gerenciável para os estudantes e a mantê-los focados.

Morgan Fields, da Bemis Elementary, em Troy, Michigan, usou a rotina como uma forma de documentar a compreensão em evolução das crianças da educação infantil sobre contos de fadas enquanto exploravam esse gênero. No entanto, em vez de usar círculos para que se assemelhassem a um pedaço de fruta, Morgan desenhou o contorno de um castelo com três torres em uma folha de *flipchart* (veja a Figura 4.4). Ela, então, registrou o que os estudantes achavam que sabiam sobre contos de fadas no perímetro do contorno do castelo. Em seguida, desenhou um contorno menor do castelo dentro do primeiro, para sugerir um fosso. Aqui, Morgan registrou as perguntas das crianças sobre contos de fadas. Esse documento foi afixado na parede na frente da sala de aula. Durante a semana seguinte, a turma leu e discutiu uma série de contos de fadas. Enquanto faziam conexões entre os contos de fadas (p. ex., "ambas as histórias têm animais falantes"), elas eram registradas em uma das torres. As crianças também foram questionadas sobre as várias características dos contos de fadas ("muitas vezes começam com 'era uma vez'...") e porque elas podem existir. Em aula, examinaram os contos de fadas de diferentes países para obter novos pontos de vista. Ao final da unidade, a turma compôs sua definição coletiva de contos de fadas

Figura 4.4 As crianças da educação infantil formam sua compreensão sobre contos de fadas usando *Descascando a fruta*.

e registrou isso em um coração desenhado no meio do castelo: contos de fadas são "histórias feitas com magia e finais felizes. Eles têm realeza ou animais falantes. Eles ensinam às crianças uma boa lição!".

Avaliação

A rotina *Descascando a fruta* produz uma riqueza de informações de avaliação. À medida que os estudantes completarem a parte da "pele", anote o conhecimento que eles já tinham sobre o tema. Preste atenção ao que eles são capazes de perceber e nomear se estiverem olhando apenas para o material (poema, imagem, redação, documento). Conforme nos tornamos mais conhecedores de qualquer tópico, nossa capacidade de ver e observar novos recursos é aprimorada. Assim, tudo o que um estudante percebe nos informa quais conhecimentos ele foi capaz de integrar em sua compreensão do tema. Por exemplo, se ao olhar para uma imagem um estudante percebe o uso do contraste pelo artista, então, sabemos que ele entende aquela técnica e é capaz de reconhecer seu uso. Em contrapartida, se um estudante foi ensinado sobre contraste, mas comenta sobre "muita diferença entre claro e escuro", sabemos que ele pode entender o conceito, mas ainda não integrou totalmente o termo utilizado para descrevê-lo em seu vocabulário funcional.

As questões levantadas pelos estudantes podem nos dar informações formativas importantes para basear a instrução futura. As perguntas são básicas e informativas ou refletem profundidade, curiosidade e nuances? Elas podem servir de base para instruções futuras? Por exemplo, no estudo de Morgan Fields sobre contos de fadas, as crianças levantaram a questão: "Todo conto de fadas tem magia?" e "Há sempre um mocinho?". Morgan usou essas perguntas para selecionar contos de fadas específicos que poderiam permitir que encontrassem respostas.

À medida que fazem conexões, constroem explicações e consideram diferentes pontos de vista, os estudantes estão construindo ativamente sua compreensão. Esse é um processo confuso, e constantemente são cometidos equívocos. Anote-os como possíveis pontos de discussão, seja individualmente ou com toda a turma. Isso pode ser facilitado por meio da realização de um mural de compartilhamento, para que vejam o que os colegas produziram e pedir que identifiquem quaisquer diferenças observadas no trabalho de vários grupos ou quaisquer ideias ou comentários que possam questionar. Isso permite que os estudantes encarem as diferenças como um ponto de discussão e exploração, e não como uma simples correção do professor.

Ao capturar a essência de qualquer trabalho, conceito ou assunto, queremos que os estudantes cheguem à sua própria compreensão. Isso significa que nem sempre eles darão a definição do livro didático que gostaríamos de ver. Sem problema. Mais uma vez, a turma pode falar sobre semelhanças, bem como diferenças, entre suas principais afirmações e as de outros grupos.

Como em todas as rotinas, não as avaliamos ou atribuímos notas a elas formalmente. No entanto, tendo se engajado coletivamente no processo de construção da compreensão, os estudantes estarão em uma boa posição para se envolver em avaliações mais formais, que poderão ser avaliadas com notas. No exemplo prático a seguir, Tom Heilman solicita que os estudantes do ensino médio escrevam um ensaio analítico como tarefa de casa após a exploração de um poema em sala de aula que usou a rotina *Descascando a fruta*.

Dicas

Devido às suas várias etapas, essa é uma rotina que muitas vezes é feita com toda a turma na primeira vez. Nesse caso, é mais provável que o foco seja um único objeto (poema, imagem, documento ou artefato), em vez de um tópico amplo ou conceito complexo. Quando feita como uma aula inteira, o educador atua como documentador, registrando as respostas em cada etapa. Como alternativa, os estudantes poderiam escrever respostas em notas adesivas para adicionar ao documento da aula. A "substância" da fruta pode ser dividida em três estágios separados: conexões, explicações e perspectivas, como Sheri fez ao explorar robótica. Isso pode ser útil na primeira vez ao trabalhar com toda a turma, para que você possa direcionar especificamente a atenção dos estudantes para cada uma dessas áreas de pensamento. No entanto, na prática isolada, os estudantes muitas vezes vão e vêm por esses três tipos de pensamento, e pode ser muito restritivo achar que um deve ser terminado antes de ir para o próximo. Além disso, não há uma ordem lógica entre esses três movimentos de pensamento.

EXEMPLO DA PRÁTICA

Tom Heilman sempre amou ensinar poesia para suas turmas de ensino médio na Washington International School, em Washington, DC. No entanto, ele sabe que os estudantes costumam abordar os poemas com um pouco de apreensão. "Eles fogem da poesia, e eu tive essa experiência quando era mais jovem. Estou determinado a garantir que eles encontrem um caminho aqui, porque é uma experiência muito, muito gratificante. O mais gratificante para mim é quando um estudante finalmente entende um poema, e com isso não quero dizer que ele encontrou alguma mensagem que o autor colocou lá. Quero dizer compreendê-lo na medida em que eles podem transmitir sua compreensão por meio de um argumento que eles constroem sobre os fatos do poema."

Para facilitar esse processo, Tom regularmente engaja a turma na análise de poemas usando a rotina *Descascando a fruta* (assista ao vídeo de Tom em Peeling..., 2020 [conteúdo em inglês]). Tom ressalta que o objetivo é que eles desenvolvam a compreensão do poema. "Eu não me importo com o que vocês usam, mas o que eu quero é que desenvolvam sua compreensão central. Vocês trabalharão de fora para dentro, e a superfície aparecerá até que cheguem a esse entendimento central", explica.

Enquanto Tom lê em voz alta o poema de Beth Ann Fennelly, "Eu preciso ser mais francês. Ou japonês", ouve-se uma enxurrada de referências estadunidenses a Wrigley Field, ao Mississippi, às magnólias e aos fogos de artifício. Há referências a cores – amarelo, cinza, cor de jade, marrom e vermelho – e à natureza – abelhas, pássaros, brotos, folhas e flores. Por toda parte, a frase "Se eu fosse" se repete, embora não de forma rítmica. Quando Tom chega à última frase, uma sensação de melancolia transparece em sua voz:

...Se eu fosse francês,
preferiria isso, terminaria com os filamentos de ponta vermelha
espalhados na grama marrom queimada,
e meu poema incitaria os leitores sofisticados,
franceses e japoneses –
porque os filamentos parecem palitos de fósforo,
e são os palitos de fósforo, todos sabemos, que iniciam o fogo.

Voltando ao seu papel de professor, Tom comenta: "Esse é um poema longo e interessante em termos de imagens. Quando vocês estiverem em seus grupos, comecem a se aprofundar nelas".

Familiarizados com o processo de desempacotar um poema usando essa rotina, os estudantes rapidamente se movem em grupos e pegam uma folha de *flipchart* da pilha na parte da frente da sala. Desenham três círculos concêntricos em seus papéis e começam nomeando e registrando fora do círculo maior as várias características do poema que reconhecem: está escrito em verso livre, o orador é o autor, apenas uma estrofe longa, sem rimas, e assim por diante.

Enquanto Tom se move pela sala, percebe que um grupo de garotas usou suas percepções como base para fazer perguntas. Katie escreveu na "pele" que o poema não tem "nenhuma rima", mas outra participante de seu grupo, a partir dessa anotação, traçou uma linha para a "membrana" e escreveu "efeito?". Da mesma forma, alguém no grupo escreveu "sarcasmo" na pele, mas outra pessoa traçou uma linha para a membrana, para levantar a questão: "Não exatamente sarcasmo, mas o quê?".

Tom percebe que outro grupo não levantou nenhuma questão no segundo círculo ou membrana do gráfico. Em vez disso, limitaram-se a expandir ou a dar um exemplo do que identificaram. Um estudante escreveu "referência à natureza" na pele e, dentro do círculo, outro colega deu exemplos como "rouxinóis, rosas, flores". Tom pressiona o grupo: "Que perguntas ou dúvidas estão surgindo para vocês em torno desse poema?". O grupo fica em silêncio. Eles estão acostumados a dissecar um poema e identificar todas as suas partes, mas não a questioná-lo ou a envolver-se com ele pessoalmente. Tom sugere que o grupo dê uma olhada nas perguntas que os colegas estão levantando para ver se isso pode desencadear algumas ideias para eles.

À medida que os grupos se movem para explorar conexões, perspectivas e explicações, as conversas se tornam mais intensas e a escrita das respostas fica em segundo plano para que discutam suas ideias. "Parece que, à medida que o poema avança, as imagens se tornam mais elaboradas", diz Katie. "Sim, é quase mais tranquilo também, mais calmo", acrescenta Elise. Tiffany faz um contraponto: "Não tenho certeza se é elaborado no sentido de que é maior ou mais chamativa. É mais como se ela estivesse reunindo essas coisas comuns muito simples e as tornando mais complexas".

De repente, Katie se anima: "Ei, isso é uma conexão com o verso livre e não há rima. Por um lado, você acha que é simples porque parece tão casual e comum, mas não é realmente assim. Há também aqueles objetos simples e comuns que não são realmente assim. Tornam-se mais complexos". Tiffany constrói essa conexão: "Sim, verso livre só parece simples. Mas aí você olha a pontuação e as quebras de linha e percebe o quanto está acontecendo".

Depois de 40 minutos de aula, Tom chama os estudantes de volta e pede a alguns grupos que se apresentem (veja a Figura 4.5). Ele lhes diz: "Vocês não precisam explicar tudo o que fizeram passo a passo, mas talvez alguns de seus pontos de discussão mais ricos e o que vocês acharam particularmente interessante". John, Thomas e Marie trazem sua folha de *flipchart* para a frente e penduram-na no quadro. "Uma de nossas grandes discussões foi em torno do uso de estereótipos", compartilha John. "Principalmente estereótipos contra os estadunidenses", acrescenta Marie. "É como se ela estivesse dizendo que os estadunidenses são barulhentos, grandes e grosseiros. Mas então notamos que isso era apenas mais um contraste que ela estava montando e era quase uma ironia.""Sim", responde Thomas, "ela diz que quer ser mais reservada, mas há quase essa celebração do grande e depois termina com aquela última frase 'e são os palitos de fósforo, todos sabemos, que iniciam o fogo'. Então, é como se ela estivesse abraçando essa grandeza em si mesma."

Nesse momento, o restante da turma irrompe em discussão, com alguns concordando com a interpretação do grupo e outros argumentando que viam o foco não no grande, mas na relação entre o sofisticado e o simples, e que se podia realmente encontrar sofisticação no simples. "Isso é ótimo", diz Tom. "Isso é exatamente o que estou procurando nos seus comentários críticos que vocês escreverão como tarefa de casa esta noite. Quero que vocês assumam a interpretação do poema e construam a argumentação para sua interpretação com base nos fatos do poema."

A ROTINA DA HISTÓRIA: PRINCIPAL-SECUNDÁRIA-OCULTA

> *Depois de examinar atentamente o documento ou material de origem, identifique e explique:*
>
> ➢ Qual é a história **principal** ou central que está sendo contada?
> ➢ Qual é a história **secundária** (ou histórias) acontecendo nos bastidores ou nas bordas? Isso pode não envolver necessariamente os personagens principais.
> ➢ Qual é a história **oculta**, ou seja, a história que pode ser obscurecida, negligenciada ou estar acontecendo abaixo da superfície, que não vemos inicialmente?

A Densho, uma organização com sede em Seattle, dedicada a preservar, ensinar e compartilhar a história do encarceramento de nipo-americanos na época da Segunda Guerra Mundial, estava procurando novas maneiras de estender a compreensão dos estudantes para além da história central dos eventos históricos do período, a fim de explorar as questões e implicações mais profundas desses eventos, tanto para a época quanto para a atualidade. Tendo acumulado uma grande variedade de documentos de fonte primária

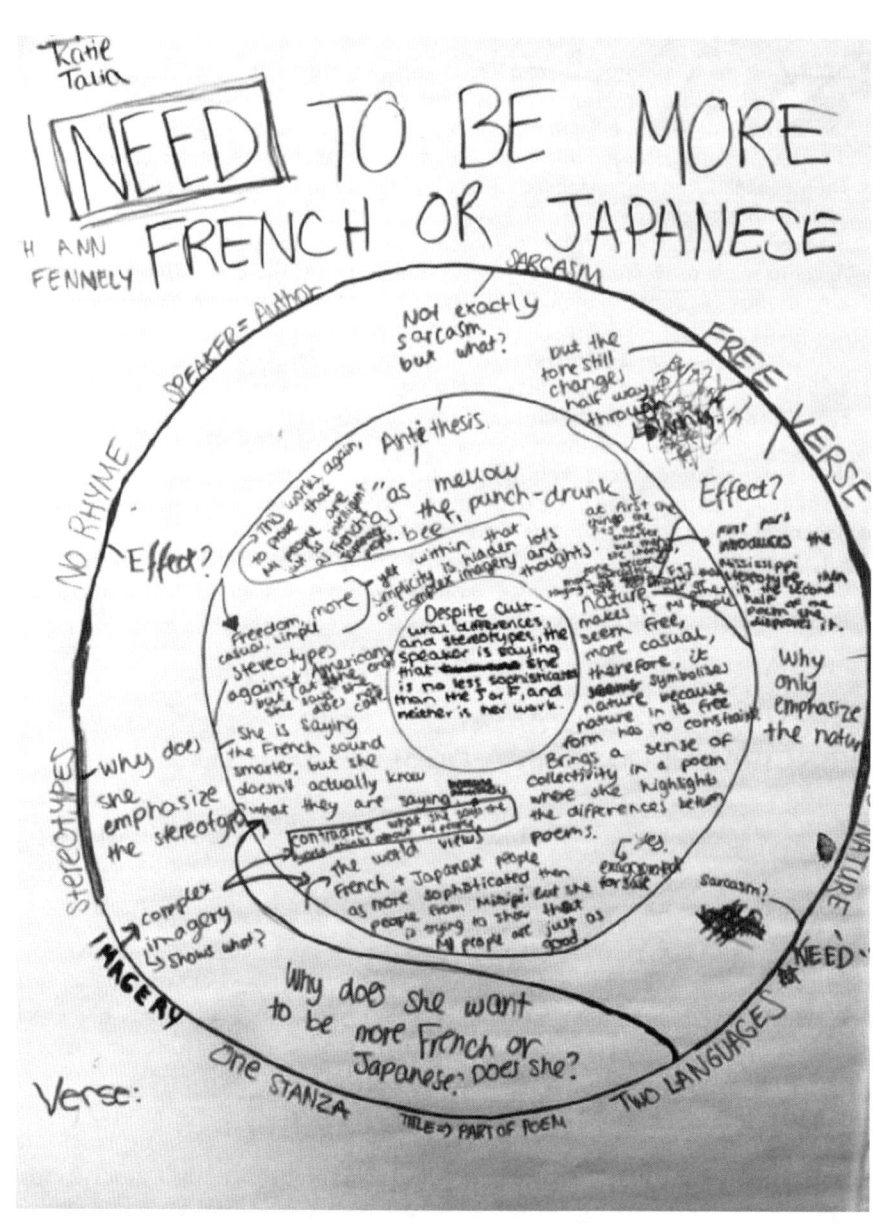

Figura 4.5 *Descascando a fruta* com estudantes da 2ª série do ensino médio para o poema "Eu preciso ser mais francês. Ou japonês".

em seu *site* (densho.org), a questão era como fazer os estudantes se aprofundarem e olharem além da superfície. Isso foi particularmente importante, pois muitos desses documentos eram propaganda usada para justificar o confinamento ao povo norte-americano e ao mundo. A história *Principal-secundária-oculta* surgiu como um desses veículos.

Propósito

Essa rotina ajuda a analisar eventos e a explorar documentos com mais profundidade, a fim de elaborar um conjunto de narrativas em torno desses eventos. Os estudantes começam com a narrativa principal para capturar a história central que está sendo contada, mas depois são solicitados a prosseguir. Ao olhar para as histórias secundárias, são incentivados a considerar outros atores, fatores e influências que podem estar em ação, que estão complicando a história principal mais básica ou acrescentando uma camada adicional. Esse processo pode fazer novas indagações e questionamentos aparecerem. Além disso, ao procurar histórias secundárias, os estudantes são incentivados a identificar outros pontos de vista, que podem não estar totalmente representados ou retratados. Olhando sob a superfície dos eventos, para descobrir a história oculta, eles são convidados a explorar as complexidades da situação. Essa etapa os leva a pensar além do que é apresentado e mostrar discernimento.

Seleção do conteúdo apropriado

O material de origem deve incorporar profundidade e algum grau de complexidade. Pode ser um documento de fonte primária de um arquivo histórico, uma obra de arte complexa, uma notícia ou fotografia, um evento particular de uma história ou romance, um estudo de caso, um conjunto de dados ou até mesmo um problema ou situação social. Como essa rotina é um tipo de estrutura analítica, quase sempre é possível usá-la em tempo real, à medida que surgem situações que se beneficiariam de uma exploração mais aprofundada. Por exemplo, um educador pode reconhecer que a discussão da turma se concentrou em recordar e esclarecer a história principal e, em seguida, mover a discussão mais profundamente, perguntando qual seriam as possíveis histórias secundárias e ocultas.

Etapas

1. *A preparação.* Apresente o material de origem e peça aos estudantes que o examinem cuidadosamente. Isso pode ser feito individualmente ou em duplas. Ao observar detalhes e nuances, os estudantes estarão mais propensos a encontrar evidências para suas histórias secundárias e ocultas. Esse olhar demorado (Tishman, 2018) não deve ser apressado, e os estudantes devem ser explicitamente encorajados a reservar um tempo para observar aspectos que não são imediatamente aparentes.
2. *Principal.* Após um exame cuidadoso do material de origem, peça que identifiquem a história principal, que captura as ideias centrais, mais aparentes.
3. *Secundária.* Peça aos estudantes que identifiquem possíveis histórias secundárias. O que mais está acontecendo nas margens? Quem são os outros atores que podem estar contribuindo para a história principal, mas não são os protagonistas?
4. *Oculta.* Por fim, peça que considerem a história oculta, ou não contada. O que não é imediatamente aparente mas pode ser importante para entender o que está acontecendo? O que pode estar obscurecido ou deixado de lado, intencionalmente ou não?
5. *Compartilhamento do pensamento.* Assim que os estudantes tiverem a chance de identificar as histórias principais, secundárias e ocultas, volte-se para o compartilhamento com toda a turma. Muitas vezes há consenso em relação à história principal e, portanto, esta não precisa de muita discussão elaborada. Uma aula muitas vezes gera uma grande variedade de histórias secundárias, e a compreensão dos estudantes sobre a situação pode ser aprimorada ao ouvi-las. À medida que compartilham, peça-lhes elaboração, explicação e evidências, talvez usando a rotina *O que faz você dizer isso?*. Discuta as histórias ocultas. Não é raro que as histórias secundárias de alguns estudantes sejam histórias ocultas de outros, mas não há problema. À medida que compartilham suas histórias ocultas, você pode seguir perguntando: "Então, o que está fazendo você se perguntar sobre essa situação?" ou "Por que você acha que essa história está oculta?".

Usos e variações

Steven Whitmore, do Condado de Oakland, e Jennifer Hollander, do distrito escolar de Huron Valley, em Michigan, usam a rotina *Principal-secundária--oculta* como um veículo para promover a aprendizagem socioemocional (veja a Figura 4.6). Steven lembrou de um exemplo de uso da rotina em uma sessão de aconselhamento com um garoto do 5º ano. Seu pai viajava com frequência e, quando voltava, o menino tinha grandes crises. Depois de um incidente, Steven trouxe o menino para seu escritório e pediu que ele desenhasse uma casa em um pedaço de papel. "Eu disse a ele que queria que ele desenhasse o que aconteceu dentro da casa", disse Steven. "Acabei de dizer a ele que a mãe disse que as coisas estavam um pouco difíceis ultimamente. Eu não o instruí a me contar sobre um incidente específico." O garoto se desenhou rasgando o diário e bagunçando o quarto. Steven então pediu que ele desenhasse ao lado da casa "a história secundária". Ele desenhou um balcão da cozinha e uma garrafa de água no chão. Por fim, Steven pediu-lhe que desenhasse abaixo da casa "a história oculta". O garoto

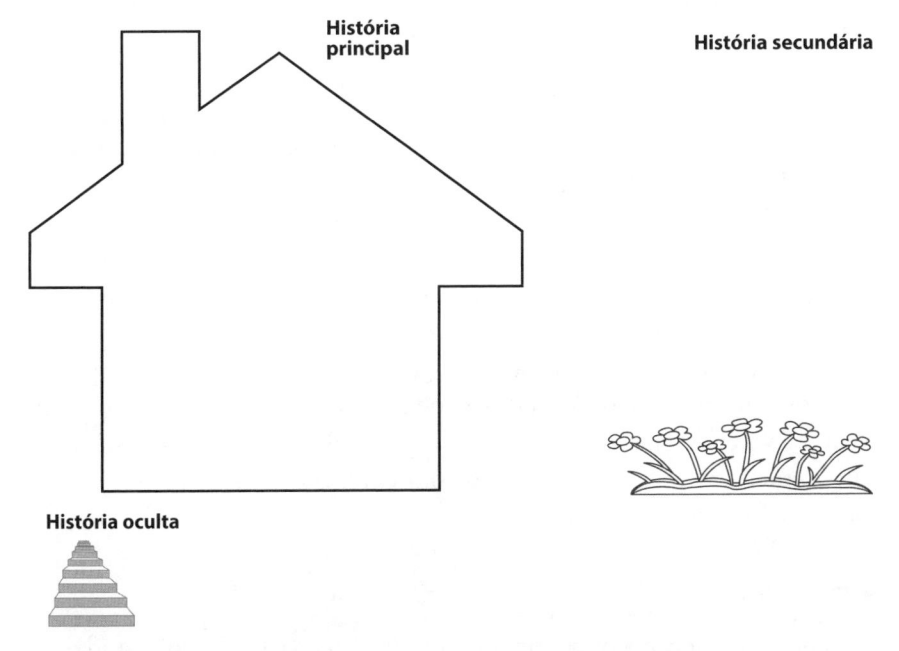

Figura 4.6 Modelo de aconselhamento da rotina *Principal-secundária-oculta* desenvolvido por Jennifer Hollander.

desenhou uma série de imagens contrastantes entre amor e ódio. Quando todos os desenhos estavam completos, Steven pediu ao menino que explicasse suas imagens. A história principal era que ele havia destruído seu quarto e rasgado seu diário porque estava com raiva. A história secundária era que sua garrafa de água havia caído do balcão da cozinha, e sua mãe o culpou, o que provocou a bagunça que fez em seu quarto. Quando Steven pediu ao menino que lhe contasse sobre a parte oculta, ele disse que tinha "uma relação de amor e ódio" com sua mãe e seu pai. Ele prosseguiu explicando que, quando um dos pais sai, o outro o trata melhor – eles falam com ele como um adulto, ele tem permissão para dizer a suas irmãs o que fazer e pode tomar decisões por conta própria. Contudo, quando ambos os pais estão em casa, as coisas mudam e ele é tratado como uma criança. Isso o deixa louco. A rotina *Principal-secundária-oculta* não apenas forneceu um veículo para descobrir os problemas por trás do comportamento do menino, mas Steven também observou que o processo teve um efeito nesse comportamento, pois ele não tinha tido uma crise desde a sessão juntos.

A professora de história dos anos finais do ensino fundamental Amanda Stephens, da Penleigh and Essendon Grammar School, em Melbourne, Austrália, descobriu que a rotina *Principal-secundária-oculta* funciona muito bem para ajudar os estudantes a aprender com documentos de fonte primária. Durante uma unidade sobre direitos dos indígenas com turmas de 9º ano, Amanda apresentou vários documentos de sua própria família, da década de 1940. Um deles, da Comissão de Assuntos Indígenas, esclarecia a classificação dos filhos de uma mãe como "*quadroons*" (um quarto de sangue indígena), explicando que, como tal, eles não eram considerados "nativos" desde que não vivessem ou se associassem com "nativos". Os estudantes descobriram a história secundária do controle total sobre a vida dos povos indígenas e a condescendência associada daqueles que estão no poder. A história oculta revelou o que Amanda e seus estudantes identificaram como a "verdade feia" do racismo e do genocídio nos esforços sistêmicos para impedir as conexões familiares com parentes e, assim, interromper a transmissão da identidade indígena.

Avaliação

A identificação da história principal mostra a capacidade dos estudantes de apreender a ideia central ou o enredo básico do material de origem.

Às vezes, eles até podem ignorar a história principal e tentar saltar para um nível mais profundo, já que a história principal parece óbvia ou superficial. Pode ser importante pedir aos estudantes que diminuam o ritmo. Ao identificar as várias histórias secundárias, procure ver se eles são capazes de apontar personagens ou eventos que estão relacionados à história principal e extrapolar a partir deles para começar a detalhar questões e aspectos periféricos. Se souberem muito sobre um evento ou período histórico, eles poderão saber de outros aspectos gerais e questões que afetam os eventos e identificá-los como histórias secundárias. Essas conexões podem ser muito úteis e não devem ser descartadas; no entanto, incentive-os, tanto quanto possível, a fazer ligações diretamente com o material de origem, perguntando: "Onde isso aparece na imagem, história ou documento?".

A história oculta é, por natureza, especulativa, pois pede aos estudantes que pensem sobre o que não está aparente. A pergunta "O que pode estar acontecendo que não estamos vendo diretamente?" convida a isso. Os estudantes são capazes de pensar, com flexibilidade, sobre possíveis histórias e influências ocultas? Eles podem, então, defender esses motivos e influências ocultas, vinculando-os de volta à história principal? Por exemplo, "Como essa história oculta nos ajuda a entender melhor a história principal?". Os estudantes conseguem identificar as razões pelas quais essa história pode estar oculta? Por exemplo, as pessoas muitas vezes não admitem o racismo como um motivo para seus comportamentos, e muitas vezes tentam escondê-lo atrás de outros motivos mais aceitáveis.

Dicas

Para ajudar os estudantes a identificar as histórias principais, secundárias e ocultas, pode ser útil desenvolver perguntas específicas, que se conectem diretamente ao material de origem que está sendo usado. Por exemplo, no exame de uma tabela de dados em uma aula de matemática, uma pergunta para chegar à história principal pode ser: o que esses dados nos dizem? O que a tabela está tentando nos mostrar ou nos ajudar a ver? A história secundária, então, pode ser: o que mais está acontecendo aqui com esses dados se olharmos um pouco mais a fundo? Então, finalmente, para chegar à história oculta, a pergunta pode ser: quais são algumas das coisas que não vemos nesta tabela de dados, mas que precisaríamos entender para dar sentido a eles? Há questões ou aspectos ocultos, não abordados imediatamente na própria tabela? Essas perguntas seriam bem diferentes se estivéssemos examinando uma fala de uma das peças de Shakespeare, olhando para um documento de fonte primária que anuncia a detenção de nipo-americanos, analisando de perto uma obra de arte ou explorando um evento pessoal.

Para ajudar os estudantes a entender que histórias ocultas não são apenas imaginações fantasiosas, mas também são construídas e extrapoladas a partir de evidências, talvez valha a pena assistir a um trecho do Ted Talk de Tracy Chevalier sobre encontrar a história dentro da pintura (Chevalier, 2012). Nessa conversa, Chevalier, autora do livro *Moça com brinco de pérola*, conduz o público por meio de seu processo de olhar de perto para as pinturas para identificar elementos importantes e curiosos que ela pode, então, ligar ao contexto histórico e, finalmente, construir uma história em torno disso.

EXEMPLO DA PRÁTICA

Quando Steve Davis e Darrel Cruse, da Penleigh and Essendon Grammar School, encontraram pela primeira vez a rotina *Principal-secundária-oculta*, presumiram que não a usariam em sua disciplina de contabilidade da 3ª série do ensino médio. No entanto, ao vê-la sendo usada em uma aula de inglês avançado como parte de um laboratório de aprendizagem (discutido no Capítulo 7), algo mudou. "Enquanto víamos o desenrolar dessa aula, discutimos algumas coisas que gostamos sobre a rotina e percebemos que poderíamos usá-la em um tópico particularmente difícil para o nosso tema: perguntas de discussão. Esta tem sido uma área de preocupação para nós, e algo com o qual muitos estudantes têm dificuldade, uma vez que não há critérios definidos para avaliação no exame de fim de ano", notou Steve.

Especificamente, Steve e Darrel acharam que a rotina seria útil como uma estrutura para ajudar os estudantes a formularem respostas a perguntas de discussão que exigiam deles que mostrassem uma compreensão da contabilidade como um todo, e não apenas familiaridade com um único assunto ou procedimento. Essa é uma das grandes maneiras pelas quais a contabilidade mudou em todo o estado de Victoria, na Austrália. Os exames estaduais de fim de ano passaram de um foco nas regras de recontagem e aplicação de procedimentos para a aplicação da contabilidade em contextos do mundo real. Como esses novos tipos de perguntas se concentram na profundidade da compreensão, os estudantes muitas vezes não sabiam como tratá-las. Darrel e Steve notaram que muitos estudantes com mais dificuldade apenas repetiam informações que lhes eram dadas, sem interpretá-las.

Reconhecendo que aplicar a rotina ao exame dos dados seria diferente de interpretar a literatura, Darrel e Steve começaram identificando as perguntas que fariam para vincular a rotina ao seu tema de contabilidade. Eles chegaram ao seguinte:

- *Principal:* o que você pode obter dos dados ou informações fornecidas, o que isso diz diretamente a você?
- *Secundária:* quais os principais pressupostos ou características da contabilidade que se aplicam a essa área? Como cada um se relaciona?
- *Oculta:* qual é o efeito disso? Como isso afeta a tomada de decisão do proprietário?

Steve e Darrel iniciaram a rotina usando alguns dados familiares, em torno dos quais os estudantes tinham muito contexto, a liga australiana de futebol (AFL). Steve explicou a tarefa. "Vou dar alguns dados sobre o desempenho das equipes da AFL no decorrer dos anos. Criem três colunas rotuladas como principal, secundária e oculta em uma folha de papel separada." Usando as instruções, os estudantes começaram a fazer anotações em cada coluna. Quando terminaram, Steve explicou a próxima tarefa: "Usem as anotações que vocês têm à sua frente para elaborar sua resposta à pergunta de discussão que escrevi no quadro. Isso é muito parecido com o que vocês deverão fazer no exame do curso". Steve observou que o processo de escrita parecia muito mais fácil do que as perguntas do passado. Os estudantes observaram a utilidade de organizar sua análise inicial dos dados em três colunas, usando a estrutura principal-secundária-oculta, para iniciar sua escrita.

No dia seguinte, ambos os professores repetiram o processo, mas com uma tabela de informações brutas sobre custo histórico, depreciação, valor contábil e valor estimado de mercado para uma empresa durante um período de quatro anos. Darrel escreveu no quadro a pergunta para discussão, bastante semelhante à que eles podem encontrar no teste: "Usando esses dados, discuta o impacto e a importância de registrar a depreciação para um negócio". Darrel lembrou aos estudantes que usassem o processo do dia anterior e criassem suas três colunas de principal-secundária-oculta, ou simplesmente "a tabela", antes de começarem a escrever.

Analisando as respostas após a aula, Darrel observou: "Essa abordagem dá forma e estrutura à escrita dos estudantes, e garante que eles abordem as implicações da contabilidade e sigam além da leitura da tabela". Steve comentou: "Isso parece ajudar especialmente aqueles com mais dificuldades. No passado, esses estudantes lutaram para encontrar as ligações entre os motivos pelos quais uma empresa se depreciaria".

Tanto Steve quanto Darrel continuam a usar a rotina *Principal-secundária-oculta* em cada uma das áreas conceituais da disciplina de contabilidade, observando melhoria e sucesso graduais por parte dos estudantes. Embora inicialmente eles pensassem que a rotina seria mais útil para aqueles que tinham mais dificuldade, com o tempo, notaram que a melhoria estava acontecendo em toda a turma. "Como avaliadores de exames externos do Victoria Curriculum, tínhamos sorte quando marcávamos um ou dois trabalhos de estudantes no nível de uma resposta de 100%, dos 300 trabalhos isolados que avaliamos a cada ano", observa Steve. "No entanto, em nossas turmas, agora temos pelo menos dois a três estudantes por tarefa de avaliação atingindo esse nível em nosso grupo combinado de 55 estudantes, o que é surpreendente. Também estamos vendo aumentos significativos para nossa faixa de inferior à intermediária, que agora estão com pontuações médias na faixa de 60-75%, em vez das médias anteriores de 40-55%."

BELEZA E VERDADE

> *Depois de ler um texto, visualizar uma imagem, considerar uma questão complexa ou refletir sobre um evento, pergunte:*
>
> **Beleza** Onde você pode encontrar **beleza** nessa história/imagem/questão/evento? Quais são todas as coisas que você acha bonitas ou atraentes?
>
> **Verdade** Onde você pode encontrar **verdade** nessa história/imagem/questão/evento? Quais são todas as coisas que você acha que são fatos, a realidade das coisas?
>
> **Revelar** Como a beleza pode **revelar** a verdade? Onde algo de beleza ilumina algum elemento da verdade ou o traz à luz?
>
> **Esconder** Como a beleza pode **esconder** a verdade? Onde algo de beleza obscurece algum elemento da verdade ou o torna difícil de ver?

Por vários anos, nossos colegas do Projeto Zero, Veronica Boix Mansilla, Flossie Chua e membros da equipe, examinaram o que significa desenvolver e apoiar a consciência global e a competência global entre os jovens. Eles estão profundamente envolvidos na criação de ambientes de aprendizagem que cultivem os hábitos da mente com os quais os estudantes passam a entender as complexidades do mundo e a viver e trabalhar nesse mundo com sucesso. Trabalhando com a equipe de educação do Pulitzer Center como parte do Projeto *Global Lens*, com o apoio da Longview Foundation, Veronica e seus colegas propuseram-se a criar rotinas adaptadas especificamente ao jornalismo. *Beleza e verdade* surgiu como resultado desses esforços, e aqui compartilhamos nossa versão dela. A rotina envolve os estudantes na exploração de grandes questões, ao mesmo tempo que promove as disposições de ir além das noções familiares, para se envolver em novos pontos de vista de forma aberta, discernindo o significado local e global, compreendendo lugares e contextos, assumindo uma perspectiva cultural e desafiando estereótipos.

Propósito

Os tipos de pensamento trazidos ao primeiro plano nessa rotina incluem olhar de perto, considerar pontos de vista, fazer conexões e desvendar a complexidade. *Beleza e verdade*, em muitos aspectos, vem ao lado de rotinas publicadas anteriormente, como *Step Inside** e *Circle of Viewpoints*** (Ritchhart; Church; Morrison, 2011). Essa família de rotinas incentiva os estudantes a saírem de seu próprio modo de pensar e os desafia a assumir uma série de pontos de vista diferentes para entender, de forma mais ampla, nuances e complexidades de uma questão, um evento ou um conceito. Quando se considera uma questão ou evento de perspectivas aparentemente diferentes, surgem oportunidades interessantes para descobrir complexidades que apoiam o engajamento crítico com temas globais, controvérsias atuais ou questões atemporais.

Seleção do conteúdo apropriado

Essa rotina explora a complexa interação entre pontos de vista distintos: beleza e verdade. Ela foi desenvolvida inicialmente para explorar complexidades de questões globais à luz da enorme quantidade de informações às quais os estudantes têm acesso em nosso mundo visualmente saturado de mídia. Educadores têm achado a rotina útil ao explorar o jornalismo, tanto impresso quanto fotográfico, bem como obras de arte. Ela convida os estudantes a aprender sobre como o jornalismo de alta qualidade usa a beleza para nos fazer aprender mais sobre um assunto e buscar a verdade, ao mesmo tempo que os faz refletir sobre como jornalistas e artistas comentam a respeito do mundo e nos motivam a considerá-lo.

Já vimos educadores trabalharem com essa rotina com conteúdo em outros contextos, como debater uma questão ética na ciência, analisar poesia ou mesmo olhar para questões de antropologia, geografia ou literatura. Um ingrediente importante em todos esses contextos é que o material de origem deve ser complexo, rico e cheio de nuances. É preciso que haja material suficiente para que se possa "ler nele", em vez de ficar na superfície. Na escolha do conteúdo, é útil aplicar rapidamente a rotina. Você consegue

---

* N. de R. T.: É uma estratégia que envolve os estudantes a adotarem a perspectiva de outra pessoa ou personagem para explorar diferentes pontos de vista. Incentiva-os a "entrarem na pele" de outra pessoa, refletindo sobre seus pensamentos, sentimentos e motivos. Ao fazer isso, desenvolvem uma compreensão mais profunda e empática dos diversos contextos e perspectivas, promovendo habilidades de pensamento crítico e empatia.

**N. de R. T.: Essa rotina ajuda os estudantes a explorarem um tema ou problema a partir de múltiplas perspectivas. Eles identificam diferentes pontos de vista relevantes para o tópico em questão e articulam os pensamentos, sentimentos e perguntas que cada perspectiva pode ter.

encontrar muitos exemplos de beleza? Consegue achar muitas características que revelam a verdade?

Etapas

1. *A preparação.* Prepare o material de origem ou provocação. Se for uma imagem, é melhor ter boa qualidade, reproduções ou projeções nítidas. Dê tempo suficiente para que os estudantes olhem e experimentem a provocação de perto antes de seguir para as próximas etapas. Muitas vezes, esse olhar inicial é feito silenciosamente, com a simples instrução de perceber o máximo possível, considerando como documentar as ideias que surgem. Se a rotina for feita em uma aula inteira, então o professor poderá ser quem documenta. Se os estudantes trabalharem em grupos, um documento coletivo poderá ser criado. Ter uma lista de onde se localizam a beleza e a verdade no material de origem pode ser útil, à medida que os estudantes começam a pensar sobre como a beleza pode revelar ou ocultar a verdade. Em alguns casos, pode-se pedir que documentem suas ideias iniciais individualmente, antes de compartilharem em seus grupos ou com a turma inteira.

2. *Onde você pode encontrar beleza nessa história, imagem, questão ou evento?* A palavra "beleza" é propositalmente ampla e pode ser interpretada como características estéticas ou, de outra forma, agradáveis, encantadoras ou atraentes. Não é necessário defini-la excessivamente. Permita que os estudantes tragam suas próprias interpretações e acompanhe com: "O que faz você dizer isso?". Peça que identifiquem todas as maneiras, grandes ou pequenas, pelas quais se pode conceber a beleza na história, imagem, questão ou evento.

3. *Onde você pode encontrar verdade nessa história, imagem, questão ou evento?* A palavra "verdade" também é propositalmente ampla, permitindo que os estudantes a interpretem de várias maneiras. A verdade pode ser um fato, uma realidade ou uma verdade universal. Novamente, não é necessário definir excessivamente o termo antes de começar. Peça aos estudantes que identifiquem todas as maneiras pelas quais a verdade – ou fato da matéria, ou realidade – é representada dentro da história, imagem, questão ou evento.

4. *Como a beleza pode **revelar** a verdade?* Onde algo de beleza ilumina algum elemento da verdade, ou especialmente o traz à luz? Como assim? O que faz você dizer isso? Os estudantes precisarão de tempo para pensar, explorar ou discutir com um colega antes de responder. Quase sempre, as respostas levam a oportunidades atraentes de exploração e discussão das quais outros participam. Valorize essas interações.

5. *Como a beleza pode **esconder** a verdade?* Onde há algo de belo nessa história, questão, imagem ou evento que obscurece algo da verdade e a torna difícil de discernir? Como assim? De que maneira? O que faz você dizer isso? As questões de revelar e esconder não precisam ser feitas sequencialmente. É possível considerá-las juntas e permitir que a conversa siga de um lado para o outro.

6. *Compartilhar o pensamento.* Se a rotina foi feita como uma aula inteira e as observações dos estudantes foram documentadas, então grande parte do pensamento foi compartilhado. Se a rotina foi feita em pequenos grupos, peça-lhes que compartilhem os pontos mais significativos de sua conversa. Em ambos os casos, perguntar onde eles descobriram coisas que a princípio poderiam não estar aparentes pode ser uma maneira útil de concluir a conversa. Além disso, você poderia perguntar: "Como sua compreensão do assunto/tema foi esclarecida por essa rotina?", "Como sua compreensão dos conceitos de beleza e verdade mudou, cresceu ou se aprofundou de alguma forma?", "Quais seriam suas respostas para 'Eu costumava pensar... Agora eu acho...'?".

Usos e variações

Caitlin McQuaid, professora do 5º ano da Garden Elementary School, da King Abdullah University of Science and Technology (KAUST), na Arábia Saudita, usou a rotina *Beleza e verdade* com suas turmas durante uma unidade de investigação sobre vários tipos de fontes de energia. Os estudantes leram o livro ilustrado de Allan Drummond, *Ilha da energia: a história de uma comunidade que domou o vento e mudou de vida* (2011). Esse livro conta a história real de uma pequena comunidade insular dinamarquesa que se une e reduz suas emissões de carbono em 140%, tornando-se quase completamente independente do ponto de vista energético. A história inspiradora mostra que, com um pouco de trabalho duro e um grande objetivo em mente, pessoas comuns podem alcançar coisas extraordinárias. Mas essa mudança não veio sem desafios. Caitlin pediu aos estudantes que considerassem toda a beleza transmitida na jornada dessa comunidade para aproveitar o vento. Em seguida, eles voltaram sua atenção para a realidade de concretizar seu sonho. Ao pensar na história dessa comunidade do ponto de vista da beleza, depois da verdade, Caitlin descobriu que o nível do discurso teve nuances.

Julie Frederick, professora de literatura do ensino médio da American International School of Lusaka, em Zâmbia, usou a rotina ao ouvir uma lembrança do aclamado *StoryCorps Project* (https://storycorps.org). Os estudantes da 2ª série ouviram "*Saint of Dry Creek*", uma história contada por um senhor que relembra uma interação que havia tido com seu pai quando era um adolescente, na década de 1950, lutando para entender sua orientação sexual. Na história, o jovem enfrenta um momento de medo com o pai, que se transforma em um momento de amor incondicional. Julie pensou que isso daria a oportunidade de considerar os elementos da história e as características literárias de um ensaio pessoal por meio das perspectivas da beleza e da verdade. Julie notou que o exame dessas perspectivas duplas, beleza e verdade, resultou em conversas mais complexas sobre identidade, relações familiares, medo e amor.

Outros professores, como Alisha Janssen, do Pacific Lutheran College, em Queensland, Austrália, usaram *Beleza e verdade* com conceitos de geografia ao analisar tecnologia, inovação e recursos do planeta. A rotina serve como uma estrutura para ajudar os estudantes a desenvolver um forte padrão de comportamento com o intuito de navegar em conceitos globais complexos e com nuances, desde a autoidentidade até a independência energética.

Avaliação

À medida que os estudantes exploram *Beleza e verdade*, preste atenção em suas respostas às duas primeiras perguntas, a fim de entender como eles estão definindo implicitamente esses termos. Quando compartilham elementos de beleza, que aspectos parecem estar vindo à tona? Eles estão considerando estética, ideais ou benefícios? Quando compartilham elementos de verdade, que aspectos suas respostas revelam? Eles estão considerando realidades práticas e fatos concretos? Identificam verdades universais? Que aspectos da verdade poderiam ser questionados, ou seja, não seriam tão inevitáveis quanto se poderia pensar inicialmente?

Preste atenção na busca de perspectivas, na criação de conexões e na descoberta de capacidades dos estudantes enquanto se envolvem nessa rotina. Suas respostas indicam que eles reconhecem que as pessoas podem entender a beleza e a verdade de maneiras diferentes? Eles são capazes de se colocar na posição dos atores ou personagens retratados nas fontes para identificar beleza e verdade a partir de seu ponto de vista? Eles se conectam e constroem as ideias uns dos outros? À medida que a discussão avança, os estudantes são capazes de identificar tensões, ambiguidades e complexidades no assunto ou tentam simplificar e tirar conclusões fáceis? Com o tempo, procure ver como a beleza e a verdade se tornam critérios complexos, mas úteis, nas conversas e explorações.

Dicas

Conforme mencionado, não se preocupe demais em definir os termos beleza e verdade no início – eles são amplos e têm diversos significados e aplicações. Observamos que os estudantes trazem muito mais para esses conceitos do que os educadores poderiam esperar. Por exemplo, Nellie Gibson envolveu sua turma da educação infantil em uma investigação de meses sobre beleza, que rendeu conversas e ideias ricas (veja em Ritchhart, 2015). No entanto, se você perceber que os estudantes têm dificuldade com a forma como entendem a beleza ou como articulam a verdade, você pode criar uma oportunidade futura de exploração. Por exemplo, desenvolva uma lista de critérios conjuntos, ao longo do tempo, sobre o que faz com que algo nos pareça conter "beleza" ou representar "verdade". Busque a beleza e a verdade nas experiências cotidianas. Aponte onde você vê beleza e verdade. Uma vez que surge uma lista representando vários ângulos sobre essas noções, você pode solicitar que os estudantes ampliem suas percepções iniciais e assumam ainda mais perspectivas, um objetivo fundamental para desenvolver esse tipo de disposição de pensamento global.

Em vez de passar por todas as quatro etapas ao mesmo tempo com um grupo de estudantes e, em seguida, ter uma conversa, geralmente é útil dividir a rotina em duas partes. As etapas 2 e 3, a exploração da beleza e da verdade, podem ser feitas juntas, com a turma inteira, e documentadas. Isso expande a compreensão de todos sobre o que está no material de origem e esclarece várias perspectivas dos espectadores. Em seguida, volte-se para as etapas 4 e 5, a discussão sobre revelar e esconder a verdade, que costumam ser mais conversacionais, matizadas e complexas. Os estudantes costumam experimentar várias ideias em voz alta, para ver como elas se sustentam. Você pode incentivar essa exploração provisória pedindo que primeiro discutam em pequenos grupos ou com um colega, antes de se voltarem para uma discussão com a turma inteira. Também é possível inverter os termos das etapas 4 e 5, perguntando: "Como a verdade pode revelar a beleza?" ou "Como a verdade pode esconder a beleza?".

Perguntas facilitadoras podem ser a chave para entender melhor as camadas de complexidade com as quais os estudantes lidam nessa rotina. Por exemplo, questionamentos como "O que faz você dizer isso?" ou "Como você imagina que essa ideia esteja ligada a essa outra?" oferecem aos estudantes a oportunidade de elaborar suas respostas e explicar seu raciocínio. Isso também transmite uma mensagem de que você os ouve atentamente e está seguindo sua linha de raciocínio, em vez de tentar fazê-los chegar a uma resposta predeterminada.

Outras rotinas, como *Dê um, receba um* ou *Manchetes* (Ritchhart; Church; Morrison, 2011) combinam bem com *Beleza e verdade* para criar interações ricas para os estudantes fazerem conexões e sintetizarem ideias. Por exemplo, pode-se pedir que identifiquem três aspectos de beleza e três aspectos de verdade em uma imagem e, em seguida, discutam essas listas iniciais com outras pessoas por meio da rotina *Dê um, receba um*. Ao concluir a rotina *Beleza e verdade*, os estudantes poderiam ser convidados a criar um título que expresse sua nova compreensão da questão/imagem/evento.

EXEMPLO DA PRÁTICA

Pennie Baker, uma professora do ensino fundamental que trabalha como bibliotecária escolar no St. Philip's Christian College, em Newcastle, Austrália, usa as rotinas *Ver-pensar-questionar* e *Step Inside* há algum tempo, e seus estudantes se familiarizaram bastante com elas. Como bibliotecária escolar, Pennie tem várias turmas de apenas uma ou duas aulas por semana, em vez de ter seu próprio grupo em sala de aula. Como é um verdadeiro desafio continuar a pensar ao longo do tempo, ela conta com o uso de rotinas de pensamento para ajudar a documentar ideias para levar a aprendizagem adiante, especialmente porque há grandes intervalos de tempo entre as aulas. *Beleza e verdade* impressionou Pennie como uma rotina promissora, que poderia se basear em suas rotinas de pensamento já estabelecidas, e procurou o lugar certo para apresentá-la.

Em uma série de aulas na biblioteca conectadas ao currículo de estudos sociais, os estudantes do 5º ano assistiram a um vídeo, *Australia: The Story of Us*, exibido originalmente na Australia's Seven Network (Australia..., 2015). Essa apresentação contou com vários australianos proeminentes examinando algumas das pessoas, lugares e eventos que moldaram o país nos últimos 40 mil anos. Pennie sentiu que essa experiência poderia ser processada usando *Beleza e verdade,* dando aos estudantes a oportunidade de pensar sobre a história de seu país e as questões globais/universais embutidas, a partir de diversos pontos de vista.

Pennie se concentra em um evento em particular destacado no vídeo, a Eureka Stockade. Em 1854, os garimpeiros de Victoria se revoltaram contra o que consideravam ser uma autoridade injusta das forças coloniais britânicas na região. Eles se opuseram veementemente à regulamentação e à tributação severas. Infelizmente, uma batalha feroz foi travada e vidas foram perdidas. Mas esse evento é visto por muitos como um momento decisivo na história australiana, como a revolta dos homens livres contra a tirania imperial, abrindo caminho para os direitos democráticos básicos.

Em vez de perguntar aos estudantes se eles concordavam com as ações dos mineiros ou não, talvez provocando apenas opiniões superficiais, Pennie reproduziu um trecho do vídeo para a turma e, em seguida, perguntou: "Eu gostaria que vocês tirassem um momento e considerassem o seguinte – onde houve algo nesse trecho sobre a Eureka Stockade que vocês acreditam que merece ser mencionado? Vocês o consideram lindo, poderoso, especial, valioso ou inspirador?". Pennie dá alguns minutos para os estudantes reunirem suas respostas e, em seguida, pergunta o que lhes veio à mente.

Um estudante responde: "Acho bonito os mineiros enfrentando as tropas".

Pennie pergunta: "Por que você diz isso? O que havia de poderoso ou bonito nos mineiros e nas tropas?".

O estudante elabora: "Bem, eles estavam dispostos a abrir mão de suas vidas e lutar por sua liberdade".

Outro estudante acrescenta: "Algo que achei bonito foi que os mineiros estavam unidos".

Pennie novamente faz uma pergunta facilitadora: "Pode falar um pouco mais? Onde você viu um exemplo disso no vídeo?".

Ele responde: "Quando as tropas pegaram um mineiro por não ter a devida licença, todos os outros mineiros começaram a afastar as tropas".

Outro estudante se junta: "Sim, como se fossem uma comunidade. Isso foi lindo".

Pennie reflete de volta para eles: "Comunidade. Entendo. E como isso mostra um senso de comunidade?".

O estudante continua: "Bem, eles se ajudaram. Estavam dispostos a arriscar para ajudar outro amigo necessitado".

Outro estudante intervém: "Bem, as tropas também se defenderam como uma comunidade e, na verdade, estavam apenas tentando fazer o trabalho que achavam ser a coisa certa a fazer, a serviço de seu país. Então talvez isso fosse uma coisa bonita, não?".

Pennie sente que essa resposta em particular leva a conversa para outro nível de profundidade. Considerar a prestação de serviço ao seu país como uma coisa bonita é uma resposta pouco convencional, que ela não esperava que os estudantes apresentassem. No entanto, isso revela algumas grandes tensões e complexidades para entender revoltas, levantes, batalhas e eventos bastante complexos como esses. Isso a agrada.

A conversa em torno da beleza continua por algum tempo. Em seguida, Pennie pede aos estudantes que pensem no mesmo vídeo de outro ponto de vista: a verdade. Ela pergunta: "Ok, então há muitos exemplos de beleza nesse evento, mas agora será que vocês conseguem pensar sobre onde encontraram verdade nesse vídeo sobre a Eureka Stockade? Se tivessem que fazer uma lista apenas dos fatos ou da realidade das coisas no que acabaram de ver, o que estaria nela?". Os estudantes levam algum tempo para anotar suas respostas e, então, quando Pennie pergunta, começam a compartilhar.

Alguns mencionam a verdade de que nenhum dos lados estava disposto a desistir, e então começou a batalha. Outros afirmam que, embora os garimpeiros defendendo seus direitos fosse um exemplo de beleza, a verdade é que isso levou à violência e vidas foram perdidas por causa disso.

A professora ficou impressionada com as respostas, já que estavam usando a rotina pela primeira vez. "No passado, sei que eu teria apenas contado a eles todas as informações sobre isso, ou qualquer outro evento, com a crença de que bastaria contar para que eles entendessem. Mas quando recebem uma ferramenta e estrutura, juntamente a tempo e interesse da minha parte, os estudantes podem fazer muito mais do que jamais sonhei", refletiu Pennie após a aula.

Como essa era a primeira vez que Pennie tinha usado *Beleza e verdade,* e sabendo que o período na biblioteca estava chegando ao fim, ela decidiu adiar a pergunta sobre onde a beleza revela ou esconde a verdade. "Eu me pergunto o que eles poderiam ter dito lá", disse Pennie. "Na verdade, acho que eles viriam com algo interessante. Quero dizer, eles já articulavam o fato de que as tropas coloniais, embora talvez consideradas como bandidos nessa apresentação em vídeo, poderiam ter algumas características interessantes e perspectivas complexas para explorar. Não é tão preto no branco!"

Pennie liderou outras aulas explorando a Eureka Stockade com a rotina. "Os estudantes disseram-me que, quando ouviam as interpretações de beleza e verdade um do outro, isso lhes dava maneiras de ver o mesmo evento com os olhos da outra pessoa. Acho que isso é uma coisa poderosa", refletiu. "Mais uma vez, fiquei espantada com os estudantes quando dedico tempo para que eles tornem seu pensamento visível. Daqui para a frente, à medida que *Beleza e verdade* se torna uma rotina, sei que vou querer falar e direcionar ainda menos, para que os estudantes possam falar mais. Eles têm muita profundidade em suas respostas; acho que só preciso dar a eles a atividade que merecem. Eles têm voz e meu trabalho é criar um lugar para que essa voz se manifeste."

NOMEAR-DESCREVER-AGIR

> *Escolha uma imagem para examinar de perto. Olhe para ela por 1 minuto e depois remova-a da vista. Agora, trabalhando a partir da memória...*
>
> **Nomear** Faça uma lista de todas as peças ou recursos que você puder lembrar. Estes provavelmente serão substantivos, coisas que você pode apontar e nomear.
>
> **Descrever** Para cada uma das coisas que você nomeou, acrescente uma descrição. Que adjetivos você poderia acrescentar aos substantivos listados?
>
> **Agir** Para cada uma das coisas que você nomeou, diga como elas agem. O que elas estão fazendo? Qual é a sua função? Como agregam ou contribuem para o todo? Como estão relacionadas com outras coisas que você nomeou? Essa "forma de agir" pode ser representada por verbos, mas não precisa se limitar a isso.

Uma das rotinas mais utilizadas em *Making Thinking Visible* (Ritchhart; Church; Morrison, 2011) é a *Ver-pensar-questionar*,* que promove tanto o olhar atento quanto a análise profunda. Estávamos procurando maneiras adicionais de promover o olhar atento, ao mesmo tempo aprimorando o vocabulário expressivo e desenvolvendo a memória de trabalho. Percebemos que, quando retirávamos uma imagem de vista e os estudantes precisavam se lembrar do que tinham visto de memória, muitas vezes eles viam o valor de olhar de perto e percebiam de uma forma que talvez não tivessem notado anteriormente, aprofundando, assim, o envolvimento com as ideias. Além disso, quando começavam a nomear objetos na imagem e, em seguida, eram incentivados a prosseguir para a descrição (adjetivos) e ação (verbos), seu vocabulário expressivo era aprimorado. Isso pareceu ser particularmente útil para os estudantes estrangeiros, que podem ter um vocabulário limitado.

---

* N. de R. T.: No original, *See-Think-Wonder*, é uma rotina que envolve os estudantes em três etapas: observar atentamente um objeto, imagem ou situação (ver); refletir sobre o que veem e o que isso pode significar (pensar); e levantar perguntas que surgem a partir dessas observações e reflexões (questionar). Essa estratégia promove a curiosidade, o pensamento crítico e a exploração profunda de um tema.

Propósito

Essa rotina enfatiza a importância da observação cuidadosa e do olhar atento como base para o pensamento e a interpretação. Trabalhando com uma imagem, a rotina ajuda os estudantes a perceberem e descreverem uma imagem em camadas cada vez mais ricas em detalhes. Para crianças pequenas ou para estudantes que aprendem outro idioma, a rotina também pode ajudar a desenvolver a proficiência em outra língua. Pode ser feita em grupos ou individualmente, mas apenas quando feita individualmente é provável que ajude a aumentar a memória de trabalho.

A rotina *Nomear-descrever-agir* pode ser uma atividade independente (até mesmo como um jogo) para melhorar a capacidade de olhar lentamente, observar de perto e utilizar a memória, bem como oferece uma oportunidade de conversar sobre como o cérebro funciona (Briggs, 2014; Schwartz, 2015). Por exemplo, quando solicitados a relembrar depois que a imagem é retirada, os estudantes têm que confiar primeiro em sua memória de trabalho – as coisas que somos capazes de manter em nossa mente. Nossa lembrança de memória é uma das coisas que começa a levar as memórias de curta duração para a memória de longa duração. É por isso que a prática de recuperação é uma boa técnica de estudo (a *Rotina +1*, no Capítulo 3, concentra-se na prática da recuperação). Ao relembrar informações sobre a imagem, os estudantes também estão utilizando a memória visual, recriando a imagem em sua mente. Visualização e criação de imagens mentais também podem ser técnicas de estudo poderosas. Por fim, os estudantes estão utilizando o "agrupamento", à medida que reúnem objetos associados, o que reduz a carga da memória. É por isso que as pessoas memorizam números de telefone como uma série de dois dígitos de área, quatro ou cinco dígitos, depois mais quatro, em vez de 10 ou 11 dígitos seguidos.

Embora útil como um veículo para falar sobre a memória e desenvolvê-la, a rotina *Nomear-descrever-agir* é mais poderosa quando o conteúdo é integrado a uma aprendizagem mais intencional. Usada no início de uma unidade, ela pode ajudar a criar o que Alison Adcock chama de "estado cerebral motivado", fomentando a curiosidade e o desejo de saber mais sobre a imagem em questão (Briggs, 2017). Se as informações sobre a imagem são fornecidas após a rotina inicial de *Nomear-descrever-agir*, é mais provável que os estudantes as retenham e sejam motivados a aprender mais. Isso pressupõe, naturalmente, que a imagem desperte interesse e curiosidade. Quando usada com um tema que já foi estudado, a rotina ajuda a solidificar a compreensão dos estudantes à medida que eles identificam as próprias partes e componentes daquele tópico. Por fim, a rotina fornece uma estrutura acessível para análise, como veremos na seção Usos e variações.

Seleção do conteúdo apropriado

Embora o termo "imagem" seja usado para essa explicação, o que os estudantes são solicitados a olhar com cuidado pode ser uma pintura, uma foto, um artefato, um texto, uma charge política, um gráfico, um objeto encontrado – na verdade, quase tudo o que pode ser observado e interpretado. Porém, é fundamental selecionar um estímulo evocativo e envolvente. Um bom teste é se perguntar se a imagem/objeto é envolvente. Você pode olhar para ela por vários minutos e notar coisas novas? Ela desperta sua curiosidade? Como o primeiro passo de *Nomear-descrever-agir* foca em olhar de perto e nomear as coisas, para garantir que a rotina seja relevante, é preciso que haja uma série de elementos na imagem para serem vistos e notados. Da mesma forma, como os estudantes serão solicitados a descrever as coisas que nomearam, os objetos devem ter um pouco de variedade. Pode parecer que a capacidade de descrever como os objetos estão "agindo" exigiria que a imagem retratasse algum tipo de evento ou ação; no entanto, esse não precisa ser o caso. O uso de diversos verbos para descrever ações semelhantes pode ser útil para estender o vocabulário e o pensamento. Por exemplo, uma figura em pé pode ser descrita como esperando, pausando, contemplando, à espreita, ameaçando, direcionando, supervisionando, ponderando, e assim por diante.

Essa rotina também pode ser usada para revisar uma unidade de estudo ou texto (veja a seção Usos e variações, mais adiante). Nesse caso, também deve haver um grau de riqueza de elementos para nomear e identificar, a fim de descrever e discernir ações e/ou interações. Em alguns casos, essa revisão pode apresentar muitas coisas para lembrar, e você vai querer reduzir esse leque de possibilidades.

Etapas

1. *A preparação.* Apresente a imagem escolhida por 1 minuto, de forma a permitir que os estudantes a vejam com o máximo de detalhes possível. Projetá-la em uma tela, em uma sala escura, funciona bem. Como o período de observação é cronometrado, geralmente é útil criar um *slide* em branco antes e depois da imagem em sua apresentação. Oriente os estudantes a olharem atentamente e perceberem o máximo que puderem durante a observação. Lembre-os de que ainda não deverão falar ou compartilhar. Após 1 minuto, retire a exibição da imagem.

2. *Nomear.* Peça aos estudantes que nomeiem por escrito e de memória o máximo de coisas que puderem lembrar da imagem. Um pedido útil é listar coisas que você poderia tocar com os dedos dentro da imagem. Diga aos estudantes que se concentrem apenas em objetos específicos, ou seja, soldados, armas, chamas, e assim por diante, em vez de uma "luta" ou uma "guerra". Eles podem escrever suas respostas em uma lista ou dividir sua folha em três colunas e rotular cada uma delas como: nomear, descrever e agir.

3. *Descrever.* Peça aos estudantes que descrevam cada um dos objetos que nomearam usando um ou dois adjetivos ou uma frase adjetivada. Ressalte o uso de adjetivos. Por exemplo, se há um homem na imagem sentado em uma mesa e os estudantes nomeiam "um homem" como um de seus objetos, eles devem usar adjetivos para descrevê-lo, como alto, grande, imponente, e assim por diante, em vez de escrever uma descrição elaborada que se concentre em ações: "Bem, o homem está no canto esquerdo e está usando um chapéu e um casaco verde, e ele está sentado em uma mesa, e parece que está esperando por alguém". Os estudantes podem escrever seus adjetivos ao lado das coisas que nomearam. Em geral, não é preciso apresentar a imagem novamente antes desse estágio, mas você pode permitir outra visualização, se achar necessário. Contudo, observe que a memória é aprimorada e construída por meio de seu uso, e um pouco de dificuldade para lembrar não é necessariamente algo ruim.

   Nota: uma maneira alternativa de lidar com a fase de descrição é formar duplas – um estudante lê da lista algo que foi nomeado e seu colega descreve o que foi nomeado com um adjetivo. Eles repetem esse processo de um lado para o outro até que ambos tenham esgotado suas listas. Se a pessoa A nomeia algo que a pessoa B não viu, então a pessoa A é responsável por descrevê-lo.

4. *Agir.* Peça aos estudantes que digam como cada um dos objetos nomeados está agindo. Isso pode ser simplesmente atribuir um verbo ao objeto. Nesse caso, instrua-os a não usar o mesmo verbo mais de uma vez. Isso vai aprimorar o vocabulário deles. Dependendo da imagem ou da intenção instrucional, o foco na ação pode ir além da pergunta "O que eles estão fazendo?", para considerar: qual é a sua função? Como agregam ou contribuem para o todo? Como estão relacionados com outras coisas que você listou? Como estão interagindo com os outros objetos listados?

    Nota: se os estudantes estiverem trabalhando com um colega, peça-lhes que mudem o foco para a identificação de ações. O estudante A nomeia algo de sua lista e o estudante B atribui a isso uma ação usando um verbo (ou identifica alguma outra forma de ação, função, relacionamento, interação). Isso continua com os colegas se revezando, nomeando algo e atribuindo-lhe uma ação.

5. *Apresentar novamente a imagem.* Nesse ponto, os estudantes geralmente estão ansiosos para ver a imagem novamente para confirmar suas memórias observacionais. Exiba novamente a imagem e permita que eles falem de maneira informal. Em geral, há muita discussão animada e dedos apontando. Se você selecionou uma imagem para despertar interesse, questione o que eles ainda estão se perguntando. Esse seria um bom momento para compartilhar qualquer informação com os estudantes sobre a imagem, a fim de aproveitar seu estado cerebral motivado.

6. *Compartilhar o pensamento.* Se tiverem feito essa rotina individualmente, ofereça a oportunidade de compartilharem respostas, em duplas ou em pequenos grupos. À medida que observam as respostas dos colegas, peça-lhes que procurem pontos em comum, bem como diferenças. Os outros listaram coisas que você não viu? Eles usaram palavras iguais ou diferentes para a fase "descrever" e "agir"? Poderiam criar ainda mais palavras? Se tiverem feito a rotina com um colega, então eles já compartilharam bastante. Você pode querer

reunir todo o grupo e perguntar: houve coisas que seu colega listou e você não? Qual foi a coisa mais interessante de se tentar descrever? Quais objetos da imagem você acha que teriam mais adjetivos potenciais para descrição? E quais teriam menos? O que faz você dizer isso? Qual foi sua palavra favorita para capturar de que forma algo estava "agindo"?

Se essa for a primeira vez que estiver usando a rotina, você pode empregá-la para falar sobre memória de trabalho, memória visual e agrupamento. Você também pode informar aos estudantes que nossa memória de trabalho é aprimorada por meio de seu uso, como fizemos aqui.

Usos e variações

Mary Goetz, uma professora do 4º ano da Bemis Elementary, em Troy, Michigan, usou a rotina *Nomear-descrever-agir* no final de uma unidade sobre as primeiras tribos nativas norte-americanas no estado. Trabalhando com a turma inteira, Mary pediu que as crianças "nomeassem" o máximo de coisas que pudessem lembrar de seu estudo. "Foi interessante notar que, como 'nomeamos' as coisas nessa rotina, era como uma carreira de dominó sendo derrubada. Uma ideia caiu em outra, e assim por diante." Depois de nomear 57 coisas, Mary pediu à turma que dividisse a lista em categorias. Os estudantes criaram grupos para nomes de tribos, artefatos, alimentos, governo e famílias. Devido ao grande número de itens, Mary pediu que eles se concentrassem em descrever apenas alguns deles. Escolhendo um item de cada grupo, Mary pediu que descrevessem ou contassem algo sobre ele. Por exemplo, um estudante descreveu uma "*longhouse*"* como tendo até 60 metros de comprimento por 6 de largura. Em relação às ações, os estudantes disseram que elas agiram para criar comunidade, mas também causaram perda de privacidade.

Na South Fayette High School, na Pensilvânia, Tara Surloff usou *Nomear--descrever-agir* para envolver seus estudantes de língua e cultura espanhola

---

* N. de R. T.: Uma *longhouse* (casa comunitária) é uma estrutura tradicional utilizada por várias tribos indígenas norte-americanas, especialmente no nordeste dos Estados Unidos. Essas construções alongadas, feitas de madeira e casca de árvore, serviam como habitações compartilhadas por várias famílias, promovendo um senso de comunidade.

com histórias curtas em vez das tradicionais perguntas de compreensão. Depois de ler o conto *Al Colegio*, de Carmen Laforet, Tara pediu que formassem duplas e disse que teriam uma conversa estruturada com base em algumas orientações simples. Eles tinham grandes folhas de papel e marcadores para documentar sua discussão. Primeiro, Tara pediu que trabalhassem juntos para nomear todos os objetos e personagens que pudessem pensar que desempenharam um papel na história. No início, listaram apenas os dois personagens principais, mas Sara os incentivou: "Quais são os itens da história que desempenharam um papel na relação entre os dois personagens principais?". Os estudantes olharam-se, intrigados no início, mas rapidamente começaram a nomear itens: táxi, sorvete, tranças, faixa de pedestre, mesa, quadro, e assim por diante. Em seguida, Tara passou a descrever cada uma dessas coisas. Por se tratar de uma aula avançada de espanhol, toda a discussão e descrição foi feita em espanhol. Por fim, ela pediu às duplas que explicassem como cada um dos personagens/objetos atuou ao longo da história. Foi durante essa parte da rotina que os mal-entendidos sobre a história vieram à tona. Enquanto uma dupla falava sobre como o relacionamento havia mudado durante a história, eles descobriram que tinham uma compreensão diferente da linha do tempo. Em seguida, os estudantes disseram que a rotina "os ajuda a entender melhor o material, porque estão olhando para a história como um todo, em vez de simplesmente buscar as respostas para as perguntas de compreensão".

Avaliação

Nas respostas de "nomear" dos estudantes, procure melhorar sua capacidade de perceber detalhes que os levem mais fundo na imagem, em vez de os manterem presos a recursos superficiais imediatos. Além disso, preste atenção em quantas coisas eles conseguem nomear. O número de itens que podem recordar é um indicador aproximado de sua memória de trabalho. Embora a pesquisa tenha estimado o número de itens não relacionados que lembramos em sete, pouco mais ou pouco menos (Miller, 1956), somos capazes de nos lembrar de muito mais por meio do agrupamento e do uso da memória visual. Se os estudantes estão com dificuldade, pode ser útil realizar esforços adicionais para envolver a memória de trabalho.

Na etapa "descrever", os estudantes costumam usar a memória visual para recordar detalhes. Suas respostas aqui podem indicar sua riqueza de vocabulário, bem como fornecer uma oportunidade de desenvolvê-lo ainda mais. Da mesma forma, se o foco for apenas em verbos, a fase "agir" pode ser sobre vocabulário. Se o foco for estendido para explorar relacionamentos, interações e funções, há a oportunidade de avaliar a compreensão mais profunda, conforme Tara demonstrou. Por fim, avalie o nível de engajamento com a imagem ou outro material de origem. A rotina ajudou a ativar um estado cerebral motivado, como evidenciado em suas perguntas, discussões e curiosidades sobre o material?

Dicas

Essa rotina tem uma característica de jogo, então use isso para se divertir e engajar os estudantes. Realizá-la como um jogo pode diminuir a ansiedade sobre o número de itens que podem ser lembrados. Às vezes, os educadores não gostam de ver os estudantes com dificuldade e, por isso, querem ajudá-los a se lembrar, mostrando a imagem novamente ou permitindo que eles consultem seus livros/anotações. Essas práticas, ao mesmo tempo que ajudam a gerar respostas, na verdade minam o propósito da rotina, que é desenvolver a memória e aumentar o engajamento com o material de origem. É melhor dar aos estudantes mais tempo para ver a imagem inicialmente, se você achar que isso será útil. Também é bom deixá-los trabalharem com as informações que eles podem lembrar e acolher isso como perfeitamente aceitável. Espere que eles se desenvolvam ao longo do tempo.

Com crianças mais jovens, toda a rotina pode ser feita verbalmente. Depois de remover a imagem da tela, os estudantes podem formar duplas e se revezar na nomeação das coisas. Depois, você pode pedir a toda a turma que nomeie as coisas que viu enquanto você as registra. Trabalhando a partir da lista, você pode ler um objeto e chamar vários membros da turma para descrevê-lo, cada um com um adjetivo diferente. Uma maneira de lidar com a parte "agir" da rotina é pedir aos estudantes que "representem" ou "ajam como se" eles fossem aquele objeto. Em uma sala de aula da educação infantil, cada criança selecionava um objeto e, em seguida, caminhava silenciosamente pela sala como se fosse ele.

EXEMPLO DA PRÁTICA

A professora Ashley Pellosmaa, do 1º ano da Bemis Elementary, em Troy, Michigan, reflete muito sobre como iniciar uma unidade de investigação com as crianças. Ao pensar sobre sua unidade de ciências com rochas, Ashley comentou: "Já ensinei essa unidade em anos anteriores, sei que lançá-la será a parte mais desafiadora, porque é essencial atrair os estudantes. As crianças do 1º ano são naturalmente curiosas, então, em geral, essa unidade funciona muito bem quando começamos as investigações, mas iniciá-la requer refinamento. *Nomear-descrever-agir* é uma rotina que prende a atenção do público e exige mente e voz para desempenhar um papel ativo. Como professora do 1º ano, eu sabia que essa rotina não só envolveria as crianças, mas também lhes daria uma plataforma para transmitir e dar sentido às imagens científicas".

Ashley pesquisou duas imagens na internet: uma do ciclo das rochas e outra do ciclo da água. Ela pensou que, ao pedir que os estudantes olhassem para as imagens dos dois ciclos juntos, eles poderiam fazer mais conexões. Ao fazer sua seleção final de imagens, Ashley escolheu duas que tinham cores vivas, muitos componentes claramente delineados e alguns rótulos e setas que ajudaram a transmitir um senso de ação. Ela sentiu que esses componentes ajudariam no desenvolvimento do conhecimento científico e das relações entre os estudantes.

A professora começa a aula reunindo as crianças em frente ao quadro interativo. Ela explica para a turma: "Encontrei duas imagens que vieram no nosso *kit* de ciências, mas estava com dificuldade de entender e preciso da ajuda de vocês". Nesse ponto, ela opta por não dizer o foco do *kit* de ciências, preferindo usar *Nomear-descrever-agir* para obter interesse. Ashley, então, revela as duas imagens juntas no quadro interativo, oferecendo cerca de 2 minutos para os estudantes olharem atentamente para as imagens e fazerem anotações mentais. Enquanto as crianças olham em silêncio para as imagens, Ashley pergunta à turma: "O que vocês percebem?". Ela as instrui a "tentar lembrar o máximo possível sobre essas duas imagens para podermos discuti-las mais tarde".

Depois de 2 minutos, Ashley retira a imagem no quadro interativo e diz: "Vire-se e converse com um amigo sobre o que você viu. Revezem-se, nomeando itens, como em uma partida de pingue-pongue. Um nomeia algo, depois o outro nomeia outra coisa". À medida que as conversas terminam, Ashley reúne a turma de volta e explica: "Quero capturar todas as coisas que vocês acabaram de nomear neste papel para podermos pensar mais sobre elas. Alguém pode me dizer algo que viu e nomeou?". As crianças nomeiam água, chuva, morro, árvores, céu, sol, vulcão, lava, rocha, nuvens e montanhas.

Em seguida, Ashley diz aos estudantes que quer que eles pensem em todos os itens que nomearam, mas que deem um passo adiante. Ela escreve a palavra "DESCREVER" no topo do gráfico. Então, dá um exemplo de descrição: "Se eu fosse descrever uma criança na turma, eu poderia dizer que ela tem olhos castanhos, cabelos castanhos, camisa verde, calças azuis, e assim por diante. Quero que vocês façam isso com os itens da nossa seção 'NOMEAR'. Vire-se e converse com seu colega sobre os itens que acabamos de nomear. Como eles poderiam ser descritos com adjetivos?". Depois de alguns minutos, Ashley reúne a turma novamente e pede suas descrições. As crianças oferecem uma grande variedade de adjetivos para cada um dos itens e citam muitas palavras de cor, forma e tamanho, como azul, pontiagudo, oval, redondo, curvo, cinza, marrom, verde, gigantesco e grande.

Por fim, Ashley leva os estudantes para a fase "agir" da rotina. "Agora, queremos dizer o que cada uma dessas coisas que acabamos de nomear e descrever está fazendo." Ela escreve a palavra "AGIR" no topo e presta mais esclarecimentos: "Se estivéssemos assistindo a essas imagens na vida real ou se fosse como um filme, então o que cada coisa estaria fazendo?". Depois que as crianças conversam com seus colegas, Ashley coleta suas palavras: cair, soltar, ficar em pé, sentir, molhar, brilhar, refletir, ferver, estourar, cuidar de tudo, e assim por diante. Encerrando a aula, Ashley pergunta o que as duas imagens têm em comum. Uma resposta rápida é que ambas são sobre a terra, a água e o céu. Ashley informa que sua próxima unidade científica os envolverá em aprender mais sobre a Terra, especificamente suas rochas, e que eles se tornarão geólogos.

Refletindo mais tarde, Ashley comenta: "Fiquei emocionada porque o vocabulário e as informações vieram à tona. Se eu tivesse apenas lançado essa unidade com a investigação #1 do *kit*, como é comum, não acho que a discussão ou o vocabulário teriam sido tão ricos. Fiquei impressionada com o engajamento deles com essa rotina e com sua memória de trabalho. Quando foi dada a oportunidade para nomear os itens na foto, notei os estudantes buscando encontrar o máximo de palavras. Quando chegou a hora de descrever, fiquei impressionada com a forma como conectaram os itens a conhecimentos prévios e itens abstratos". Olhando para a documentação da aula, Ashley observa as palavras escolhidas para descrever os itens – fofos, curvos, arredondados, pontiagudos, sem brilho, brancos e como algodão doce. "Ouvir essas palavras foi revigorante. Será interessante ver como os estudantes as conectam a termos mais científicos que aprenderemos. As crianças agora estão supercuriosas. Essa rotina realmente aumentou a confiança delas, que saíram dizendo: 'Somos geólogas' e 'Vamos descobrir mais sobre a Terra e as rochas, porque já sabemos muito!'"

ANOTAR

Após uma palestra, filme, leitura ou discussão, os estudantes devem "anotar" UM dos seguintes:

➢ Qual é o ponto mais importante?
➢ O que você está achando desafiador, intrigante ou difícil de entender?
➢ Que pergunta você mais gostaria de discutir?
➢ O que você achou interessante?

Essa rotina surgiu de nossa pesquisa para ajudar os estudantes a se envolverem ativamente com as ideias. Em muitas salas de aula, vemos estudantes fazendo anotações durante as aulas, em vez de realmente pensar no material que está sendo apresentado. Um problema semelhante pode acontecer quando preparam leituras para a aula. Eles podem ler, mas não se envolvem de fato com o material. O professor de física de Harvard, Eric Mazur, cuida disso pedindo aos estudantes que respondam a um breve questionário *on-line* depois de lerem o material de sua sala de aula invertida. Ele usa essas respostas para ajudar a moldar seu ensino em sala de aula. Formalizamos a técnica do professor Mazur em um conjunto de quatro perguntas, a partir das quais os estudantes escolhem uma, como uma técnica simples para envolvê-los com o material e dar aos educadores informações úteis sobre as quais a instrução futura pode ser construída.

Propósito

Nossa aprendizagem e memória são aprimoradas pela destilação regular de ideias-chave, bem como nossa identificação de questões e dúvidas emergentes. Além disso, o compartilhamento de ideias e perguntas apoia a aprendizagem do grupo, facilitando a exploração, a discussão e a síntese contínuas, fornecendo também *feedback* ao instrutor. Essa rotina pode ser usada após um episódio instrutivo, antes dele ou no meio dele. Quando usada após um episódio de instrução, oferece a chance de capturar o pensamento dos estudantes. Por exemplo, *Anotar* pode ser usada como um bilhete de saída que os professores coletam e revisam antes da aula seguinte. Como alternativa, a rotina pode ser usada como uma estratégia de sala de aula invertida, da mesma forma como fizeram Eric Mazur e outros, que empregam estratégias de "*just in time teaching*".* Os estudantes podem enviar suas respostas em um documento do Google, uma plataforma *on-line*, por *e-mail* ou texto, ou usando fichas de anotação que trazem consigo para a aula. Em seguida, os professores organizam as respostas enquanto se preparam para a próxima aula, a fim de garantir que os pontos importantes sejam abordados e as

---

* N. de R.T.: É uma estratégia educacional que envolve a coleta de *feedback* dos estudantes antes da aula, para que o professor possa adaptar o conteúdo e a abordagem com base nas necessidades e dúvidas da turma. Possibilita uma instrução mais personalizada e frequentemente utiliza tecnologias como questionários *on-line* ou plataformas digitais para reunir as respostas dos estudantes em tempo real.

perguntas, exploradas. Para que essa estratégia funcione em longo prazo, é importante que os estudantes percebam que os educadores realmente utilizam suas respostas e constroem o ensino em torno das questões levantadas. Usada durante uma aula comum ou aula com muito conteúdo, os professores podem parar em intervalos regulares (a cada 10 a 15 minutos) e pedir aos estudantes que respondam a uma das instruções da rotina *Anotar*. Essas pausas proporcionam momentos de reflexão e atenção, os quais os professores Stephen Brookfield e Stephen Preskill chamam de "silêncio estruturado" (Brookfield; Preskill, 2005). Eles veem esses silêncios como um elemento crucial na conversa, embora os estudantes muitas vezes sintam um desconforto inicial. Por isso, é importante proporcionar experiências para que se acostumem com essas paradas e aprendam a utilizá-las como parte de seu aprendizado. Essas lacunas ajudam a manter a discussão fundamentada e focada, além de oferecer oportunidades para que novas vozes apareçam na conversa.

Seleção do conteúdo apropriado

Como em todo aprendizado, o conteúdo é importante. Discussões significativas surgem de conteúdos significativos. Da mesma forma, a significância só pode ser encontrada quando há algo de importante sobre a mesa. A possibilidade de haver diferentes pontos de vista sobre questões complexas também contribui para a riqueza da discussão. Portanto, essa rotina funcionará melhor com conteúdo rico e que tenha um grau de complexidade, nuance e controvérsia. Esse conteúdo pode vir de uma leitura, palestra, vídeo ou *podcast*. No entanto, se você sabe o que quer que seus estudantes digam em resposta a esse conteúdo ou acredita que o alcance das respostas potenciais ao conteúdo provavelmente será limitado, é pouco provável que a rotina produza algo substancial sobre o qual a discussão ou o ensino futuro possam ser construídos.

Etapas

1. *A preparação*. Explique que a aprendizagem e a memória são aprimoradas pela destilação regular de ideias-chave, bem como pela identificação de perguntas e dúvidas que aparecem. Incentive os estudantes a participarem ativamente sem fazer anotações, para que se envolvam totalmente.

2. *Responder.* Em intervalos regulares (se houver muito conteúdo) ou no final da aula, distribua fichas (ou use uma das plataformas de tecnologia listadas anteriormente) e peça a cada estudante que responda a qualquer uma das anotações, listadas na preparação. A variedade de anotações é projetada para que cada um encontre algo para responder. Você pode escrever as perguntas no quadro ou ter um *slide* com questões previamente preparadas. Peça aos estudantes que registrem seus pensamentos *anonimamente*.
3. *Compartilhar o pensamento.* Seja em intervalos, seja no final, é preciso que haja algum tipo de compartilhamento. Isso pode ser feito de várias maneiras:
   - Pequenos grupos compartilham e discutem o que escreveram.
   - Um grupo coleta suas fichas de anotações e as repassa para outro grupo. Ao receber as novas fichas, estas são distribuídas aleatoriamente, e cada estudante lê e responde à ficha que recebe. As fichas são recolhidas e passadas de volta ao grupo de origem.
   - O professor recolhe todas as fichas e as redistribui aleatoriamente. Os estudantes leem em voz alta a ficha que recebem. O professor pode documentar e organizar as respostas. Como alternativa, o educador seleciona algumas fichas para discutir com a turma.
   - Como um bilhete de saída, o professor coleta, lê e resume as fichas da rotina, como uma forma de avaliação formativa; depois, ao iniciar a próxima aula, compartilha ou utiliza as fichas de alguma forma.

Usos e variações

A professora de ciências dos anos finais do ensino fundamental Emily Veres usou a rotina *Anotar* com os estudantes do diploma IB de nível superior em biologia na Washington International School, em Washington, DC. A aula estava explorando a conexão entre a evolução humana e a migração. Especificamente, os estudantes examinaram mapas que mostraram a distribuição global da persistência da lactase, a migração humana mostrada através do DNA mitocondrial, o movimento de refugiados climáticos e a migração humana rastreada por meio de mutações no DNA. Em duplas e em pequenos grupos, eles analisaram um desses mapas, bem como *links* para artigos relevantes que apresentavam informações adicionais. À medida que exploravam esses materiais, documentavam suas respostas coletivas a todas as quatro instruções da rotina. Emily repetiu essa aula com sua outra turma de biologia. No dia seguinte, ela postou o trabalho das duas turmas em uma galeria e pediu aos estudantes que analisassem a documentação de cada grupo e postassem um comentário ou uma pergunta. Ela observou que alguns estudantes faziam conexões, alguns faziam perguntas e alguns simplesmente postavam pensamentos gerais.

Explorando problemas e soluções em torno da redução da poluição, o professor do 3º ano Erik Lindemann usou uma estratégia semelhante à de Emily em relação à rotina *Anotar*. Ele reuniu uma coleção de artigos, apropriados ao nível de ensino, sobre redução da poluição para seus estudantes no Osborne Elementary, em Quaker Valley, Pensilvânia. Como as crianças trabalhariam de forma independente, Erik produziu uma folha de registro de uma página, dividida em quadrantes, com uma instrução da rotina em cada quadrante (veja a Figura 4.7). À medida que os estudantes liam, usa-

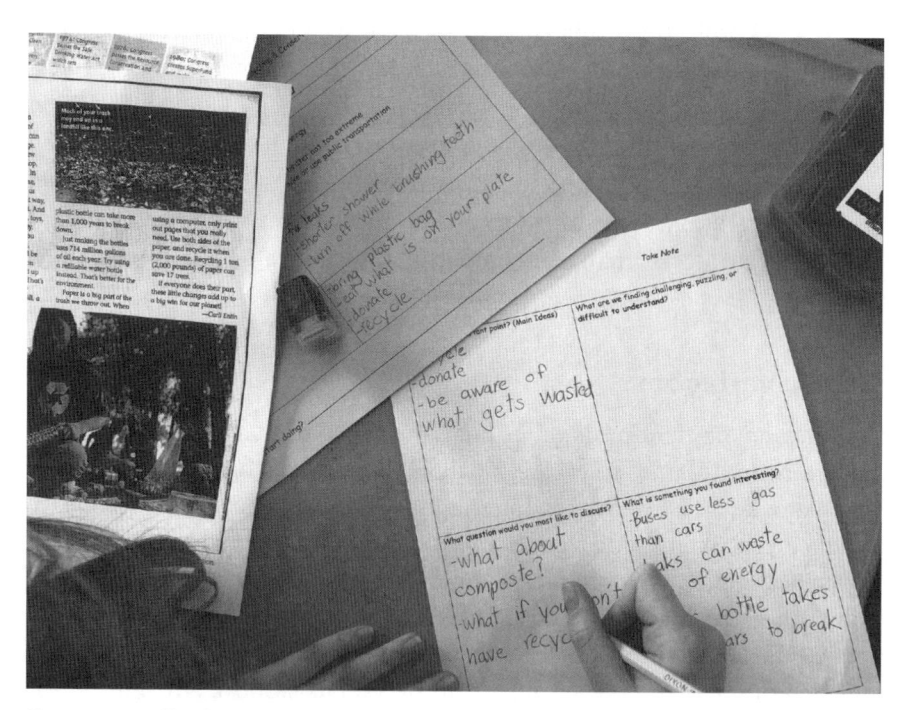

Figura 4.7 Folha de registro *Anotar* de Erik Lindemann.

vam a folha para registrar suas interações com o texto. Erik estabeleceu um propósito ao informar aos estudantes que as respostas em sua folha de registro serviriam de base para a discussão na aula do dia seguinte. Após essa discussão, Erik usou a rotina *Os 4 se's* (Capítulo 5) para ajudá-los a pensar sobre conexões globais, locais e pessoais.

Tendo usado a rotina várias vezes, Erik observou que ela "está permitindo que as crianças revelem como estão reagindo às ideias em níveis emocionais. Essas são as partes que elas querem compartilhar, e muitas vezes o fazem em sussurros e risadas. Essa rotina captura essas poderosas explosões de reação e as usa para moldar discussões de interesse. Também apoiamos uma plataforma segura para esclarecer equívocos".

Avaliação

A rotina *Anotar* oferece uma oportunidade para os professores entenderem melhor como os estudantes estão se envolvendo com textos, informações e ideias. Preste atenção nas dúvidas, nos desafios e nas confusões. Muitas vezes, os estudantes não compartilham sua falta de entendimento em sala de aula porque temem parecer bobos. Ao tornar a rotina anônima e sintetizar as respostas da turma, é mais provável que você descubra os aspectos sobre os quais eles estão confusos. Conforme observou o professor sênior de inglês Lee Crossley, da Penleigh and Essendon Grammar School, em Melbourne, "a grande coisa sobre isso [rotina] é que me deu *feedback* sobre áreas em que precisávamos trabalhar como turma. Isso também gerou discussão e me permitiu avaliar qual proporção da classe estava tendo dificuldades com essas coisas".

Da mesma forma, o questionamento abre portas para a exploração do tema de forma a atender aos interesses e às necessidades dos estudantes. Essas perguntas também podem ser úteis no planejamento de aulas futuras. Preste atenção aos tipos de perguntas que os estudantes fazem ao longo do tempo. Eles são capazes de se envolver com o conteúdo de forma significativa, que aprofunde sua compreensão? Suas perguntas são abertas e baseadas em investigação? Se não, então alguma discussão com questões fechadas e abertas pode ser útil. Você também pode usar a rotina *Classificação de perguntas*.

Nas respostas dos estudantes às questões mais importantes e interessantes, não procure apenas a exatidão. Em vez disso, preste atenção no que está repercutindo entre eles. Elas servem para promover o engajamento com as ideias/informações/texto, e não como testes. Se você acha que os estudantes estão divergindo, siga com uma discussão desse tipo: "Vários de vocês disseram que _____ era o mais importante, enquanto outros disseram que era _____. Eu gostaria de ouvir seu raciocínio por trás disso".

Dicas

Os estudantes só nos dirão o que pensam se acharem que estamos interessados. Portanto, é importante valorizar suas respostas ao material de origem e utilizá-las de alguma maneira. Como observou Erik Lindemann, "acho que enfatizar como suas contribuições estão diretamente relacionadas à próxima discussão motiva os estudantes, pois eles sabem que estão moldando as próximas partes do dia".

Embora você possa permitir que respondam a todas as perguntas, como foi mencionado nas variações feitas por Emily e Erik, um dos objetivos dessa rotina é tornar o processo de fornecer respostas acessível para todos. Cada uma das quatro perguntas fornece uma maneira alternativa de ver o material de origem. Se você tiver que responder a cada uma delas todas as vezes, então a rotina pode se tornar apenas mais uma planilha. Além disso, responder às quatro perguntas pode retardar o que deveria ser um processo rápido.

EXEMPLO DA PRÁTICA

O professor de história do 9º ano David Riehl, da Munich International School, experimentou a rotina *Anotar* no primeiro dia em que os estudantes retornaram à escola depois das férias de outono. David havia aprendido sobre a rotina em uma conferência do Projeto Zero e estava ansioso para experimentá-la. "Eu queria me desafiar a tentar imediatamente algo novo em nossa aula. Nós valorizamos o pensamento e usamos uma série de rotinas, então eu não estava inserindo essa rotina do nada. Eu também esperava que aparecesse algum tipo de produto para fazer uma ponte para a próxima aula."

A turma de David vinha estudando a Revolta Indiana de 1857, que também é conhecida como a Revolta dos Cipaios, porque era liderada por soldados de infantaria indianos conhecidos como *cipaios*. Como historiadores, os estudantes estavam examinando tanto as causas quanto as consequências dessa rebelião. Depois de revisar o material das sessões anteriores, David pede aos estudantes que leiam, de forma independente, um trecho de seu texto de história sobre as consequências da revolta.

Em seguida, ele os direciona para outra seção do texto, sobre as ações tomadas pela Grã-Bretanha para tornar a Índia uma colônia oficial. Essa passagem também detalha as raízes intelectuais e políticas da oposição indiana à colonização.

À medida que os estudantes terminam sua leitura independente, David escreve no quadro as quatro perguntas da rotina *Anotar*. Quando a maior parte da turma termina a leitura, David explica: "O objetivo dessa rotina é ajudar a fixar nossos principais entendimentos do dia e a identificar as principais perguntas que podem ficar sem resposta. Vocês podem responder a qualquer uma das perguntas que desejarem. Não há problema em responder a mais de uma, se estiverem dispostos. Vamos escrevê-las em fichas. Não é preciso colocar seu nome nelas. Estou interessado em saber como toda a turma está processando essas novas informações. Vou recolher as fichas como bilhetes de saída e dar um *feedback* sobre os seus esforços para iniciar a próxima aula".

Como os estudantes de David estão acostumados a usar fichas e notas adesivas para registrar seus pensamentos, eles parecem estar esclarecidos sobre o que devem fazer. Quando saem, entregam as fichas a David, que observa que a maioria respondeu a mais de uma das perguntas, e alguns até responderam a todas elas.

No final do dia, David verifica as fichas. Ao ler, percebe que muitos estudantes identificaram causas e consequências da revolta como pontos importantes. Por exemplo, que o aumento da educação e da exposição às tradições ocidentais pode ter contribuído para os sentimentos contrários aos britânicos e que, após a rebelião, houve uma mudança por parte dos britânicos para permitir um maior envolvimento político dos indianos. Além disso, temas mais amplos, como poder e justiça, aparecem à medida que observam as muitas maneiras pelas quais os britânicos foram capazes de projetar o poder, bem como a maneira como justificaram o assassinato de indianos.

Olhando para as perguntas, David percebe que algumas revelam um grau de confusão e mal-entendido sobre os acontecimentos. Por exemplo, um estudante escreveu: "Por que os *cipaios* [soldados de infantaria indianos] receberam armas, em primeiro lugar?". Assim, o estudante não havia entendido completamente que, como ocupante, o exército britânico na Índia era em grande parte composto por oficiais britânicos, mas exigia o uso extensivo de homens de infantaria locais para completar a força militar. Algumas das perguntas eram básicas, embora importantes para entender o contexto cultural da rebelião. Por exemplo: "Por que muçulmanos e hindus se sentiram ofendidos ao manusear os cartuchos?". David sabia que poderia responder rapidamente a tais questionamentos. No entanto, ele estava mais animado com as perguntas que mostravam a complexidade da situação e o contexto histórico. Por exemplo, o questionamento de um estudante ligava a questão dos soldados de infantaria indianos ao contexto mais amplo da ocupação britânica: "Como 20 mil britânicos controlaram mais de 200 milhões de indianos?". Outro estudante aborda o enquadramento histórico do evento em sua pergunta: "Os eventos poderiam ser descritos como um 'motim' e como 'A Primeira Guerra da Independência Indiana'?".

Com sua síntese das respostas dos estudantes à rotina *Anotar*, David sente que tem abertura para sua próxima discussão. Ele faz uma cópia da síntese que criou e planeja usá-la para mergulhar de volta no conteúdo da aula anterior. "Meu plano é fazer com que os estudantes relembrem suas respostas na rotina *Anotar* e façam conexões com a minha síntese, procurando ver onde suas próprias respostas estão representadas. Em seguida, quero usar os questionamentos para abrir uma discussão a fim de explorar por que a revolta fracassou e examinar seu impacto imediato sobre os britânicos e indianos. Esse será o meu objetivo para a próxima aula."

5

Rotinas para interagir com ação

Rotinas para INTERAGIR com AÇÃO			
Rotina	Pensamento	Anotações	Exemplos de ensino
Prever-coletar-explicar (*Predict-Gather-Explain*)	Raciocínio com evidência, análise, explicações e previsões	Use no contexto de experimentação ou investigação	• 3º ano, educação física. United Nations International School of Hanoi, Vietnã • 5º ano, geografia/ciências da Terra. Our Lady of the Rosary Primary School, Costa Central NSW, Austrália • 2º ano, matemática. Holly Trinity, Melbourne, Austrália
ESP+I (evidência, suposição, padrão + ideias) (*Experience, Struggles, Puzzles, and Insights*)	Questionamento, captura do núcleo, explicações e análise	Use para refinar e refletir sobre uma experiência ou situação baseada em problema	• 5º ano, ciência da computação. St. Francis Xavier Primary, Montmorency, Victoria, Austrália • 5º ano, STEM. Wilderness School, Adelaide, Austrália • 3º ano, matemática. Summit School, Winston-Salem, Carolina do Norte

Figura 5.1 Matriz de rotinas para interagir com ação *(Continua)*.

Rotinas para INTERAGIR com AÇÃO			
Rotina	Pensamento	Anotações	Exemplos de ensino
Tenha certeza (*Be-Sure-To*)	Análise, planejamento, explicações e conexões	Use para ajudar os estudantes a analisarem exemplos para identificar metas e ações pessoais ou em grupo	• 8º ano, literatura. Chinook Middle School, Bellevue, Washington
O quê? E então? E agora? (*What? So What? Now What?*)	Captura do núcleo, explicações e implicações	Use para fazer um balanço da situação, identificar o significado das ações e planejar ações futuras	• 3ª série do ensino médio (EM), matemática. Mandela International Magnet School, Santa Fé, Novo México • Adulto, aprendizagem profissional. • 2ª série do EM, música. Redlands School, Sydney, Austrália
O 3 porquês (*3 Y's*)	Conexões, tomada de perspectiva e complexidades	Use com uma questão ou problema para explorar como isso afeta diferentes grupos, individual e coletivamente	• Toda a escola, alfabetização. Delta Kelly Elementary, Rochester, Michigan • 5º ano, aprendizagem socioemocional. Emerson School, Ann Arbor, Michigan • 1ª série do EM, espanhol. Washtenaw International High School, Ypsilanti, Michigan
Os 4 se's (*3 If's*)	Conexões, tomada de perspectiva e complexidades	Use com uma questão ou problema para explorar possíveis ações que possam ser tomadas	• 3º ano, aprendizagem socioemocional. Parkview Elementary School, Novi, Michigan • 3ª série do EM, história/estudos judaicos. Bialik College, Melbourne, Austrália • 6º ano, *design*/aprendizagem baseada em projetos. Ashley Falls School, Del Mar, Califórnia

Figura 5.1 Matriz de rotinas para interagir com ação (*Continuação*).

PREVER-COLETAR-EXPLICAR

> *Considere a investigação, o problema ou a situação diante de você:*
>
> ➢ Quais resultados ou descobertas você pode **prever**? Em que você está baseando essas previsões?
> ➢ Projete e conduza sua consulta para **coletar** dados e informações. Quais informações você precisa reunir? Como você irá obtê-las?
> ➢ Como pode **explicar** e entender os dados diante de você? Como sabe que eles são confiáveis? Por que obteve esses resultados? Como isso se relaciona com sua previsão inicial?

Essa rotina se desenvolveu a partir de discussões com professores de ciências e matemática sobre formas de estruturar investigações para levar os estudantes a fazerem mais do que realizar as etapas de uma investigação. Como em muitas rotinas, projetamos o processo desde o começo, perguntando-nos: que tipo de pensamento os estudantes precisam elaborar por meio do processo investigativo? Para primeiro envolvê-los com a investigação e ativar seu conhecimento prévio, dissemos que precisavam prever resultados e justificar suas previsões. Os estudantes, então, tinham que projetar e realizar a investigação para coletar dados e informações pertinentes. Por fim, uma vez que temos os dados de uma investigação, é preciso dar sentido a eles e compará-los com nossa previsão inicial.

Propósito

Essa rotina pode ser usada para orientar uma consulta, investigação ou experimento, seja de curto ou longo prazo. Sua etapa inicial se concentra no pensamento ligado à teorização e à previsão e, em seguida, pede aos estudantes que se envolvam no planejamento e na realização de uma investigação ou consulta. Por fim, a rotina os orienta a analisarem seus dados para raciocinar com as evidências coletadas à medida que constroem explicações e interpretações. Esse processo pode dar origem a novas questões de consulta e questionamentos.

Seleção do conteúdo apropriado

Selecione uma situação nova, em que há algo inédito a descobrir e aprender. Investigações que têm alguma ambiguidade e nuance convidam mais a pensar do que tarefas que exigem apenas a verificação de um resultado esperado. Não tenha medo de problemas pouco estruturados ou confusos, pois eles oferecem a oportunidade de elaborar planos significativos para a coleta de dados. Essas investigações podem, inclusive, oferecer surpresas e discrepâncias que tornam a aprendizagem envolvente. Dúvidas e problemas para investigação podem surgir dos próprios estudantes. Embora bem adequada para experimentação científica e matemática, essa rotina também pode ser usada em investigações menos estruturadas, como fazer uma previsão sobre o que pode acontecer em uma obra de ficção ou ler para coletar dados e, em seguida, dar sentido aos dados coletados.

Etapas

1. *A preparação.* Apresente e discuta sobre a pergunta, investigação, problema ou consulta. Certifique-se de que esteja claro, para os estudantes, o que está sendo perguntado na investigação, bem como quaisquer restrições que possam fazer parte do problema.

2. *Quais resultados você pode **prever** para esse problema/investigação/consulta?* Depois de fazer a pergunta, dê aos estudantes tempo para pensar, coletar suas ideias iniciais e aproveitar lembranças e experiências passadas. É útil que escrevam seus pensamentos e ideias para que possam consultá-los mais tarde. Peça que expliquem seu pensamento usando a pergunta "O que faz você dizer isso?" com a previsão deles. Dependendo da investigação, convém compartilhar as previsões iniciais em pares, grupos ou turma inteira.

3. *Como podemos **coletar** nossos dados?* Essa é uma oportunidade para os estudantes planejarem uma investigação. Os educadores têm a tendência de dizer como eles conduzirão sua consulta ou investigação. Assim, a tarefa passa a ser a de realizar instruções, e oportunidades importantes podem ser perdidas. Dar aos estudantes a oportunidade de planejar, mesmo que esses planos possam não funcionar totalmente, pode proporcionar uma aprendizagem importante. Você sempre pode parar o processo no meio do

caminho para avaliar como ele está funcionando, permitindo que os estudantes o reformulem. Além disso, se os dados de pequenos grupos forem mesclados em dados acumulados de toda a turma, os estudantes rapidamente se conscientizarão da necessidade de padronização.

4. *Como podemos **explicar** nossos resultados? Por que obtivemos esses resultados? Por que os dados são assim? Se fizéssemos a rotina de novo, obteríamos os mesmos resultados ou resultados diferentes?* Essa fase da rotina pede que os estudantes interpretem e analisem. Contudo, isso não significa necessariamente que eles tenham todas as respostas. Por exemplo, alguém que faz uma investigação sobre eletricidade pode dizer "Parece que você sempre precisa ter os fios formando um círculo para a lâmpada acender", indicando algum entendimento sobre um circuito elétrico. No entanto, ainda há mais o que compreender sobre o que faz um circuito funcionar usando pilhas, fios e lâmpadas. Questionamentos, investigações mais aprofundadas e instrução direta podem ser importantes nessa fase.

5. *Compartilhar o pensamento.* Muito do pensamento dos estudantes é compartilhado quando essa rotina está sendo feita com a turma inteira. Se isso for feito em pequenos grupos, você pode ter grupos relatando, talvez se concentrando em como eles coletaram e organizaram seus dados e como eles os explicam. Como alternativa, você pode pedir que revisem os dados acumulados da turma antes de analisá-los.

Usos e variações

O professor de educação física Matt Magown usou a rotina *Prever-coletar-explicar* com sua turma de 3º ano da United Nations International School of Hanoi para explorar as forças em movimento. Usando a pergunta orientadora "Como acrescentar ou tirar forças pode afetar nosso salto em altura?", os estudantes geraram previsões coletivamente enquanto Matt documentava suas respostas em uma grande folha de papel. As previsões iniciais, como "vai depender da força" e "a velocidade e a mola vão nos ajudar a saltar mais alto", mostraram que eles desenvolveram a compreensão das forças. Na fase de "coleta" da rotina, a turma identificou os diversos tipos de experimentos e ensaios que poderiam fazer. Depois de realizar vários testes e coletar dados, a turma entendeu que "gerar impulso nos ajuda a saltar mais alto" e que o impulso poderia ser ganho por meio da corrida ou do uso de algum dispositivo, como um trampolim.

Alice Vigors, da Costa Central, Austrália, usou *Prever-coletar-explicar* para ajudar os estudantes do 5º ano da Our Lady of the Rosary Primary School a examinar a qualidade das amostras de água coletadas em uma excursão de geografia. Usando suco de repolho roxo como um indicador de pH natural, os estudantes fizeram previsões sobre a acidez de cada uma das várias amostras de água, com base em sua experiência na excursão. Eles, então, testaram suas amostras de água e as organizaram em ordem, da mais ácida para a menos ácida. Nesse momento, Alice utilizou a rotina *Ver-pensar-questionar* (Ritchhart; Church; Morrison, 2011) como forma de ajudá-los na fase "explicar". Os estudantes foram capazes de fundamentar e tirar conclusões sobre seus resultados com base nas evidências.

Avaliação

A escuta, leitura e/ou documentação das respostas das crianças na primeira etapa da rotina oferece uma oportunidade de tomar consciência dos equívocos que os estudantes podem ter sobre um assunto, bem como de seus entendimentos emergentes. Você vai querer monitorar se eles são capazes de revisar seus equívocos com base nos dados que aparecem.

Na fase "coletar", avalie até que ponto os estudantes são capazes de planejar uma investigação. Eles conseguem identificar as variáveis às quais devem prestar atenção? Eles têm ideias sobre como podem organizar e registrar seus dados? Permitir que trabalhem com a bagunça de dados reais pode proporcionar uma aprendizagem significativa, e não devemos reduzir o tempo para isso por uma questão de eficiência. Dito isso, uma vez que os problemas são identificados, pode ser útil mostrar métodos e técnicas organizacionais que os ajudem a arrumar os dados de tal forma que possa ser mais fácil identificar padrões e criar explicações.

A fase "explicar" oferece uma oportunidade para ver se os estudantes são capazes de detectar padrões, construir explicações e identificar fatores causais. Isso nem sempre é fácil de fazer, e muitas vezes é necessário planejar investigações adicionais ou fazer pesquisas para identificar o que está acontecendo em cada situação.

Dicas

Para alguns professores de ciências, a rotina *Prever-coletar-explicar* pode parecer igual à rotina *Prever-observar-explicar* (White; Gunstone, 1992), e, de fato, dois dos passos são os mesmos. No entanto, o foco em decidir quais dados reunir, como coletá-los e como registrá-los marca uma distinção entre elas. Essa distinção torna *Prever-coletar-explicar* apropriada para investigações e consultas maiores, bem como experimentos científicos menores. Portanto, com ela, espere que a fase de coleta seja a mais longa, pois requer tempo para realizar a investigação e registrar os dados. Além disso, explicar fenômenos muitas vezes exige algo além de observar. Quase sempre precisamos organizar os dados de várias maneiras para que padrões e relações apareçam. Esse é outro motivo para focar na coleta e na organização dos dados. Consequentemente, essa fase pode exigir que os estudantes reanalisem seus dados e experimentem vários métodos de representação.

EXEMPLO DA PRÁTICA

Na Holy Trinity Primary, em Eltham, Victoria, o professor do 2º ano Michael Upton escreve uma nova pergunta de investigação no quadro: "Que soma apareceria com mais frequência se rolássemos três dados 100 vezes?". Michael pede a um estudante que leia a pergunta em voz alta e, em seguida, questiona: "O que isso significa? Vamos analisar cada parte para podermos entender o que está sendo perguntado". A classe passa a discutir o significado da palavra "soma", "com mais frequência" e "100 vezes". Para garantir que entendam, Michael segura três dados e pergunta: "Então, eu tenho meus três dados. O que eu faço agora?".

"Jogue eles", grita a turma.

Michael rola os dados no chão e pergunta à turma: "E o que eu faço agora?".

"Some os números", grita Simon e, em seguida, informa ansiosamente: "A soma é 10".

Michael garante que o resto da turma concorde que essa é a soma para os lados 2, 3 e 5, que ficaram para cima. Ele esclarece: "Então, o que queremos descobrir é se eu rolar três dados, 100 vezes, qual número vai aparecer com mais frequência". E acrescenta: "Há três coisas que vamos fazer hoje. Vamos *prever*". Ele faz uma pausa e pergunta: "O que significa prever?". Há muitos gritos de "adivinhar" da turma.

"Existe alguma diferença entre uma previsão e uma adivinhação?", Michael pergunta, olhando para as crianças.

Jemma levanta a mão: "Você está pensando no que é mais provável".

"Ah, então você tem um pouco de conhecimento para se basear", esclarece Michael. Ele continua explicando a rotina: "Então, primeiro vamos fazer uma *previsão* sobre o que achamos que vai acontecer. Depois, vamos *coletar* algumas informações. Na verdade, vamos fazer isso. Vamos rolar nossos dados 100 vezes. Então vamos explicar o que aconteceu e por que foi daquele jeito".

À medida que a turma discute mais a investigação, fica claro que alguns estudantes pensam que o objetivo é atingir uma soma total de 100 em vez de rolar o dado 100 vezes. Isso é esclarecido. Michael então demonstra rolar três dados repetidamente e pergunta aos estudantes o que precisa ser feito após cada rolagem. A turma deixa claro que a soma precisa ser anotada. Por enquanto, Michael não discute sobre a questão de ter tempo suficiente para rolar 100 vezes, reconhecendo que ela logo surgirá e haverá necessidade de combinar informações. Esse momento proporcionará uma oportunidade para discutir melhor a forma de organizar as informações.

"Então, precisamos pensar em qual número, qual soma, vai aparecer com mais frequência", continua Michael. "Essa é a nossa previsão. Leve 10 segundos para pensar. Qual soma vocês acham que vai aparecer mais? Como vocês vão resolver isso? Vire-se para alguém ao seu lado e compartilhe o que você previu e por que previu." Enquanto os estudantes discutem aos pares, Michael se move pela sala, ouvindo as conversas. Ele está interessado em ver se as crianças são capazes de identificar um intervalo razoável para uma estimativa. Elas reconhecem que 18 é a maior soma possível? São capazes de começar a pensar em possíveis combinações de somas? Em seguida, Michael orienta os estudantes: "Quero que escrevam sua previsão em seu livro de matemática e depois voltem para seus lugares".

Uma vez que todos estão sentados, Michael começa a coletar previsões: "Que previsão você fez, Lindsay?". "13", ela responde. Michael registra a previsão de Lindsay no quadro e chama os demais. As previsões variam de 1 a 19, indicando que nem todos conseguiram identificar a faixa máxima e mínima, mas a maioria conseguiu. De fato, a maioria das respostas variou entre 9 e 13, indicando que muitos estavam começando a pensar sobre as possíveis maneiras de combinar três dados.

Para garantir que os estudantes vejam essa atividade como uma investigação e não como um jogo, Michael focaliza a aprendizagem. "Se rolarmos esses dados 100 vezes e sua previsão sair correta, isso ensina alguma coisa?", questiona. As crianças balançam a cabeça. Michael elabora: "Então, não importa se sua previsão está longe ou no ponto, não é isso que iremos aprender hoje. Nosso objetivo será aprender a reunir nossas informações e explicar nossos resultados. Vamos pensar nisso agora. Como vamos coletar nossas informações, por que não temos tempo para tudo isso? Riley, como vamos fazer isso?".

"Cada um de nós poderia rolar um, para depois você anotar no quadro", diz Riley.

"Ok", Michael responde. "Certamente poderíamos fazer isso. De que outra forma poderíamos fazê-lo?"

"Bem, se você fizesse isso umas 10, 20 ou até 50 vezes, você poderia ter uma ideia da resposta que vai ter", sugere Sandra.

Michael reconhece a lógica clara por trás da sugestão de Sandra, mas também sabe que, como um exercício de probabilidade, um número limitado de tentativas provavelmente produzirá resultados distorcidos. Para resolver isso, ele retorna à pergunta da investigação. "Se fizermos dessa forma, respondemos à pergunta? Descobriríamos o que vai acontecer em 100 rodadas?"

"Não", admite Sandra, "mas você poderia mudar a pergunta". Michael ri do raciocínio rápido: "Entendo. Você vai mudar a nossa pergunta. Eu gosto da ideia, porque 10 ou 20 rodadas pode ser algo mais razoável. Então, como podemos fazer isso e ainda chegar a 100?".

Depois de vários minutos explorando possibilidades, a turma determina que, dividindo a investigação em pedaços menores, com cada dupla fazendo 10 lançamentos de dados, eles serão capazes de chegar a 100. Michael rapidamente forma pares puxando os nomes aleatoriamente de um pote. Ele deixou a organização das informações para os estudantes, reconhecendo que essa é uma questão importante para eles trabalharem. Ele faz um lembrete: "Converse com seu colega sobre como você vai registrar e acompanhar seus lançamentos para que ambos possam entender seus resultados".

Depois de 10 minutos, Michael interrompe a atividade. "Passei pela sala e vi muitas maneiras legais e diferentes de registrar as informações. Estamos coletando dados. O que percebo é que algumas das maneiras são tão diferentes que estou me perguntando se vocês serão capazes de compartilhar suas informações com outra pessoa e fazê-la entender. O que eu quero que vocês façam agora é se juntar a outra dupla e explicar suas informações para ela, para ver se podem combiná-las." Ao pedir aos estudantes não apenas que expliquem seu registro das informações, mas também verifiquem como os diferentes métodos podem ser combinados, ele espera que ultrapassem o simples compartilhar, para realmente pensar sobre a organização de informações.

Após 5 minutos, Michael volta a intervir: "Tivemos uma pequena discussão, mas agora queremos voltar para ver se temos 100 lançamentos. Vocês acham que sim?". A turma responde que acha que foram 100 lançamentos na turma inteira. Michael lhes dá outra tarefa. "Vocês podem trabalhar com suas informações para saber quantos de cada soma vocês tiveram, para podermos combinar isso como uma turma inteira?" Mais uma vez, Michael permite que os estudantes lidem com a bagunça das informações em vez de dizer-lhes como organizá-las.

Chamando as crianças de volta ao tapete, Michael coloca uma folha de papel no quadro. "Preciso anotar seus números, mas como vou fazer isso? Qual o melhor caminho? Como posso fazer isso quando preciso obter as informações de todos?"

"Algumas pessoas provavelmente vão ter os mesmos números que outras pessoas, então você pode anotá-los e juntar os que têm os mesmos números", sugere Simon.

Jesse acrescenta: "Você poderia colocar marcas de contagem para cada um. Você poderia anotar 9 e depois colocar marcas de contagem ao lado".

"Isso nos permitirá ver qual soma apareceu mais?", Michael pergunta à classe. Coletivamente, as cabeças indicam que "sim".

Como uma das previsões anteriores tinha sido 1, Michael pergunta à turma quantos tiveram 1 no total. Quando ele pergunta sobre 2, Maria levanta a mão: "Você não pode ter 2, porque se você tem três dados, não tem como obter 1 ou 2. O menor número seria 3".

"Ok", Michael reconhece e depois passa para a discussão do máximo. "Qual é o maior valor que eu poderia receber?" Muitos estudantes, embora certamente não todos, respondem com 18. Michael então registra os números de 3 a 18 e começa a chamar os grupos, para que digam quantas vezes eles chegaram a cada soma. Para alguns, essas são informações rápidas e diretas, mas outros rapidamente percebem que não podem responder prontamente quantos de cada soma receberam, e, portanto, precisam reorganizar suas informações.

Depois que todas as informações da turma são registradas, Michael pergunta: "Deem uma olhada nessas informações e pensem em como vocês podem explicar o que está acontecendo. O que isso nos diz?".

Oscar oferece a primeira resposta: "Podemos responder à nossa pergunta sobre qual número vai aparecer mais. É o 12".

"Obrigado por essa observação, Oscar", responde Michael. "Todo mundo concorda?"

As cabeças acenam e Rebecca acrescenta: "E 10 é o próximo".

"Ok", reconhece Michael. "Por que 12 foi o número mais popular? Por que 10 foi o segundo maior? Por que 3 e 4 foram os menos populares? Pensem. Por que isso aconteceu? Aquela grande pergunta do 'por quê?' Por que nossos resultados são esses? Pensem e conversem com a pessoa sentada ao seu lado." Michael se move pela sala e se inclina para ouvir as conversas dos pares.

Depois de 2 minutos, o educador reúne a turma novamente. "Então, nossa grande pergunta 'por quê'. Por que nossos dados foram esses? Aquela grande pergunta 'por quê', Kera?"

"Porque é improvável que consiga um 1, 1, 1. É mais provável que você obtenha outros números. Mas o mais provável é 12. Bem, 12 é 6 + 6, e então você pode obter um 6 e depois você só precisa que os outros dois números somem 6 para fazer 12", explica Kera.

"Eu amo essa palavra 'improvável'", diz Michael para ajudar a chamar atenção para essa importante ideia conceitual de probabilidade. "E você falou sobre muitas maneiras ou combinações diferentes para formar 12. Scotty?"

Fazendo referência à forma das informações, Scotty compartilha sua observação: "Bem, como 10 e 12 estão mais no meio dos números, e esses números do meio acontecem mais". Colin acrescenta à conversa: "Falamos que havia muitas maneiras de somar 12, mas com 18 e 4 não há muitas maneiras".

Percebendo que o sinal de finalização da aula está prestes a tocar, Michael resume a conversa e sugere os próximos passos. "Então, muitas pessoas estão falando sobre combinações e as maneiras como formamos números e dizendo que isso pode ter algo a ver com o motivo pelo qual obtivemos essas informações. Isso é algo que podemos investigar melhor em nossa próxima aula de matemática."

ESP+I

> *Após concluir uma tarefa, projeto, experimento, consulta ou investigação estendida, use essa estrutura para refletir sobre a experiência:*
>
> **Experiência** Quais foram algumas das principais ações ou atividades que aprimoraram seu pensamento e aprendizagem?
>
> **Dificuldades** Quais foram algumas das coisas com as quais você teve dificuldade ou às quais achou desafiador ter de superar?
>
> **Dúvidas** Quais novas perguntas lhe surgiram ao longo do caminho pelo seu tópico ou área de foco?
>
> **+ Ideias** Nesse ponto, que ideias adicionais ou novas você tem sobre o tópico ou processo?

Quando pesquisamos maneiras de ajudar os estudantes a se desenvolverem como pensadores, como parte do Projeto Pensamento Visível na Suécia, os consultamos sobre os tipos de pensamento que eles deveriam ter nas escolas e os tipos de pensamento que eles sentiram que seriam mais úteis em sua vida. Uma das descobertas foi que o tipo de pensamento que eles mais tinham nas escolas era a "reflexão". Entretanto, eles também nos disseram que esse foi o tipo que acharam menos útil. Por que essa discrepância? Não foi difícil descobrir. Parecia que, em muitos casos, o que se passava como reflexão era apenas relatar o que se fazia. Os estudantes não achavam isso muito útil, pois parecia redundante. Nossa pergunta passou a ser: como podemos tornar a reflexão mais benéfica e útil? A rotina ESP+I surgiu do desmembramento dos componentes importantes da reflexão significativa.

Propósito

Quando os estudantes concluem um projeto, investigação, exposição ou algum tipo de atividade prolongada, é natural que expressem sentimentos sobre a atividade. Talvez eles se sintam bastante realizados e positivos com a experiência. Ou podem sentir alívio por ela ter acabado e poderem passar para outras coisas. Embora essa expressão de afinidade ou aversão seja típica, ela não é necessariamente útil. Refletir sobre suas ações para aprender com elas e planejar ações futuras envolve muito mais do que expressar emoções. Essa rotina pede que os estudantes reflitam sobre sua aprendizagem, observando de perto as principais áreas que levaram seu entendimento adiante e identificando perguntas e dúvidas que permanecem. Quando são capazes de descrever suas ações – tanto produtivas quanto desafiadoras –, eles são muito mais propensos a desenvolver um senso de autoconsciência e independência em relação às escolhas futuras que poderiam se tornar oportunidades de aprendizagem estendidas, que exigem autodireção.

Ter um espaço para expressar suas dúvidas e ideias cria uma oportunidade de falar e controlar sua aprendizagem, o que muitas vezes é perdido nas salas de aula onde os estudantes se acostumam com os educadores dando instruções no início e dizendo se aprenderam ou não no final. Apresentar dúvidas persistentes e novas ideias os ajuda a se tornarem conscientes de si mesmos como aprendizes, construindo confiança em sua própria autossuficiência e capacidades.

Seleção do conteúdo apropriado

Para que a reflexão seja uma parte valorizada da aprendizagem, os estudantes precisam de algo significativo e sobre o qual valha a pena refletir. Viagens, eventos ou projetos são possibilidades para isso. Quase sempre, o conteúdo apropriado é qualquer tipo de processo prolongado de consulta ou investigação. Também pode ser algo em menor escala, como uma tarefa de codificação ou resolução de problemas, com menos envolvimento. Seja a tarefa grande ou pequena, o conteúdo apropriado para essa rotina em geral tem várias etapas, exige que os estudantes façam escolhas e assumam riscos medidos, e envolve ajustes ao longo do tempo. Essas qualidades criam boas oportunidades para reflexões, afetando a aprendizagem. Muitas vezes, os educadores elaboram projetos com diretivas, cronogramas e exigências tão rígidas que o que se materializa são pouquíssimas oportunidades para os estudantes tomarem qualquer tipo de decisão para suas ações, para depois refletir sobre elas. Se não há oportunidade para tomarem diversas ações para alcançar seu objetivo, ou se não há necessidade de que eles repensem ou redirecionem a si mesmos, então é difícil que reflitam substancialmente de outra forma que não seja relatando o que fizeram e os sentimentos que surgiram a partir disso.

Etapas

1. *A preparação.* Em geral, o indivíduo, dupla ou equipe envolvida no processo faz essa rotina. Se o projeto foi realizado por um indivíduo, então ele empreende o processo ESP+I. No entanto, se uma dupla ou equipe fez o projeto de forma colaborativa, eles fazem a reflexão ESP+I juntos. Sugerimos que as reflexões suscitadas pela rotina sejam escritas; assim, os estudantes precisarão de papel, computador ou caderno. Alguns educadores criam um modelo ou pedem que os estudantes dividam um artigo em quatro partes e rotulem as seções: experiência, dificuldades, dúvidas e ideias. O tempo necessário para refletir será indicado pela complexidade do projeto ou da tarefa.
2. *Experiência.* Peça aos estudantes que reflitam sobre suas experiências ao longo do projeto e identifiquem as principais ações que impulsionaram o trabalho. Observe que isso difere de apenas listar "o que fizemos". Aqui, pede-se que eles identifiquem as principais ações, etapas e escolhas que pareceram importantes para o avanço de sua aprendizagem. Peça que expliquem melhor o que tornou essas ações particularmente significativas.
3. *Dificuldades.* Solicite aos estudantes que identifiquem os desafios que enfrentaram ao longo do caminho. Podem ser pontos em que eles experimentaram dificuldades, confusão ou erros. Também podem ser desafios mais práticos, como localizar recursos ou materiais. Novamente, em vez de apenas listar as dificuldades, incentive-os a refletir sobre como elas foram superadas ou tratadas.
4. *Dúvidas.* Peça aos estudantes que levantem e compartilhem quaisquer dúvidas, questionamentos ou perguntas persistentes que surgiram – perguntas que eles ainda têm depois que a investigação ou a tarefa terminam.
5. *Ideias.* Solicite aos estudantes que relatem suas principais ideias ou conclusões da tarefa ou projeto. Eles pensam sobre o que foi aprendido a respeito do processo de pesquisa e consulta, sobre o tema em si, ou sobre si mesmos como aprendizes.
6. *Compartilhar o pensamento.* Quando as reflexões são significativas e novas ideias foram obtidas, as pessoas geralmente estão ansiosas para compartilhar. Isso pode ser feito com um colega ou em

pequenos grupos. A rotina *Microlab** pode ser uma estrutura útil (Ritchhart; Church; Morrison, 2011).

Usos e variações

Alison Short, da Wilderness School, em Adelaide, Austrália, descobriu que a ESP+I era uma maneira útil de fazer os estudantes de 5º ano refletirem sobre um projeto STEM (da sigla em inglês para *science, technology, engineering, mathematics* [ciências, tecnologia, engenharia, matemática]), no qual criavam máquinas simples para uma exposição pública. As reflexões individuais dos estudantes usando ESP+I foram exibidas ao lado de suas máquinas construídas. Alguns compartilharam como a experiência de trabalhar com outras pessoas e ter que pensar rapidamente com elas foi útil para seus projetos, embora desafiadora. Quando ideias diferentes eram compartilhadas, eles tinham que trabalhar juntos para encontrar um caminho a seguir. Outros compartilharam que ainda estavam intrigados sobre por que alguns de seus projetos iniciais falharam. Ao mesmo tempo, apresentaram teorias sobre o motivo disso ter acontecido. Muitas das ideias que os estudantes tiveram foram que, às vezes, eles tinham que ir devagar para seguir rápido. Pensar com profundidade e considerar diversos pontos de vista tomou tempo, mas quando eles levaram as ideias um do outro a sério, os resultados foram muito melhores. Alison também pediu a eles que gravassem em vídeo suas ideias para uma página *on-line* da turma como forma de documentar a aprendizagem. Ela teve uma surpresa agradável ao ver seus estudantes escolherem essa rotina de forma independente ao refletir por conta própria em outras ocasiões.

Na "Hora do Código"** de Nick Boylan na St. Francis Xavier Primary, em Montmorency, Victoria, Austrália, ele regularmente dá aos estudan-

---

* N. de R. T.: Essa rotina envolve os estudantes em discussões estruturadas em pequenos grupos sobre um tópico específico. Cada pessoa tem um tempo limitado para compartilhar suas ideias enquanto as outras escutam atentamente sem interrupções. Esse formato promove a escuta ativa, a reflexão e a construção colaborativa de conhecimento.

** N. de R.T.: A Hora do Código é uma iniciativa global que oferece atividades de programação introdutória projetadas para serem concluídas em uma hora. Destinada a desmistificar a programação e mostrar que qualquer pessoa pode aprender os fundamentos, a iniciativa visa incentivar estudantes de todas as idades a explorar o mundo da ciência da computação. Uma das plataformas frequentemente utilizadas é o Scratch, que tem um gato como personagem e que, para que ele se mova, é realizada a programação em blocos.

tes um desafio de codificação para trabalhar com um colega. Nick usa a rotina ESP+I para fazê-los refletirem rapidamente sobre sua aprendizagem ao final da aula. Os estudantes discutem com um colega e registram suas respostas em um documento *on-line*. Antes que a aula termine, Nick convida as duplas a compartilhar qualquer aspecto de suas reflexões ESP+I com toda a turma. Enquanto falam, muitas cabeças acenam em concordância, pois tiveram reflexões semelhantes. A maioria das respostas é curta e direta: "A dificuldade que resolvemos foi que nosso gato saiu da página e depois não voltou". Ao mesmo tempo, suas respostas geralmente mostram ideias importantes sobre codificação: "Nem todos os blocos se conectam da mesma forma. Além disso, podemos fazer muito mais com a codificação do que pensávamos antes". Ou: "Essa codificação nem sempre dá certo, mas tudo bem, basta tentar novamente". Frequentemente, as dúvidas que os estudantes compartilham iluminam seu interesse em codificação e um desejo de aprender mais, como quando Olivia compartilhou que ela e seu colega ainda estavam intrigados em "fazer o morcego ficar em uma posição enquanto perseguia o gato. Podemos resolver esse problema usando tentativa e erro, e olhando para todas as possibilidades".

Avaliação

O pensamento exigido nessa rotina proporciona muitas oportunidades para que os estudantes se tornem autoconscientes, confiantes e independentes. Na reflexão sobre suas experiências, procure a capacidade de identificar momentos-chave de aprendizagem ou ações, em vez de apenas o relato do que fizeram. Se você notar estudantes abordando a tarefa de maneira superficial, com afirmações generalizadas como "Eu realmente aprendi muito" ou "Fiquei preso porque não sabia de algo, mas então um *site* me ajudou", pode ser que eles não vejam o valor da reflexão. Uma forma de ajudar é reafirmar o objetivo de que se tornem mais independentes como estudantes e comuniquem como essas reflexões ajudam você, como educador. Se notar que os estudantes respondem com algo muito genérico, force-os a detalhar. Você também pode compartilhar algumas das coisas que notou em termos de suas experiências, dificuldades ou ideias como resultado de sua observação atenta.

Ao identificar dificuldades, preste atenção em como os estudantes expressam esses momentos, tanto por escrito quanto na conversa com seu colega ou equipe. Isso é feito com frustração? Se assim for, isso pode ser um sinal de impaciência ou de preocupação em estar errado. Os estudantes reconhecem as dificuldades como momentos produtivos, seguidos de uma sensação de realização e alegria em sua aprendizagem, uma vez superadas? Se são incapazes de reconhecer uma dificuldade, então talvez a tarefa não tenha sido tão desafiadora. Pergunte: "O que teria tornado isso mais desafiador para você, de modo que tivesse mais probabilidade de experimentar algumas dificuldades produtivas? O que poderíamos fazer da próxima vez para garantir que isso aconteça?".

Ao pensar sobre a aprendizagem futura dos estudantes, seja em sala de aula ou individualmente, preste atenção às dúvidas deles. É aqui que você descobrirá o que lhes interessa, quais podem ser os próximos passos ou como pode desafiá-los. Se os estudantes não tiverem dúvidas, perguntas ou questionamentos, pode ser que eles tenham concluído o projeto como um trabalho para o professor e estivessem mais preocupados em terminá-lo do que em realmente aprender.

As conclusões dos estudantes demonstram onde eles encontraram aprendizado. No entanto, isso pode não estar diretamente relacionado aos objetivos da tarefa. Os estudantes tiram conclusões pessoais de si mesmos como aprendizes? Observe se as conclusões vão além da tarefa e tocam em ideias centrais da disciplina. Essas ideias coletivas podem ser uma poderosa forma de documentação em sala de aula, para celebrar e usar como trampolim para outras ações. Lembre-se que fazê-los adquirir o hábito de serem autorreflexivos, para que se tornem mais independentes e autodirigidos como aprendizes, é o principal impulsionador dessa rotina. Isso não acontecerá com apenas uma experiência, mas busque o aumento do autoconhecimento dos estudantes ao longo do tempo.

Dicas

A distinção entre dificuldades e dúvidas muitas vezes aparece, pois as palavras são semelhantes. Pense na dificuldade como algo no qual se trabalha, que se resolve e, finalmente, sobre a qual se triunfa. Se você conversou com os estudantes sobre "dificuldade produtiva", então esse enquadramento da palavra pode já estar em vigor. Muitas vezes, ideias e talentos surgem da persistência através de dificuldades. Se a caminhada for tranquila, não há muito o que aprender. Em contrapartida, mesmo quando aprendemos bastante e obtemos algumas ideias reais, muitas vezes ainda temos dúvidas, questionamentos e perguntas, os quais representam uma direção para a aprendizagem futura. Assim, podemos identificar uma dificuldade pelo fato de ter sido resolvida e reconhecer uma dúvida pelo fato de que ela ainda persiste.

Conforme demonstrado na seção Usos e variações, essa rotina pode ser usada em contextos curtos de resolução de problemas, como o desafio da codificação de Nick, ou com grandes empreendimentos, como o projeto STEM de Alison. É importante experimentá-la em contextos variados, para que os estudantes tenham o hábito de refletir via ESP+I, e não simplesmente como mais uma grande tarefa no final de um projeto. Entretanto, nem sempre a reflexão precisa vir no final das coisas. Considere usar a rotina em algum lugar no meio de uma trajetória de aprendizagem, a fim de fazer um balanço e incentivar os estudantes a encontrarem suas próximas melhores ações. Essa variação é muito bem ilustrada no exemplo a seguir.

EXEMPLO DA PRÁTICA

A cada dezembro, a equipe do 3º ano da Summit School, em Winston-Salem, Carolina do Norte, envolve os estudantes em um projeto de *design* aberto de várias etapas, que serve como uma atuação de compreensão para o aprendizado matemático. Em especial, o projeto de Expansão da Oficina do Papai Noel, desenvolvido há alguns anos pelas professoras Jessica (Jess) Alfaro e Amanda Deal, é usado para avaliar e aprofundar a compreensão das crianças sobre conceitos matemáticos, incluindo área e perímetro, numeração, medição e o uso de ferramentas matemáticas, como réguas, calculadoras e papel gráfico. O projeto desafia os estudantes a pensar criativamente, abordar uma situação problemática, possível de ser encontrada no mundo real, e justificar e defender suas decisões e escolhas.

Jess descobriu em anos anteriores que os estudantes muitas vezes perdiam impulso nos projetos que se estendiam por vários dias. Às vezes, parecia que sua turma estava começando de novo a cada dia. As crianças perdiam o rumo. Ela via-se constantemente lembrando o que tinham feito, o que tinham aprendido e o que precisavam fazer em seguida. Isso era direcionado demais pelo professor para o gosto de Jess. "Acredito que os estudantes precisam se sentir donos de sua aprendizagem para que possam planejar as próximas ações. Eu sabia que a ESP+I poderia ser útil no final do projeto para refletir, mas pensei que talvez pudesse ser um ótimo ponto de verificação no meio do caminho. A rotina poderia ajudar os estudantes a obter clareza e autodireção, e também fornecer-lhes ideias adicionais. Essa rotina pode basicamente se tornar um reenergizador para eles", lembrou Jess. Ela estava animada para tentar colocar oportunidades de reflexão via ESP+I enquanto os estudantes estavam no meio do projeto, em vez de no final, o que geralmente acontecia.

Escrita como um artigo de notícias, a tarefa de Expansão da Oficina do Papai Noel desafiou os estudantes do 3º ano a criar projetos usando várias abordagens e com base em diversas habilidades. Assim que entenderam o desafio, Jess permitiu que trabalhassem nos dois dias seguintes, deixando o projeto bem encaminhado.

No terceiro dia desse projeto de uma semana, Jess apresenta a ESP+I para iniciar sua aula de matemática. Ela explica que ficou satisfeita com as grandes ideias, soluções criativas e esforços diligentes dos estudantes para abordar todas as facetas do desafio de *design* até agora. Em seguida, Jess reflete em voz alta: "Mas vocês sabem, uma das maiores oportunidades de aprendizagem e pensamento acontece quando 'fazemos um balanço' de algo como esse projeto, verificamos com nós mesmos, organizamos nossas ideias e administramos as partes que ainda parecem obscuras ou frustrantes". Jess continua: "Então, hoje eu quero apresentar a vocês um processo para começarmos a fazer exatamente isso! Chama-se ESP+I".

Jess distribui uma folha para os estudantes registrarem suas respostas. Ela passa alguns momentos falando com eles sobre como cada um desses quatro componentes os ajudará a fazer um balanço de suas ações e reenergizar seus esforços para fazer alguns projetos excelentes.

A professora explica as seções "ESP", mas não o "I" ainda, e permite que os estudantes tenham algum tempo tranquilo e sem pressa para registrar seus pensamentos de forma independente em suas folhas. Depois de alguns momentos, Jess pede aos vários grupos que tirem 2 minutos para discutir o que surgiu para cada um deles em cada seção. Após, ela solicita a cada grupo para compartilhar alguns destaques de suas conversas e se prepara para documentar o que surge para o benefício de toda a turma.

"Cada um de nós tem que compartilhar uma ideia?", pergunta um estudante.

Jess responde que é melhor que o grupo decida sobre uma grande ideia que surgiu durante a discussão enquanto eles ouviam uns aos outros. Enquanto os estudantes compartilham, Jess anota alguns dos grandes temas que ouve em uma folha de registro colada no quadro. Ela decidiu que investiria tempo para criar essa folha de registro de aula, em parte porque isso lhe dava um momento pessoal para simplesmente ouvir e escutar o que cada grupo tinha a dizer sobre suas experiências, dificuldades e dúvidas até o momento.

A professora também acredita que documentar o pensamento dos estudantes comunitariamente os conduz no sentido de que fazer um balanço das ações os ajuda a achar ideias importantes que apoiam o direcionamento para a tomada das próximas ações. Mesmo nesse primeiro uso de ESP+I, documentar as respostas dos estudantes transmite uma mensagem poderosa de que suas reflexões mantêm as ideias vivas e influenciam os próximos passos.

Enquanto Jess ouve e documenta, ela observa a linguagem de pensamento que os estudantes estão usando. A educadora acha fascinante e bastante emocionante quando os ouve dizer como a experiência de um amigo conectou-se a uma dúvida que eles tinham, ou que a dificuldade de outra pessoa os está ajudando a esclarecer uma dúvida da qual eles querem tratar quando voltarem a planejar seus projetos de expansão da oficina.

Jess também percebe a rapidez com que os estudantes conseguem articular suas experiências, dificuldades e dúvidas. Ela acha interessante que, mesmo sendo a primeira experiência com a ESP+I, eles parecem estar falando sobre suas dificuldades como se elas fossem normais, que não devem ser temidas. Jess interrompe o grupo de vez em quando para perguntar que tipos de coisas eles fizeram ou poderiam fazer para ajudar a superar as dificuldades daqui para a frente.

Na etapa final dessa rotina, ela solicita que os estudantes voltem para suas folhas individuais e preencham mais algumas ideias sob a parte "I", de ideias. Ela diz: "Com base em suas discussões em grupo e em nossa discussão em sala de aula, que outras ideias surgiram e poderão ajudá-los com seus próximos passos do nosso desafio de projeto? Como vocês podem usar tudo o que acabamos de discutir e documentar para ajudá-los a avançar e chegar a uma proposta bastante sólida para o Papai Noel e seu novo espaço expandido de oficina?". Depois de anotar individualmente algumas ideias e, em seguida, passar um pouco mais de tempo compartilhando essas ideias com seu grupo, os estudantes voltaram aos projetos nos quais estavam trabalhando nos últimos dias.

Relembrando a experiência, Jess refletiu: "Embora não tivéssemos nos envolvido com essa rotina específica antes, muitos dos movimentos de pensamento e perguntas na ESP+I são muito semelhantes às rotinas de pensamento que usamos no dia a dia, como parte de nossas interações normais em sala de aula". Ela ficou impressionada com a naturalidade com que a maioria dos estudantes deixou se levar nesse tipo de reflexão e pensamento, o que a lembrou de que eles se acostumaram a pensar sobre seu pensamento e usar esse tipo de estrutura para sustentar seu entendimento. As rotinas dão aos estudantes uma maneira de navegar e processar, além de equipá-los com mais conhecimento.

Jess elaborou: "Se eu quero que os estudantes sejam capazes de refletir sobre seu processo de aprendizagem, organizem-se, tenham diversos pontos de vista e criem próximas ações que façam sentido para eles, então tenho que criar oportunidades, estabelecer rotinas e alocar tempo para que eles fiquem bons nisso. A ESP+I é uma rotina que nos dá maneiras autênticas de fazer um balanço de uma experiência perfeitamente".

Alguns meses depois, no final do ano letivo, Jess contou como a ESP+I se transformou em um acessório em sua sala de aula. "Essa rotina tornou-se uma ótima forma de refletir e proporcionar aos estudantes um tempo para reunir seus pensamentos em vários momentos durante o trabalho com o projeto. Já a usamos várias vezes. Isso os faz perceber o que aconteceu com eles até agora, dando nome aos seus movimentos de pensamento, esclarecendo o que ainda os intriga e criando planos para seguir em frente. Tornou-se muito fácil para nós termos essa conversa, e vi as crianças tornarem-se mais capacitadas para usar suas reflexões ESP+I a fim de traçar os próximos passos."

TENHA CERTEZA

> *Revise exemplos de trabalho, um documento de referência, trabalhos anteriores dos estudantes, um projeto modelo ou uma rubrica.*
>
> ➢ Quais são os recursos que você precisa incorporar em seu próprio trabalho, projeto, escrita ou abordagem?
> ➢ Que características, aspectos problemáticos, erros ou enganos você quer evitar ou não fazer em seu próprio trabalho, projeto, escrita ou abordagem?

Esse é um exemplo perfeito de uma rotina projetada por uma educadora que identificou um determinado padrão de comportamento que queria desenvolver nos estudantes. Há alguns anos, Julie Manley, professora de literatura do ensino médio do Distrito Escolar de Bellevue, no estado de Washington, trabalhou com seus colegas para desenvolver aulas para instrução rigorosa de literatura para o SpringBoard, um programa instrucional do College Board, com materiais para estudantes, recursos para educadores e avaliações formativas e somativas para ajudar docentes e discentes a lidar com os padrões curriculares do estado. Julie sentia-se confiante em sua própria familiaridade com os padrões para abordá-los em suas aulas, mas também temia que os estudantes pudessem se perder em todos os referenciais e serem incapazes de articular por si mesmos as ações que precisavam tomar para levar sua aprendizagem adiante. A rotina *Tenha certeza* surgiu dessa preocupação.

Propósito

Com frequência, os educadores ensinam aos estudantes habilidades essenciais para a produção de trabalhos finais com alta qualidade. No entanto, se essas habilidades existem isoladamente e os estudantes têm pouca compreensão de como, quando, onde e por que usá-las quando isso importa, então eles podem ficar perdidos, sobrecarregados ou incapazes de prosseguir sem a orientação do professor. Essa rotina tem como objetivo promover a autorreflexão e o autodirecionamento nos estudantes, para que eles desenvolvam para si mesmos uma noção de como, quando, onde e por que aplicar suas habilidades adquiridas.

Tenha certeza também os ajuda a vislumbrar metas e resultados abrangentes, refletir sobre suas experiências e esforços e planejar seus próximos movimentos para alcançar resultados. Fazer com que sigam uma lista de critérios de sucesso na conclusão de determinada tarefa é uma coisa, mas convidá-los para que compreendam o objetivo maior dela e, em seguida, articulem e internalizem esse objetivo como um conjunto de instruções que faça sentido para eles é algo completamente diferente. Essa rotina exige que os estudantes analisem amostras de trabalho e detectem padrões e marcadores de qualidade de um produto acabado. A conscientização dessas características torna-se, então, a base para definirem uma direção específica, agirem perguntando-se o que querem fazer para alcançar seu objetivo e, por fim, transferirem suas habilidades e conhecimentos de forma independente para novas situações, sob sua própria direção e vontade.

Seleção do conteúdo apropriado

Tenha certeza é uma rotina especialmente benéfica para ser usada quando os estudantes adquiriram uma série de novas habilidades e estão trabalhando para uma demonstração em que eles as evidenciam e fazem escolhas sobre sua aplicação. Por exemplo: escrever uma redação argumentativa, fazer um discurso persuasivo, conduzir uma investigação matemática complexa, elaborar e executar um projeto, preparar-se para uma exposição de artes, e assim por diante. Quase sempre, essas são tarefas culminantes, somativas ou exposições.

A rotina é elaborada para que os estudantes *se* identifiquem e desenvolvam sua *própria* compreensão dos fundamentos de um trabalho de qualidade. Para ajudá-los a fazer isso, eles precisam examinar e analisar exemplos de trabalho de alta qualidade, bem como exemplos de menor qualidade. Portanto, você precisará de amostras de trabalho de qualidade variável. É melhor que estes sejam autênticos, e não produzidos por um educador. Você pode usar trabalhos anteriores dos estudantes ou trabalhos que você tenha de outras turmas ou que podem ser encontrados *on-line*.

Etapas

1. *A preparação.* A preparação serve para lembrar aos estudantes o que eles estão trabalhando no horizonte distante e trazer à tona todas

as possibilidades para chegar lá. Em geral, isso é feito com toda a turma. Há várias maneiras de fazer isso:

- Gere ou revise as habilidades necessárias para alcançar um determinado objetivo. Por exemplo, elementos críticos que produzem um bom argumento, maneiras como os matemáticos raciocinam com evidências ou parâmetros-chave de projeto a serem considerados ao entregar um produto.
- Examine exemplos de trabalho de alta qualidade relacionados ao objetivo ou resultado e identifique suas qualidades e características.
- Revise critérios ou rubricas de avaliação (veja alguns dos limites desta última abordagem na seção Dicas).

Independentemente de como essa etapa é feita, é útil produzir uma parte da documentação da turma inteira com as habilidades, elementos, pensamento, qualidades e ações que foram identificadas.

2. *Articular declarações pessoais.* Peça aos estudantes que considerem a documentação e se perguntem: "O que devo fazer para alcançar esse objetivo ou resultado?". Dê tempo para criarem e registrarem suas declarações pessoais, as quais devem especificar uma ação clara.

3. *Articular declarações para evitar com certeza.* Os estudantes identificam características problemáticas específicas, prováveis erros ou enganos a serem evitados à medida que avançam. Eles se perguntam: "O que eu quero 'evitar com certeza' ou não fazer enquanto tento alcançar esse objetivo ou resultado?". Dê tempo para articularem e documentarem essas declarações que especificam ações claras.

4. *Compartilhar o pensamento.* Embora esse seja um processo pessoal destinado a definir uma direção pessoal, os estudantes se beneficiam ao ouvir as metas e ações que os outros estabeleceram para si mesmos. Isso poderia ser feito por meio de uma rápida volta pela sala de aula, onde cada um participa brevemente, como em *Think-Pair-Share,** ou uma discussão em grupos. O compartilhamento oferece

---

* N. de R. T.: Essa rotina envolve os estudantes em três etapas: primeiro, eles pensam individualmente sobre uma pergunta ou tópico; em seguida, discutem suas ideias com um parceiro; e, por fim, compartilham suas reflexões com a turma inteira. Essa estratégia promove a reflexão individual, a colaboração em pares e a discussão em grupo, enriquecendo o aprendizado coletivo.

aos estudantes a oportunidade de reavaliar suas próprias ações, contribuir e obter ideias dos colegas.

Usos e variações

Embora essa rotina tenha sido inicialmente desenvolvida para ajudar os estudantes a articular e planejar ações para o trabalho escrito na aula de literatura, ela se presta a qualquer momento em que uma tarefa complexa e multifacetada é apresentada. Uma turma de 1º ano poderia usá-la em uma reunião matinal feita ao redor do tapete, ao considerar as melhores ações que poderiam tomar para transformar contos de fadas em peças curtas para apresentar para a educação infantil. Os educadores do programa IB Primary Years poderiam usá-la como um *check-in* frequente com as crianças dos anos finais do ensino fundamental, enquanto montam exposições de alta qualidade, ajudando-as a não perder de vista as grandes ideias, conceitos e habilidades que precisam fazer parte desse processo. Um *faculty sponsor** poderia usar a rotina com o conselho estudantil para planejar uma série de ações viáveis para a melhoria da escola em toda comunidade que tem muita complexidade para ser realizada com sucesso. Uma professora de língua estrangeira no ensino médio poderia usar *Tenha certeza* como uma rotina para auxiliar na preparação para os exames orais.

Avaliação

À medida que os estudantes elaboram e compartilham seus compromissos de *Tenha certeza*, preste atenção às ações que eles identificam como sendo pessoalmente relevantes, que valem a pena e que contribuem para o seu sucesso. Suas declarações refletem dificuldades e necessidades pessoais, em vez de meramente retroalimentar ações gerais? Eles estão se apropriando de sua aprendizagem ao estabelecer um plano de ação significativo? Preste atenção no autoconhecimento deles. São capazes de identificar em que pontos precisam melhorar e são propensos a cometer erros?

---

* N. de R. T.: Um *faculty sponsor* é um professor ou membro do corpo docente que serve como orientador, conselheiro ou supervisor de um grupo de estudantes ou organização estudantil. Seu papel é fornecer orientação, apoio e supervisão para ajudar os estudantes a alcançarem seus objetivos e cumprirem suas responsabilidades.

Ouça os tipos de habilidades e ações que os estudantes julgam ser importantes. Suas declarações parecem fundamentais e essenciais ou pequenas e superficiais? Quais estudantes parecem reconhecer a forma como as diversas habilidades atuam juntas para produzir algo de alta qualidade? Quais deles parecem estar presos aos detalhes isolados, precisando, individualmente ou em um pequeno grupo, de orientação ou trabalho? Que equívocos são representados nas respostas à rotina que poderiam ser abordados em uma miniaula ou discussão em aula subsequente?

Dicas

É importante dar tempo aos estudantes para articularem individualmente suas próprias declarações da rotina e não se apressarem com isso. Eles precisam ver o valor que você está colocando em fazê-los definir seu próprio curso de ações. A escrita das declarações propriamente dita pode ser feita em notas adesivas distribuídas a cada um, ou isso pode ser feito na margem do exemplar, rubrica, tarefa de projeto ou esboço. Isso levará tempo, especialmente quando introduzido pela primeira vez, mas o investimento é importante no desenvolvimento de uma cultura de autogestão e autodireção. Se não for dado tempo suficiente, os estudantes podem simplesmente concordar com o que os outros acreditam ser o próximo passo certo e não se apropriar de sua aprendizagem.

Embora seja possível fazer esse processo examinando rubricas de avaliação ou critérios de sucesso, aborde isso com cautela. Muitas vezes, esses documentos, em especial se criados externamente, apresentam uma *checklist* que um avaliador está procurando e facilmente se tornam uma lista de aspectos que os estudantes verificam rapidamente para ver se fizeram antes de entregar seu trabalho. A chave para usar esses tipos de documentos é focar em ações. Pegue um elemento da rubrica e peça aos estudantes que explorem o que é preciso para fazer isso. Que tipo de pensamento é necessário? Que ações específicas podem ser necessárias? Lembre-se de que o objetivo é desenvolver aprendizes autodirigidos, capazes de tomar decisões, não simplesmente dominar seguidores. Por essa razão, também é importante que os educadores não simplesmente ditem aos estudantes suas declarações de *Tenha certeza*. Embora seja tentador, isso anula o propósito e não faz nada para capacitá-los.

Da mesma forma, resista à tentação de usar a rotina como um bilhete que será coletado na saída. Embora isso certamente ofereça ao educador uma maneira de sondar a turma, o resultado não intencional de escrever declarações de *Tenha certeza* poderia facilmente ser visto pelos estudantes como um ato de conformidade, feito para o benefício do professor e não para benefício dos estudantes. É melhor manter as declarações nas mãos dos estudantes em todos os momentos, se possível, e planejar outras maneiras de perceber as respostas individuais, bem como as tendências ou os padrões gerais nos quais você pode basear outras interações instrucionais.

EXEMPLO DA PRÁTICA

Trabalhando com outros colegas de literatura para criar aulas rigorosas, incorporando os padrões do estado de Washington para o programa de materiais instrucionais do College Board's SpringBoard ELA, Julie Manley ficou entusiasmada. Ao mesmo tempo, estava um pouco preocupada. "Enquanto nós, os educadores, estávamos nos familiarizando com os padrões curriculares estaduais e traduzindo-os em metas de aprendizagem das aulas, eu ficava pensando nos meus estudantes do ensino médio", lembrou Julie. "Por um lado, nós estávamos ficando mais esclarecidos sobre as habilidades e conceitos que queríamos abordar com nossos estudantes de maneiras profundas e significativas. Mas se os estudantes ainda experimentassem essa instrução focada apenas como um conjunto de procedimentos a serem seguidos, poderíamos, na verdade, estar tirando o poder de suas mãos? Esses padrões poderiam simplesmente ficar no papel e nunca parecer autênticos ou propositais para eles."

Julie acolheu metas de aprendizagem bem alinhadas. Sua preocupação, no entanto, era sobre os estudantes se sentirem donos de suas habilidades e destrezas. Ela imaginou que mesmo as melhores aulas que os professores criam poderiam ser experimentadas como um conjunto de procedimentos a serem seguidos, a não ser que, de alguma forma, eles colocassem os estudantes na posição de traduzir esses padrões em suas próprias palavras, para seus próprios propósitos.

"Suponho que algo que sempre foi importante para mim é que os estudantes tenham a sensação de que estamos sempre trabalhando em direção a algo. Um ensaio, um discurso, uma produção dramática de uma cena shakespeariana", refletiu Julie. "E me sinto muito bem em dar a eles as habilidades com as quais farão essas coisas com sucesso. Mas não estou certa de que alguma vez parei para lhes perguntar o que eles acham que podem ser os melhores próximos passos em direção a esse algo maior, para o qual estamos trabalhando. Eu costumo apenas dizer-lhes o que fazer em seguida." E foi assim que surgiu a rotina *Tenha certeza*, como uma estrutura para desenvolver um padrão de comportamento capacitador e orientado à ação nos estudantes, um padrão que eles pudessem dominar.

Quando os educadores têm muito currículo para ensinar e o tempo parece ser pouco, é fácil para eles articularem o que os estudantes precisam fazer. Se os estudantes são encorajados a se expressarem nesses momentos, muitas vezes é apenas para espelhar para o professor a mesma coisa que ele acabou de lhes dizer. "Embora isso pudesse agradar meus ouvidos naquele exato momento", lembrou Julie, "eu tive que encarar o fato de que só porque eu disse a eles para terem certeza de incluir este ou aquele elemento, e eles repetiram a mesma coisa de volta para mim, não significa necessariamente que eles encontrem sentido em incluir esse elemento ou tomar essa ação. *Eu sabia* o que tornava uma determinada habilidade ou ação poderosa, mas *meus estudantes sabiam*?"

Julie começou a se perguntar se poderia fazer uma ligeira, mas significativa, mudança nesse padrão de discurso. Ela decide perguntar aos estudantes o que eles acham que precisam ter certeza para produzir um trabalho mais robusto ou para desenvolver uma habilidade mais profundamente, a fim de aumentar a qualidade geral.

Começando com essa rotina, Julie encontra uma atividade na qual os estudantes já estavam aprendendo diversas habilidades e os atrai de volta ao propósito maior. "Estamos trabalhando na escrita argumentativa", afirma Julie. "Praticamos uma série de habilidades para escrever uma redação que apresenta argumentos dos dois lados de uma questão. E sei que os estudantes do ensino médio são maduros para escrever isso, considerando sua típica obsessão de início de adolescência com a verdade e a justiça."

Julie inicia perguntando: "Ok, à luz de todo o trabalho que temos feito ultimamente e das habilidades que temos praticado, vamos nos reagrupar um pouco e nos perguntar o que realmente faz um bom ensaio argumentativo. Será que podemos fazer um exercício rápido de *brainstorming* com todos os elementos da escrita argumentativa – especialmente quando ela é boa? Quais são todas as partes?".

Após alguns momentos, os estudantes debatem características que acreditam que sejam críticas para bons ensaios argumentativos, como encontrar maneiras de reformular o enunciado da tese e os pontos principais, chamar atenção do leitor para questões subjacentes, desenvolver observações conclusivas que realçam temas importantes, e assim por diante. Julie documenta isso e pede: "Ok, vamos pensar um pouco em voz alta aqui. Agora que temos esse gráfico que representa todas essas características que bons ensaios argumentativos têm, o que *vocês* querem se certificar de fazer em seu próprio trabalho para que ele se aproxime cada vez mais dessa lista?". Julie quer que esse convite sirva como apoio, ferramenta e estrutura que os ajude a determinar suas próximas ações. A professora sabe que essa lista de recursos de qualidade pode ser muito grande para absorver de uma única vez, então quer que os estudantes tenham a oportunidade de apontar duas ou três coisas para as quais eles sentem que podem atentar intencionalmente, de forma prática e gerenciada, na próxima frase de sua escrita.

"Quer dizer que podemos escolher algo dessa lista?", perguntou um estudante.

"Bem, sim e não", respondeu Julie. "É claro que todos esses recursos representam as habilidades que quero que você desenvolva enquanto busca excelência e qualidade, mas ao olhar para essa lista de *brainstorming*, quero que articule por si mesmo apenas o que você tem certeza de fazer em seguida que lhe dará, pessoalmente, algo para trabalhar, praticar e melhorar. Saber sobre o que você quer ter certeza de fazer na sequência me ajudará a ter uma noção melhor de como posso auxiliar mais você e a turma."

"Será que a gente deve escrever essas coisas em algum lugar?", questionou outro estudante.

"Boa pergunta. Se houver espaço na margem de seu rascunho, pode escrever lá suas duas ou três declarações de *Tenha certeza*. Marque-as como uma nota para si mesmo. Ou então você pode usar uma nota adesiva, isso deverá funcionar também", respondeu Julie. "Mas a grande ideia aqui é que você *diga a si mesmo* sobre o que deseja ter certeza de fazer para que tenha uma noção de onde estará indo em seguida, que ações vai querer tomar enquanto continuamos trabalhando para escrever alguns ensaios argumentativos de alta qualidade." Não demorou muito para que os estudantes escolhessem o que queriam trabalhar em seguida.

Com o tempo, esse ritual para escrever declarações de *Tenha certeza* começou a se tornar rotina, e Julie obteve todos os tipos de benefícios do uso consistente dessa estrutura. "Eu sabia que queria dar-lhes voz e posse das habilidades que estávamos desenvolvendo à medida que trabalhávamos para algo maior, mas o que comecei a notar é que as primeiras declarações dos estudantes muitas vezes refletiam as habilidades nas quais já se sentiam um pouco confiantes. Isso me permitiu honrar o que eles já sentiam que tinham um controle. Eu poderia comemorar isso com eles. E então poderia procurar situações para empurrá-los para aquilo que alguns deles sentiam que poderiam ser movimentos 'mais arriscados' em sua escrita."

Julie às vezes procurava pontos para enfatizar no momento, abordando algo específico e focado com um estudante em conversas individuais, com base no que ele havia trazido para a mesa. Em outros momentos, a professora procurava tendências entre vários estudantes e usava seu próximo tempo de miniaula para incentivar uma habilidade que precisava de alguma clareza ou mais prática. Tornar o pensamento visível por meio das declarações de *Tenha certeza* deu a Julie a chance de se envolver naturalmente, em tempo real, na avaliação formativa. Ela estava pronta para ajudar, e isso ocorreu na forma de estudantes articulando seus objetivos, em vez de Julie impondo conhecimentos que eles poderiam não ter sido capazes de assimilar.

Como a natureza da rotina *Tenha certeza* é tão aberta, isso permitiu que Julie e sua turma falassem de maneiras integradas sobre habilidades, qualidades e características. "Isso não nos obrigava a focar apenas em um aspecto", lembrou Julie. "Claro, poderíamos praticar habilidades durante momentos específicos, mas continuamos nos perguntando como essas habilidades se constroem em direção a algo maior. Isso me ajudou a passar uma mensagem de que as habilidades ensinadas, praticadas, deliberadas e discutidas no contexto são as que ficam. Os estudantes encontraram empoderamento com isso."

Uma vez que *Tenha certeza* se tornou rotina, Julie foi lembrada do quanto seus estudantes realmente sabem. Ela refletiu: "Se eu parar de falar e der a eles várias oportunidades de processar seu próprio pensamento, eles terão muito mais com o

> que trabalhar do que eu poderia ver se eu fosse muito diretiva, sempre dando as cartas. Parece muito simples dizer isso agora, olhando para trás. Mas eu só precisava ouvi-los primeiro, em vez de direcioná-los. Se eu pudesse me dar a chance de ouvir a opinião deles sobre quais deveriam ser suas próximas ações viáveis ou quais metas eles desejam estabelecer para si mesmos, poderia então refletir sobre quais habilidades eu precisaria ter para chegar à frente deles em seguida, de uma forma mais bem situada".

O QUÊ? E ENTÃO? E AGORA?

> *Lembre-se de um episódio de aprendizagem, uma experiência, uma observação ou um conceito que a turma esteja explorando. Peça aos estudantes que escrevam:*
>
> **O quê?** Descreva o que você fez ou o que aconteceu.
> **E então?** Dê sentido ao que aconteceu, às suas ações ou às suas observações.
> **E agora?** Planeje e identifique ações e implicações.

Originalmente desenvolvido por Gene Thompson-Grove, ex-codiretor da National School Reform Faculty e, mais recentemente, membro fundador e líder da School Reform Initiative, esse protocolo foi criado para encorajar os participantes de todo o grupo de estudo do corpo docente a se conectarem uns com os outros e com o trabalho uns dos outros. Thompson-Grove convidou os educadores a identificar os desafios ou sucessos atuais em sua prática e, em seguida, articular o que estavam trabalhando e por que esse trabalho era importante para eles em seu ensino e liderança. Ao observar as reflexões uns dos outros em torno dessas motivações, os colegas poderiam então encontrar os próximos passos em seu trabalho, a fim de aprimorar suas ações. Pensamos que uma versão de *O quê? E então? E agora?* poderia tornar-se uma ferramenta e uma estrutura para ajudar os estudantes a desenvolver hábitos de reflexão e ação.

Propósito

O objetivo dessa rotina é desenvolver maior autoconsciência e responsabilidade nos estudantes. Começa com a reflexão e a análise de uma experiência ou evento para perceber o que está acontecendo ou o que foi feito. Uma vez identificadas, essas ações são avaliadas para ajudar a esclarecer por que elas eram importantes, seu propósito e seu efeito. Quase sempre são feitas conexões entre os vários eventos, partes ou ações identificadas na etapa inicial. Quando as ações são compreendidas e seu propósito, intenção e significado ficam claros, é possível aprender com essas ações, planejar e dar os próximos passos. Esses próximos passos tornam-se menos reacionários e mais imbuídos de significado e propósito à medida que os estudantes se tornam mais sensíveis a sua intenção e efeitos. Quando eles são capazes de ver que tipos de coisas se destacaram e por que são importantes, é mais provável que se sintam confiantes em se autodirigir.

Seleção do conteúdo apropriado

A rotina *O quê? E então? E agora?* pode ser usada em qualquer ocasião em que se queira aprender com uma experiência a fim de fazer planos para uma ação futura. Por exemplo, ela pode ser usada para refletir sobre um incidente desafiador ou difícil, que demanda análise para que o desempenho da próxima vez seja diferente. Se a situação for problemática ou de conflito, a etapa "O quê?" ajuda a esclarecer o que de fato aconteceu entre os diversos participantes.

Como alternativa, a rotina poderia ser usada para desenvolver ações a partir de uma observação. É fácil que observações simplesmente passem despercebidas por nós. Essa rotina permite a análise cuidadosa ao identificar eventos ou momentos-chave e, em seguida, dar sentido a eles. Por que aconteceram? O que significaram? Qual foi o seu efeito? Então, pode-se considerar ações pessoais com base nessa análise para realizar novas ideias e práticas, em vez de simplesmente aprender sobre elas.

A rotina também pode ser usada para explorar textos, seja de ficção ou não ficção. Aqui, eventos ou ideias são identificados como interessantes, importantes ou dignos de consideração mais profunda. Estes constituem o "O quê?" e podem ser destacados diretamente no texto. A parte "E então?" é uma oportunidade de entender essas ideias e por que elas são importantes. Por fim, a fase "E agora?" é a oportunidade de pensar em colocar essas ideias em ação, no caso da não ficção, ou fazer previsões, se o trabalho estiver sendo feito com um texto fictício.

Etapas

1. *A preparação.* Retorne ao material de origem a ser explorado. Isso pode assumir a forma de revisar o que foi estudado, experimentado, observado ou lido. Muitas vezes, a primeira fase é feita individualmente, e depois passa-se para uma conversa mais colaborativa, com os estudantes discutindo em grupos ou com a turma inteira. Considere quando, como e se você pode passar os estudantes do individual para o grupo. Decida o que e como você gostaria que eles documentassem suas reflexões. Na documentação, é sempre importante pensar em como ela pode servir para a aprendizagem no momento e no futuro.

2. *O quê?* Identifique e descreva várias ações concretas, ideias, citações, momentos ou observações, dependendo do material de origem. O que aconteceu? O que foi observado? Que ações foram tomadas? Qual foi a principal ideia que repercutiu? O objetivo dessa etapa é que os estudantes identifiquem e descrevam esses "quês" de sua aprendizagem. Perguntas adicionais podem ser: "De todas as coisas que fizemos até hoje, qual é a única que se destaca para você?" ou "O que mais repercute em você, considerando tudo o que temos aprendido?".

3. *E então?* Uma vez que os "quês" tenham sido identificados, agora pergunte: "*E então*, aquela ideia-chave que você acabou de listar é bastante significativa ou importante?" ou "*E então*, o que você fez até agora que tem sido bastante poderoso para sua aprendizagem?". O objetivo dessa etapa é que os estudantes determinem claramente o sentido, o propósito ou a importância. Outras perguntas podem ser: "*E então*, o que isso lhe diz?", "*E então*, o que parece bastante importante aqui?", "*E então*, o que pode ser aprendido com isso?", "*E então*, o que isso nos diz sobre sua importância?".

4. *E agora?* Depois de uma discussão sobre "o quê" e seu significado, pergunte: "*E agora*, que ações valem a pena tomar considerando tudo o que acabamos de discutir?". As ações podem incluir estratégias de autogestão, estabelecimento de novas metas, identificação dos próximos passos da pesquisa e planos de implementação ou esclarecimento daquilo que ainda precisa ser compreendido. O objetivo é

fazer os estudantes identificarem e estruturarem ações concretas para seguir em frente.
5. *Compartilhar o pensamento.* Se todas essas etapas tiverem sido feitas individualmente, os estudantes podem se reunir em duplas ou formar um pequeno grupo para discutir o que escreveram. Eles escutam atentamente uns aos outros, refletindo sobre grandes ideias ou ações tomadas até agora e se debruçando sobre possibilidades futuras de ação. Considerar as experiências e perspectivas dos outros é benéfico tanto para a construção da comunidade quanto para ajudá-los individualmente a ampliar seu próprio pensamento para além de seus pontos de vista particulares.

Usos e variações

Essa rotina pode ser utilizada como uma estrutura de conversação livre, a fim de promover a reflexão sobre a aprendizagem. Por exemplo, Rudy Penczer, professor de matemática do ensino médio na Mandela International Magnet School, a utilizou com estudantes mais velhos ao concluir um estudo de inferência bivariada. Rudy perguntou: "*Quais* são as ideias importantes da inferência bivariada?". Ele lhes deu 4 minutos para escrever suas respostas e, em seguida, pediu-lhes que compartilhassem seus pensamentos nos quadros ao redor da sala de aula para que todos vissem. Rudy e sua turma então deram uma olhada no que estava documentado ao redor da sala e, em seguida, ele passou a ter uma conversa fluida com o grupo, perguntando-lhes: "*E então*, o que é importante sobre essas ideias?". Os estudantes fizeram conexões e traçaram associações particulares entre elas. Ele então perguntou: "*E agora*, que perguntas permanecem?". Rudy achou essa rotina útil principalmente para revisão, mas também para transmitir uma mensagem aos estudantes de que só porque terminaram uma unidade não significa que eles chegaram ao fim de uma ideia.

Seguindo sua intenção original de criar momentos reflexivos para os educadores, os facilitadores de aprendizagem têm usado essa rotina para ajudar a incentivar grupos de ação de investigação profissional. Nesses grupos, os educadores identificam uma área pessoal de investigação sobre seu próprio ensino e, em seguida, tomam ações que comunicarão sua compreensão. As questões conduzem a ações, que conduzem a ideias, que conduzem a novas ações. Dar sentido às ações é crucial para permitir a formulação de próximos passos significativos. *O quê? E então? E agora?* pode ser útil para ajudar os educadores a iniciar esse processo. Os membros do grupo podem apresentar suas ações. Depois, em conversa coletiva, podem explorar o significado dessas ações – o "E então?". Uma vez esclarecido isso, o grupo explora as possibilidades para as próximas ações do professor, pensando em voz alta no "E agora?".

Também ouvimos falar dessa rotina sendo usada como uma forma de *coaching*, aconselhamento ou criação colaborativa de sentidos, em que uma pessoa começa a contar experiências e o(s) ouvinte(s) sonda(m) perguntando constantemente "E então?" e "E agora?", quando apropriado. Isso incentiva o apresentador a dar sentido às suas ações de forma contínua e conversacional. Em uma situação de aconselhamento, o foco é ajudar os indivíduos a entender o significado das ações e eventos e seguir em frente de maneira saudável, a fim de alcançar seus objetivos. Em uma situação de *coaching* colaborativo, os papéis podem ser trocados para que o questionador da sondagem se torne o apresentador, e vice-versa.

Avaliação

Praticamente todos os movimentos de pensamento do mapa da compreensão (ver Figura 2.1, no Capítulo 2) entram em cena nessa rotina e oferecem uma oportunidade de prestar atenção ao pensamento dos estudantes. À medida que escrevem e compartilham suas respostas para "O quê?", você tem a sensação de que eles estão olhando de perto, percebendo e descrevendo em detalhes suas ações ou ideias? Ou suas respostas são mais genéricas e superficiais? À medida que eles respondem a "E então?", há muitas oportunidades para construir explicações, raciocinar com evidências, considerar vários pontos de vista, fazer conexões e capturar o núcleo. Preste atenção nos tipos de pensamento que os estudantes estão usando. Eles estão considerando ações e eventos a partir de múltiplas perspectivas à medida que procuram compreendê-los, ou estão presos em seu próprio ponto de vista? Onde e como encontram sentido nos eventos? Eles são capazes de encontrar e usar evidências enquanto constroem suas explicações? Ao pensar sobre os efeitos das ações, eles conseguem fazer conexões causais? Você tem a sensação de que estão tentando capturar a essência de por que os detalhes dessas ações ou ideias importam ou têm significado? Por fim, à medida que começam a articular seus próximos passos de "E agora?", suas sugestões parecem revelar outra camada de profundidade e complexidade, que tenha potencial para enriquecer e aprofundar sua compreensão?

Dicas

Embora a rotina possa ser feita de forma totalmente oral, muitas vezes é útil escrever algo em conjunto com a discussão. Por exemplo, peça aos estudantes que revejam a situação e registrem o "O quê?". Isso pode incluir o que aconteceu, o que eles observaram, quais ações tomaram, seu papel no incidente, as respostas dos outros, o que foi bom ou ruim na experiência. Havendo tempo para reunir os próprios pensamentos, essas ideias podem ser compartilhadas com a turma inteira, em um pequeno grupo ou com um parceiro. Se feito com a turma inteira, é importante documentar as respostas individuais de "O quê?" para que o grupo possa se sentir dono de toda a lista.

A fase "E então?" naturalmente se baseia no "que" foi identificado. Muitas vezes, isso é uma discussão. Também pode ser feito por escrito, quando os estudantes tentam interpretar e dar sentido à situação. Até que eles se acostumem com a rotina e a experimentem em várias ocasiões, pode ser útil fornecer avisos adicionais que possam ajudá-los a explorar o significado. Como em qualquer tentativa de estabelecer rotinas de pensamento, a linguagem precisa ser descompactada para os estudantes. Nesse caso, sua linguagem pode incluir: *E então*, o que isso me diz? *E então*, qual é o meu entendimento da situação? *E então*, o que posso aprender aqui? *E então*, quais são as implicações? *E então*, o que isso diz sobre atitude, meus sentimentos ou eu mesmo? *E então*, o que poderia ter sido feito de diferente?

O passo "E agora?" pede aos estudantes que levem sua aprendizagem adiante em implicações. Se uma situação problemática está sendo examinada, isso pode envolver a identificação de ações a serem evitadas ou alteradas para que a situação não volte a ocorrer. Se a situação é aquela em que um estudante pode encontrar inspiração, como uma observação articulada, então implicações e ações pessoais são identificadas para levar seu aprendizado à ação. Se a situação trata de refletir sobre as ações de alguém até o momento, então os próximos passos são identificados. Fazer essa etapa em grupo muitas vezes é útil, pois expande o repertório de ações para além do que se pode pensar isoladamente. *Tipos de ação*, uma variação de *Classificação de perguntas* (consulte o Capítulo 4) poderia ser usada para decidir quais ações devem ser levadas adiante.

EXEMPLO DA PRÁTICA

Amy Richardson, professora de música na Redlands School, em Sydney, Austrália, sabe que, perto do final do ensino médio, os estudantes da 2ª série conseguem ser reflexivos, mas às vezes podem ser um pouco críticos, particularmente em relação a coisas nas quais não enxergam valor. Amy ouvira alguns sussurros, um resmungo negativo, de um de seus estudantes. Ele não via muito sentido em estudar a história e o desenvolvimento do *jazz*, um tema que eles vinham trabalhando há algum tempo. Do ponto de vista do estudante, a história norte-americana era irrelevante para ele, que vivia do outro lado do mundo. Amy também sabia que esse estudante preferia o *rock* ao *jazz* e suspeitava que os demais também não sentiam muita conexão. Amy começou a se perguntar: se os estudantes não conseguem ver valor ou relevância nos tópicos que estudam, então a que profundidade suas próximas ações poderiam chegar? Amy temia que seu curso pudesse parecer um ato de resistência para os estudantes. E ela desejava descobrir uma maneira pela qual sua turma encontrasse sentido e significado em seus tópicos, para que pudessem ser feitas conexões mais profundas.

Em seu estudo do *jazz*, os estudantes tinham examinado a migração de afro-americanos, e com eles seus conjuntos musicais ao longo do rio Mississippi. No final do século XIX e início do século XX, essa migração levou ao desenvolvimento, avanço e disseminação de formas de *jazz* em toda a América. A turma havia considerado como poderia ter sido a vida dos músicos afro-americanos em uma época em que a segregação era generalizada e a pobreza, uma realidade para muitos. Eles estudaram como, em tempos tão tumultuados, os afro-americanos tornaram-se músicos com carreiras viáveis. Discutiram e consideraram os cenários, exploraram situações criativas, estudaram locais históricos e fizeram cartazes de *shows*. Até mesmo investigaram como era a inflação e o custo de vida na época, bem como quais ganhos poderiam ser esperados por esses primeiros músicos de *jazz*. Para entender o desenvolvimento dos gêneros musicais, Amy acredita que é preciso considerar as perspectivas, as complexidades e o contexto dos tempos em que eles se desenvolvem. Ela quer que os estudantes vejam que o *jazz* não é apenas formado pelas notas – é história, é voz, é identidade. Como ela quer que os estudantes vejam as complexidades e conexões de seu tópico, Amy decide ter uma discussão em sala de aula usando *O quê? E então? E agora?*. Ela sente que isso ajudará não apenas a consolidar as atividades da aula, mas a buscar significado de ideias maiores.

Inicialmente, Amy usa os comandos da rotina oralmente, de forma conversacional. Ela acha que essa poderia ser uma maneira leve e informal de apresentar uma estrutura acessível. Sem falar muito sobre isso, Amy pede aos estudantes que recuem e considerem *o que* em seu estudo parecia mais importante de se observar em termos de *jazz* e o que ele representa. Então, pediu que eles compartilhassem o que havia de mais importante em termos do que eles estavam aprendendo sobre o *jazz*, sua história e evolução. Essa conversa reflexiva é nova para os estudantes, mas aos poucos começa a haver uma troca de ideias. Depois de um tempo, Amy pergunta a eles, considerando o que tinham acabado de discutir, *e então* quais implicações esses elementos significativos poderiam influenciar o que os estudantes precisam explorar mais neste estudo ou, de forma mais ampla, à medida que consideram essa forma de arte e sua implicação para eles e para a humanidade em geral.

Amy fica espantada com a rapidez com que a dinâmica da sala de aula mudou quando a discussão foi aberta. Ela percebe que as atitudes dos estudantes mudam imediatamente à medida que começam a compartilhar sobre o imperativo moral para entender esse tópico, mesmo além das potenciais aplicações musicais disponíveis para eles dentro de sua própria prática como músicos aprendizes. A conversa prossegue melhor do que o esperado, e Amy não quer perder a riqueza do que acabou de acontecer ou o ímpeto para começar a incorporar uma rotina que a classe poderia aproveitar no futuro. Ela decide ver o quanto mais pode extrair de sua turma.

Ao procurar formalizar as conversas em sala de aula após o encerramento do período de aula, Amy decide enviar um *e-mail* para a turma e pedir que eles respondam *O quê? E então? E agora?*. Então, ela lhes envia este *e-mail* (veja a Figura 5.2).

Prezado estudante,

Obrigada por suas ideias interessantes na aula desta tarde – a conclusão de nossas últimas semanas estudando a migração e o desenvolvimento do *jazz*, particularmente a música dos afro-americanos pela América!

Mesmo sendo uma atividade divertida, com espaço para acrescentar detalhes para tornar as narrativas criativas, há sempre – inerente a qualquer atividade de aprendizagem – escopo para refletir e aplicar um sentido mais profundo aos nossos esforços, para ir mais fundo e "levar para casa". Qual é a relevância disso para mim? Ao final de nossa aula, fizemos uma rápida rotina de pensamento em grupo, mas estou realmente curiosa para ouvir de vocês, como indivíduos, a respeito daquilo que poderiam ter "levado para casa" da nossa unidade de aprendizagem atual.

Em seu tempo de estudo em casa, gostaria que usassem alguns minutos para refletir e responder às perguntas a seguir. (Retorne este *e-mail* com suas respostas!)

O QUÊ?
O que eu posso levar? O que eu aprendi enquanto examinava esse tópico?

E ENTÃO?
Por que isso poderia ser importante?

E AGORA?
Para onde esse conhecimento me leva, ou leva à humanidade no sentido geral? O que eu posso fazer com esse conhecimento? Como essas ideias e novos aprendizados melhoram minha vida, prática musical e ideias?

Fico aguardando suas respostas.
Obrigada a todos! Tenham um ótimo fim de semana!

Amy Richardson
Professora de música

Figura 5.2 *E-mail* para estudantes de música da 2ª série do ensino médio pedindo que reflitam sobre seu aprendizado de *jazz* usando *O quê? E então? E agora?*.

As respostas a agradam. Alguns estudantes mencionam que o que lhes pareceu relevante foi que todas as informações contextuais em torno do desenvolvimento do *jazz* ajudam a esclarecer o efeito que a música tem sobre as pessoas. Outros disseram que passaram a apreciar o *jazz* como uma forma de arte e que as ambições dos músicos vieram de um lugar de resistência e resiliência ao preconceito e à discriminação que experimentavam em sua vida. Alguns estudantes articulam o significado de refletir sobre os erros sociais do passado e como isso dá forma à expressão das pessoas por meio da música. Outros falaram de como a compreensão do contexto e seu papel no desenvolvimento de formas musicais explica sua própria apreciação cultural da música, de onde ela vem, o que ela incorpora e o que ela oferece. O que impressiona Amy é os estudantes entenderam que a música é muito mais do que notas em uma página.

Em termos de planejamento de ações com os seus comentários do *E então?*, alguns estudantes escreveram:

> "A partir de agora, ao ouvir e responder analiticamente ao jazz, poderei referenciar e incorporar o que já sei sobre o desenvolvimento e o contexto do gênero."

> "Isso realmente me ajuda a pensar sobre como a música molda a visão de nossa experiência humana e como posso capturar isso em minhas próprias peças."

> "A música pode se tornar uma fuga para ajudar a lidar, expressar e superar situações. Posso levar isso comigo tanto no meu próprio consumo quanto na criação de música. Além disso, tudo isso vai ser muito útil para os meus exames de história e inglês também."

Amy já usou a rotina em diversos contextos e com diversas faixas etárias, de 12 a 18 anos. "Para os estudantes mais novos do ensino médio, a música é obrigatória. Descobri que *O quê? E então? E agora?* é uma ótima rotina para levá-los ao hábito de buscar relevância, talvez dando-lhes uma visão de si mesmos como estudantes que desejam prosseguir no estudo da música quando ela se tornar uma disciplina eletiva", disse Amy.

Amy passou a amar essa rotina, em parte por causa de sua operacionalidade imediata, e porque ela dá espaço para que atitudes negativas que os estudantes possam ter sejam abordadas de forma não acusatória ou vergonhosa. "Se houver sinais de desengajamento, o que pode acontecer entre adolescentes, a etapa '*E então?*' dá voz ao seu descontentamento, ao mesmo tempo que os incentiva a considerar um ponto de vista alternativo, que talvez não assumissem naturalmente: *por que isso pode ser importante ou relevante para mim?*". Amy gosta da forma como a rotina é estruturada o suficiente para ajudar os estudantes a refletirem e se envolverem com o material curricular, ao mesmo tempo que é aberta o suficiente para convidá-los a explorar diferentes pontos de vista, fazer conexões e descobrir complexidades – todos os hábitos que ela deseja, de forma mais ampla, de seus estudantes músicos e aprendizes.

OS 3 PORQUÊS

> *Após um exame inicial de um assunto ou tópico por meio de vídeo, leitura ou discussão, os indivíduos ou o grupo consideram o seguinte:*
> - Por que esse tópico, pergunta ou assunto pode ser importante para mim?
> - Por que isso pode ser importante para a minha comunidade?
> - Por que isso pode ser importante para o mundo?

Nossos colegas do Projeto Zero, Veronica Boix Mansilla, Flossie Chua e sua equipe, desenvolveram a rotina *Os 3 porquês* como parte da iniciativa Estudos Interdisciplinares e Globais (*Interdisciplinary and Global Studies*), que recebeu apoio financeiro das Independent Schools Victoria, na Austrália. Ao abordar as oportunidades e os desafios do ensino para a competência global, destacam-se as questões da significância e da empatia. Como entender e dar sentido aos eventos que acontecem em lugares desconhecidos? Como nos vemos na situação e nos dilemas dos outros? Em um mundo cada vez mais interligado, como podemos ajudar os estudantes a ver problemas, questões e eventos que eles podem não controlar, e ainda assim, impactar sua vida? A rotina *Os 3 porquês* e sua companheira *Os 4 ses* são projetadas para apoiar educadores interessados em preparar os estudantes não apenas para entender o mundo, mas também para se tornarem agentes ativos para mudá-lo.

Propósito

Essa rotina ajuda os estudantes a fazerem conexões entre eventos, questões ou tópicos e eles mesmos, sua comunidade e o mundo. Tais conexões exigem uma resposta empática na qual se consideram as relações causais e o impacto dos eventos, bem como as implicações de longo e curto prazos. Ao conectar-se primeiro ao nível pessoal, é preciso colocar-se no contexto do problema tal como alguém que é afetado por ele de alguma forma. Se não houver impactos diretos, talvez seja necessário procurar influências secundárias e terciárias. Dessa forma, a rotina vai descobrindo complexidades e nuances da situação. Esse processo pode ajudar os estudantes a se apropriarem do problema e enxergarem a si mesmos e sua comunidade nele. A natureza em expansão da rotina (para considerar a si mesmo, a comunidade e o mundo) os ajuda a identificar diferentes tipos de impacto, localizando-os também como membros desses grupos.

Seleção do conteúdo apropriado

A rotina pode ser usada para examinar eventos atuais, questões globais, controvérsias locais, dilemas éticos, descobertas médicas, eventos históricos, questões ambientais, e assim por diante. Às vezes, esses tópicos podem ter algum grau de controvérsia e complexidade. Embora possam ser delicados para serem abordados em sala de aula, ao focar nas respostas pessoais dos estudantes e no significado de um tópico através de seus próprios olhos, isso pode abrir uma janela para uma discussão segura e exploração adicional. É claro que nem todo tema precisa ser uma questão global ou de natureza controversa. A rotina pode ser usada no início de quase todo novo tópico de estudo, para ajudar os estudantes a pensarem sobre o significado e por que o tema vale a pena ser estudado (p. ex., ao começar um estudo do clima, do ciclo da água, escrever uma história, ouvir um palestrante ou ler uma biografia).

À medida que você seleciona o conteúdo, pode ser útil identificar quais tipos de significado provavelmente se encontram no evento, problema ou questão. Por exemplo, às vezes uma ideia é significativa por causa de sua *universalidade* e amplo alcance – ela se aplica a todos de alguma forma. Em outros momentos, o significado pode ser devido à *originalidade* ou *novidade*. Esses casos nos ajudam a repensar o *status quo*. O significado muitas vezes pode ser bastante *pessoal*, na medida em que há uma conexão emocional ou cognitiva. Às vezes, o significado é de *ideia* ou poder investigativo, na medida em que fornece um novo ângulo ou perspectiva que aumenta nossa compreensão. Ou o significado pode ser de natureza *generativa*, fornecendo novas questões e linhas de investigação.

Etapas

1. *A preparação*. Introduza o tópico. Se for um que os estudantes ainda não estão familiarizados, muitas vezes é útil identificar alguma fonte que possa fornecer uma provocação interessante. Isso pode assumir a forma de um vídeo curto, imagem de uma pintura, peça fotojornalística, citação provocativa ou conto. Certamente, essa rotina pode ser completada em nível individual; porém, muitas vezes surgirá

uma discussão mais rica se os estudantes, depois de terem tido algum tempo para pensar, formarem pequenos grupos para compartilhar, discutir e combinar suas ideias. Eles podem registrar suas ideias de várias maneiras: fazendo três colunas, usando um gráfico em Y ou escrevendo em círculos concêntricos, com o círculo interno sendo o eu, depois, a comunidade e o círculo externo sendo o mundo.

2. *Por que esse tópico, pergunta ou assunto pode ser importante para mim?* Depois de um exame cuidadoso do material de origem ou provocação, peça aos estudantes (trabalhando individualmente, em duplas ou em pequenos grupos) que identifiquem por que o problema é importante para eles. Dependendo do tema, você poderá reconhecer que o problema está consideravelmente distante deles e, portanto, pode ser preciso investigar e seguir um caminho de conexões para identificar maneiras pelas quais o problema se conecta diretamente a eles. Às vezes, isso pode ser feito com os estudantes identificando como suas ações, embora indiretas, contribuem para o problema.

3. *Por que isso pode ser importante para a minha comunidade?* Nessa etapa, você precisará definir a palavra comunidade. Ela tem muitas conotações, então escolha a que melhor se adapta às suas necessidades. A comunidade pode ser sua sala de aula, sua escola, as pessoas com quem você interage regularmente, sua cidade ou até mesmo seu país.

4. *Por que isso pode ser importante para o mundo?* Oriente os estudantes a pensarem sobre as possíveis maneiras pelas quais o tema pode ser importante para o mundo, tanto agora quanto no futuro. Como esse problema afeta as pessoas ao redor do mundo?

5. *Compartilhar o pensamento.* Se os estudantes trabalharam individualmente, eles poderão formar duplas ou compartilhar nos grupos. Se eles trabalharam de forma colaborativa, então uma caminhada pela sala de aula pode ser uma maneira apropriada de compartilhar. Peça que procurem pontos em comum entre os vários grupos, mas que também vejam se há ideias e conexões únicas que outros grupos discutiram e que seu grupo não discutiu. Um dos resultados dessa rotina é que ela tende a aumentar o interesse pelo tema, uma vez que os estudantes exploram o significado potencial. Se você estiver

usando a rotina no início da unidade, explique quais ideias adicionais, antecedentes e contextos você investigará. Se estiver fazendo essa rotina no final, e quiser que os estudantes comecem a pensar nas ações que podem tomar, talvez queira passar para a rotina *Os 4 se's*.

Usos e variações

Na Delta Kelley Elementary School, em Rochester, Michigan, a especialista em mídia Julie Rains e seus colegas optaram por usar *Os 3 porquês* como parte de uma reunião para encerrar sua celebração do mês da leitura. A equipe esperava criar uma reunião que fosse além de falar com os estudantes e, em vez disso, os envolvesse no compartilhamento do pensamento como uma comunidade. Na preparação, Julie envolveu todos os 570 estudantes da escola em suas aulas de mídia, lendo e discutindo o livro de Oliver Jeffers e Sam Winston, *A Child of Books*. Eles olharam cuidadosamente para as imagens do livro e as interpretaram. Julie relacionou a discussão ao tema da alfabetização e pediu aos estudantes que fizessem pesquisas de imagens no Google usando o termo alfabetização. Com os mais velhos, ela explorou questões de justiça social em torno da alfabetização. Nesse ponto, Julie introduziu a rotina *Os 3 porquês* em cada uma de suas aulas e os estudantes a completaram individualmente. Os mais novos fizeram desenhos para demonstrar suas ideias e os de língua inglesa tiveram a opção de escrever em sua língua nativa. Os estudantes trouxeram suas folhas de registro (veja a Figura 5.3) para a reunião, na qual toda a escola se envolveu na rotina *Dê um, receba um* (veja o Capítulo 3) para compartilhar ideias sobre por que a alfabetização é importante.

Assim como muitos educadores no mundo inteiro, Connie Weber reconheceu o poder no desenvolvimento de uma mentalidade de crescimento (Dweck, 2006). Ela sabia que queria que os estudantes não apenas aprendessem o que é o crescimento e a mentalidade fixa, mas também pensassem profundamente sobre as implicações dessa teoria para si mesmos e para a comunidade da turma. Connie escolheu um breve trecho de duas páginas do livro de Carol Dweck, sobre a mentalidade de crescimento, que os estudantes deveriam ler para que ela introduzisse a teoria. A leitura foi apresentada como uma pesquisa sobre como os estudantes lidam com problemas difíceis e desafios. Após a leitura e uma breve discussão sobre a mentali-

Figura 5.3 Rotina *Os 3 porquês* na alfabetização.

dade de crescimento *versus* mentalidade fixa, Connie introduziu a rotina *Os 3 porquês* desenhando uma série de círculos concêntricos no quadro (Figura 5.4). Ao responder à pergunta "Por que a mentalidade é importante para mim?", os estudantes escreveram: "Isso dá uma atitude positiva. Faz você se sentir melhor. Você tem mais experiência tentando mais coisas. Isso pode afetar a forma como eu trabalho. Eu costumava pensar que se as coisas não viessem facilmente, isso significava que você não era bom nisso. Agora eu sei que você tem que praticar para que as coisas venham facilmente". Em resposta a "Por que isso pode ser importante para as pessoas ao meu redor?", os estudantes responderam: "Se você tem a mentalidade errada, isso pode mudar a forma como você age com outras pessoas. Isso faz com que as pessoas pensem melhor de você. Você daria um exemplo melhor". Por fim, ao considerar "Por que isso pode ser importante para o mundo?", os estudantes responderam: "Teríamos menos problemas. Teria um efeito pacífico no mundo. Pode mudar a forma como todos fazem as coisas, a forma como agem e a forma como falam".

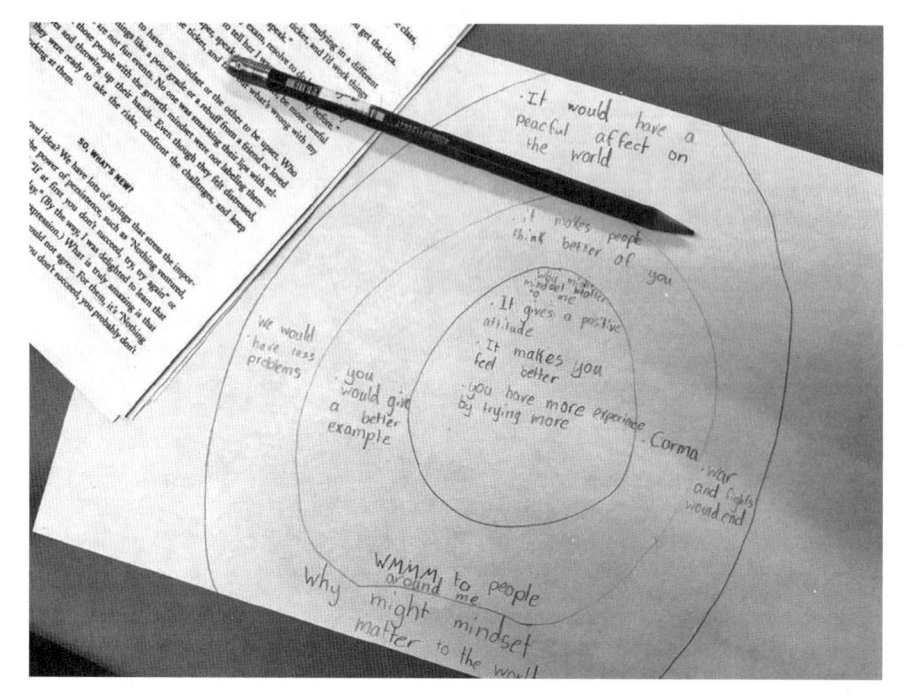

Figura 5.4 Os estudantes do 5º ano de Connie Weber usam a rotina *Os 3 porquês* para explorar a mentalidade de crescimento.

Avaliação

Os estudantes são capazes de pensar além do aqui e agora, para considerar implicações de longo alcance? Eles são capazes de considerar as consequências das ações para identificar diversos graus de impacto? São capazes de se conectar com eventos em dimensões éticas, morais, comportamentais e cognitivas? Como essa capacidade de conexão se relaciona com a abstração do tema? Eles são capazes de fazer isso com problemas conhecidos, mas não com novos? Como o poder da provocação apoia a capacidade deles de pensar as implicações?

Ao considerar o impacto nas comunidades e no mundo, é preciso levar em conta diferentes perspectivas de pessoas que não necessariamente são como elas. Procure a capacidade dos estudantes para fazer isso. Ao mesmo tempo, é preciso passar de uma perspectiva individual para uma perspectiva comunitária, para considerar os efeitos para além de si mesmo. Preste atenção na capacidade dos estudantes de assumir essa perspectiva comunitária. Outra questão é que, muitas vezes, deve-se considerar influências indiretas e mudanças de atitudes e ações. Aqui, procure mais nuances e sutilezas nas respostas dos estudantes. Se eles tiverem dificuldade com isso, um alerta potencial é: se todos nós abraçarmos essa ideia ou a levarmos a sério, o que pode mudar em nossa comunidade? Como seríamos diferentes como um grupo? Como isso pode mudar nosso pensamento, nossas ações ou nossa maneira de interagir uns com os outros?

Dicas

Seria maravilhoso se os estudantes sempre vissem o significado das ideias que estavam estudando e pudessem relacionar seus estudos com sua vida. No entanto, isso é mais fácil com alguns tópicos do que com outros. Por esse motivo, você pode querer inicialmente usar essa rotina com questões que claramente afetam a vida dos estudantes, usando provocações envolventes. Depois, com o tempo, observe a capacidade deles de fazer conexões com situações e conteúdos menos impactantes diretamente.

Em geral, essa rotina se move do interior e pessoal para fora, para o mundo. No entanto, dependendo do conteúdo, é possível inverter essa ordem. Por exemplo, ao considerar um evento histórico, comece com o impacto no mundo, mas depois leve isso para o nível comunitário e, finalmente, para o nível pessoal. Da mesma forma, os estudantes que analisam um projeto de desenvolvimento proposto em uma área alagada do estado podem achar mais fácil considerar primeiro por que a questão é importante para a comunidade local, e depois, para o mundo, antes de voltar sua atenção para pensar a respeito do impacto sobre eles. É importante que trabalhem uma etapa de cada vez, para que considerem cuidadosamente cada uma delas, em vez de fazer as três perguntas de uma só vez. Dito isso, uma vez que se tenha progredido ao longo de todos os três níveis, novas ideias podem surgir para qualquer um dos níveis anteriores. Em geral, recomendamos dar tempo aos estudantes para o pensamento individual e a escrita para identificar respostas, em vez de passar imediatamente para o trabalho em grupo ou em dupla. Isso garante que cada estudante terá pensado individualmente sobre as perguntas e tenha algo a contribuir antes de se juntar a um parceiro.

> **EXEMPLO DA PRÁTICA**
>
> A professora de espanhol Trisha Matelski sentiu que a rotina *Os 3 porquês* seria perfeita para ajudar os estudantes da 1ª série do ensino médio (segundo ano de espanhol, para a maioria) da Washtenaw International High School, em Ypsilanti, Michigan, a pensar mais sobre o contexto global de sua aprendizagem. Esse é um componente importante do Middle Years Program do *International Baccalaureate*, que se esforça para situar a aprendizagem em um cenário internacional. "Senti que as três perguntas da rotina ajudariam os estudantes a refletir sobre por que eles deveriam pensar sobre questões de saúde além de sua comunidade imediata e incentivá-los a ter uma perspectiva global ao discutir o assunto. Em seus testes de leitura e escuta, eles têm que fazer uma conexão pessoal com o texto, além de dar uma perspectiva global, e eu achei que isso acompanhou muito bem essa rotina. Também achei que usá-la daria esse tom para o restante da unidade."
>
> Ao introduzir a rotina, Trisha a vincula às expectativas do curso de ser capaz de ler ou ouvir textos e formar conexões pessoais e globais. Ela explica: "Vamos usar a rotina para nos ajudar a pensar em como responder à questão da malária em três níveis: pessoal, comunitário e global". Em seguida, apresenta um infográfico sobre "*el dia internacional de la malaria*", o "dia internacional da malária". O gráfico, todo em espanhol, inclui estatísticas sobre prevalência, custos e efeitos da malária em todo o mundo, com três parágrafos de texto. Trisha dá à turma 10 minutos de leitura silenciosa para destacar e anotar o texto.
>
> À medida que os estudantes concluem sua leitura e anotações, Trisha leva a turma adiante: "Reserve 5 minutos adicionais para escrever suas respostas aos três porquês. Lembre-se de fazer isso em espanhol". Em seguida, ela divide os estudantes em pares para compartilhar suas respostas: "Certifique-se de conversar com seu parceiro para saber se houve algo que ele disse que você não entendeu". Trisha anda pela sala, ouvindo. "O que me surpreendeu foi que os estudantes estavam respondendo às solicitações de uma forma muito profunda e significativa. Também notei que muitas vezes um colega aprendia coisas novas com o outro em termos de conteúdo."
>
> Após o compartilhamento com o colega, Trisha pergunta se alguém deseja compartilhar com o grande grupo. De imediato, fica claro que os estudantes se conectaram ao conteúdo em um nível muito pessoal. Por exemplo, ao considerar como a malária pode afetá-los, uma estudante relaciona a estatística sobre mortalidade de crianças menores de 5 anos ao fato de que ela tem um irmão muito jovem e que, portanto, estaria em risco. Outro estudante relaciona a questão da malária em um nível moral, "Porque com o privilégio vem a responsabilidade". Mesmo considerando a comunidade, as conexões pessoais continuam a aparecer, com os estudantes compartilhando que têm familiares que vivem na Índia e que, quando os visitam, tomam remédios contra a malária; outro conta que sua avó já teve malária. À medida que passam a compartilhar os efeitos no mundo, as preocupações são práticas e morais, "Porque as pessoas precisam ser capazes de viajar com segurança, além de ética", "Precisamos trabalhar juntos para eliminá-la" e "Porque as pessoas nos países desenvolvidos têm a responsabilidade de ajudar outros países".

> Refletindo após a aula, Trisha sente que aprendeu muito sobre os estudantes e seu desejo de serem cidadãos globais. Além disso, ela sente que a rotina *Os 3 porquês* se encaixou naturalmente ao seu tema. "Vejo essa rotina se tornando parte dos meus planos de aula regularmente, em especial ao introduzir uma nova unidade e tentar fazer os estudantes chegarem à perspectiva global que eu sempre quero que eles cheguem ao interagir com o texto, e essa rotina faz isso."

OS 4 SE'S

> *Escolha uma questão, ideal ou princípio orientador a considerar em quatro frentes:*
>
> ➢ *Se **eu** levar esse ideal/princípio a sério...* quais são as implicações do dia a dia para a forma como vivo a minha vida? Como poderão ser minhas ações e comportamentos pessoais? O que posso escolher fazer diferente? Quando e onde eu poderia falar a respeito?
> ➢ *Se a minha **comunidade** levar esse ideal/princípio a sério...* quais são as implicações para nossa ação e comportamento coletivos? Que novas ações tomaríamos? Que ações ou comportamentos atuais precisaríamos mudar?
> ➢ *Se nossa **nação/mundo** levar esse ideal/princípio a sério...* quais são as implicações para o nosso país/mundo? Que políticas e propostas atuais e futuras são necessárias? Quais erros precisariam ser corrigidos?
> ➢ *Se eu/nós **não fizer/fizermos nada**...* o que vai acontecer?

A rotina *Os 4 se's* foi concebida para desenvolver a exploração de uma questão pelos estudantes e levá-los a considerar as ações que eles e outros podem tomar. É uma companheira natural para a rotina *Os 3 porquês* – que revela a paixão dos estudantes por um tema e os ajuda a ver sua complexidade e importância –; contudo, não queremos que eles se sintam sobrecarregados com o que agora pode parecer um imenso problema ou questão. Ao ajudar os estudantes a pensarem em ações, podemos auxiliá-los a se sentirem mais empoderados como cidadãos. As três primeiras perguntas espelham as da rotina *Os 3 porquês*. Acrescentamos a quarta porque também é importante considerar as consequências da inação. Queremos que os estudantes vejam que a falta de ação sobre um tema é, por si só, uma escolha. No entanto, não é uma escolha benigna, mas tem consequências.

Propósito

Os estudantes geralmente estudam e aprendem sobre o mundo, mas acham difícil agir, ou podem pensar que suas ações são muito pouco para fazer a diferença. Após a exploração de um assunto ou tópico, eles podem usar a rotina *Os 4 se's* para gerar possíveis cursos de ação com base em suas convicções. Além da geração de ações, a rotina *Os 4 se's* estimula dois tipos específicos de pensamento: a tomada de perspectiva e a descoberta da complexidade, na forma de relações de causa e efeito. Identificar ações em níveis comunitário, nacional e mundial exige que pensemos a questão sob novas perspectivas. Mesmo ao identificar ações que podemos tomar como indivíduos, é preciso considerar como os outros podem experimentar e responder a essas ações. À medida que consideramos seriamente e começamos a pesar as ações, descobrimos sua complexidade e identificamos questões de causalidade. Isso muitas vezes assume a forma de considerar a motivação: por que isso é uma coisa que vale a pena fazer? E avaliamos os resultados das ações: o que vai acontecer como resultado?

Seleção do conteúdo apropriado

Comece identificando e articulando claramente um princípio ou ideal decorrente do estudo, leitura ou investigação da turma. Eventos atuais, questões globais, controvérsias locais, dilemas éticos, descobertas médicas, eventos históricos, questões ambientais, e assim por diante, estão prontos para serem considerados. Por exemplo, depois de estudar questões de escassez de água e a importância da água potável para o bem-estar, a turma pode identificar o princípio de que "Todos merecem acesso à água potável". Ao estudar a constituição ou os documentos de fundação de um determinado país, encontram-se ideais dispostos como princípios orientadores para esse país. Nos estudos de saúde, os estudantes aprendem sobre os benefícios de se manterem ativos ao longo da vida e isso pode ser enquadrado como um princípio orientador: "Um estilo de vida ativo contribui para o bem-estar". Nas aulas de educação física, pode-se explorar o ideal de "esportividade". Tendo identificado e articulado o princípio ou ideal para a aula, é útil escrevê-lo no quadro ou exibi-lo para ser facilmente referenciado ao longo da rotina.

Etapas

1. *A preparação.* Essa rotina pode vir após a rotina *Os 3 porquês*. Nesse caso, informe aos estudantes que, tendo explorado o significado do tópico ou questão, agora queremos olhar para as ações que podem ser tomadas tanto por nós quanto pelos outros. Pergunte à turma como a questão pode ser enquadrada como um princípio orientador para a ação. É bom estabelecer isso na primeira vez. Por exemplo, se a ciência e os efeitos das mudanças climáticas foram explorados, então o princípio orientador emergente pode ser: "As mudanças climáticas representam uma ameaça para o planeta".

   Informe aos estudantes como eles trabalharão: individualmente, em duplas ou em grupos. Nota: muitas vezes é útil pedir ao estudante que faça uma reflexão prévia antes de formar uma dupla ou integrar um grupo. Ao mesmo tempo, a geração de ideias é muitas vezes facilitada quando temos a oportunidade de construir sobre as ideias dos outros. Determine como os estudantes as registrarão. Se trabalharem em grupo, forneça uma grande superfície, como folhas de *flip-chart* ou quadros, para que possam escrever. Isso garante que todos possam ver e que várias pessoas possam escrever. As superfícies verticais podem aumentar ainda mais a visibilidade e o acesso, incentivando a discussão (Liljedahl, 2016).

2. *Se eu levar esse ideal/princípio a sério...* Peça aos estudantes que identifiquem as ações que podem tomar. Para ajudá-los a gerar ações, pode ser útil fazer outras perguntas, como: *Quais são as implicações do dia a dia para a forma como vivo a minha vida? Como poderão ser minhas ações e comportamentos pessoais? O que posso escolher fazer de diferente? Quando e onde eu poderia falar a respeito?*

3. *Se a minha* **comunidade** *levar esse ideal/princípio a sério...* Nessa etapa, você precisa definir "comunidade" da maneira que isso melhor se adapte às suas necessidades: como sua sala de aula, escola, as pessoas com quem você normalmente interage, sua cidade ou até mesmo seu país. Muitas vezes, queremos que os estudantes investiguem e se envolvam com questões ligadas à escola, caso em que escolheríamos isso como nossa comunidade.

4. *Se nossa* **nação/mundo** *levar esse ideal/princípio a sério...* Aqui, novamente, você precisa decidir se deseja que os estudantes considerem

ações nacionais ou globais. Como os países muitas vezes têm suas próprias leis e políticas para efetuar mudanças, essa frequentemente é uma escolha natural para considerar a ação. Claro, você pode optar por considerar ações nacionais e globais simplesmente adicionando uma quinta etapa "se". Com alguns tópicos, como a contaminação dos plásticos nos oceanos, isso pode fazer sentido.

5. *Se eu/nós **não fizer/fizermos** nada...* Mova o foco dos estudantes para as consequências da inação. Peça-lhes que pensem sobre a trajetória atual dos fatores causais relacionados à questão para considerar quais efeitos são propensos a se expandir, dissipar, evoluir ou mudar, e qual é o impacto desses efeitos. *A quem isso afetará? Como? Até que ponto?*

6. *Compartilhar o pensamento.* Se os estudantes trabalharam em duplas ou grupos em folhas de *flipchart* ou quadros, uma caminhada pela sala de aula pode ser apropriada. Dê a eles algo para procurar, como pontos em comum entre os vários grupos ou ações únicas e potencialmente poderosas que outros grupos identificaram. Se você deseja avançar em ações concretas, o trabalho dos grupos pode ser combinado em um documento mestre, que pode ser discutido com o objetivo de identificar ações que são factíveis e provavelmente terão alto impacto. Para obter mais ideias sobre como você pode avançar na consideração de ações a serem tomadas, consulte a seção Dicas.

Usos e variações

Por mais que queiramos proteger os estudantes de eventos angustiantes, os horrores e as tragédias mais chocantes do mundo conseguem dominar rapidamente o cenário da mídia, de modo que muitas vezes não há como escapar deles. Isso aconteceu em 27 de outubro de 2018, após o tiroteio na sinagoga Tree of Life, em Pittsburgh, Pensilvânia. A professora do 3º ano Alexandra Sánchez, de Novi, Michigan, sabia que os estudantes estavam incomodados com a notícia e que provavelmente se sentiriam sobrecarregados. "Quando eventos trágicos como esse acontecem, sentimo-nos impotentes e desejamos que haja algo que possamos fazer. Com essa rotina, os estudantes encontram ação e percebem que há coisas que podem fazer em sua própria vida que terão impactos de longo alcance."

Alexandra leu para a turma um pequeno artigo sobre o evento, adequado à faixa etária, ignorando aspectos sensacionalistas, gráficos ou inapropriados para o desenvolvimento. O artigo se concentrou na motivação antissemita do atirador e no fato de que se tratava de um crime de ódio contra um grupo específico. Trabalhando em cada pergunta dos *4 se's*, os estudantes escreveram suas ideias em notas adesivas e as colocaram em uma folha de *flipchart*. Ao pensarem em suas próprias atitudes, eles consideraram ações como ser legal, estender a mão para pessoas que não gostam de você, não cultivar o ódio, sorrir para as pessoas, falar contra comentários de ódio, e assim por diante. Os comentários de alguns estudantes refletiram seu medo de eventos inesperados, fazendo observações como "trancar minha porta". Ao considerar sua comunidade, a maioria das ações dizia respeito a ser um poderoso exemplo para os outros. Se, como comunidade, eles pudessem mostrar como se dar bem e respeitar as pessoas, então os demais poderiam ver que é possível respeitar os outros. Ao pensar sobre a nação, os estudantes sentiam dificuldade com especificidades e muitas vezes falavam em palavras de ordem: "Parem de ferir as pessoas". Houve alguns comentários sobre a restrição de acesso a armas. Por fim, as consequências da inação foram o reconhecimento de que provavelmente haveria mais violência e mortes. Ao final da discussão, Alexandra sentiu que os estudantes perceberam que podem lutar contra o ódio no mundo ao espalhar amor em sua própria vida.

Em 2017, o governo australiano realizou um plebiscito para avaliar a opinião pública sobre se casais do mesmo sexo deveriam ou não ser autorizados a se casar. O debate que se seguiu chegou aos corredores e salas de aula do Bialik College, em Melbourne, Austrália, e a professora de história e estudos judaicos Sharonne Blum queria ajudar os estudantes a pensar sobre ações que poderiam tomar, mesmo que ainda não tivessem idade suficiente para votar. Sharonne começou pedindo que lessem um artigo sobre o caso judaico pela igualdade no casamento, que apareceu no serviço público de notícias SBS. Sharonne esclareceu que os estudantes não precisavam concordar com tudo o que o autor disse, e encorajou a turma a levantar problemas e fazer questionamentos. Ela, então, solicitou que respondessem individualmente, por escrito, aos *4 se's*. Percebendo que este era um tópico polêmico, com membros da comunidade tendo diversas visões, Sharonne, em vez de solicitar que todos os estudantes compartilhassem sua resposta, apenas abriu a conversa para quem quisesse compartilhar ações.

Um tema que surgiu foi que, mesmo não sendo ligado às pautas LGBTQ ou participando de passeatas, é importante engajar outras pessoas com diferentes perspectivas e falar sobre a importância da aceitação como princípio orientador para a sociedade. "A rotina *Os 4 se's* foi perfeita para capacitar os estudantes. Ela forneceu uma estrutura útil para pensar a respeito dos problemas de maneira sincera."

Avaliação

Essa rotina exige que os estudantes pensem além de si mesmos para considerar as perspectivas, a influência e os papéis dos outros. Mesmo quando se pensa em ações para si mesmo, é preciso ter consciência de como suas ações afetarão os outros e como elas podem ser percebidas. Procure a capacidade dos estudantes de considerar tais consequências e perspectivas. Se estão trabalhando em grupo, será que as ações potenciais são discutidas em relação ao seu efeito e influência? As perspectivas dos outros são trazidas para a discussão?

Há um longo histórico de escolas envolvendo os estudantes em ações indiretas em torno de questões. Por exemplo, pode-se arrecadar fundos para repassar a uma entidade que fará o trabalho direto. Da mesma forma, os estudantes são frequentemente solicitados a criar cartazes para informar os outros sobre um problema. Embora tais esforços possam certamente valer a pena, eles mantêm os estudantes a distância. Preste atenção para ver se eles são capazes de pensar além das ações indiretas, para considerar as ações diretas, particularmente quando levam em conta as ações do "eu". Ocasionalmente, isso pode ser motivado por meio de perguntas como: "Existem coisas que você mesmo poderia fazer que o ajudariam a não depender de ninguém para fazer algo?". Se as respostas forem genéricas – do tipo "seja útil" –, peça que sejam mais específicos: "De que forma poderiam fazer isso?".

Ao gerar ações fortes e eficazes, os estudantes também têm que pensar em relações de causa e efeito. Ou seja, como ações específicas contribuem para soluções, mudanças ou melhorias? À medida que discutem as possibilidades, verifique se eles são capazes de projetar quais podem ser as consequências de certas ações. Se você ouvisse os estudantes simplesmente respondendo com: "Essa é uma boa ideia", poderia perguntar: "O que há nessa ideia que você acha que pode torná-la eficaz? Como você acha que isso pode melhorar ou mudar a situação?". Essas perguntas dão aos estudantes a chance de explorar relações causais, se ainda não o fizeram.

Com alguns tópicos, você pode precisar prestar atenção à capacidade dos estudantes de extrapolar além de si mesmos, para considerar uma questão em escala. Por exemplo, a questão do *bullying* pode ser muito fácil de se pensar em termos da comunidade e em nível individual, mas será que os estudantes conseguem ver como essa questão se desenrola no grande palco nacional ou mundial, em termos de como as pessoas são tratadas?

Dicas

Em geral, essa rotina se move do individual para o mundo mais amplo. No entanto, semelhante à rotina *Os 3 porquês*, é possível alterar essa ordem. O importante é que os estudantes trabalhem um passo de cada vez, para que considerem cada um cuidadosamente, em vez de usar todas as quatro perguntas ao mesmo tempo. Dito isso, uma vez que se tenha progredido em todos os quatro níveis, podem surgir novas ideias para qualquer um dos níveis anteriormente considerados.

O trabalho em grupo pode incentivar uma grande discussão e exploração, bem como a geração de ideias, à medida que os estudantes se baseiam nas respostas uns dos outros. Para garantir que todos cheguem ao grupo pensando em contribuir, recomendamos que os estudantes tenham tempo para pensar e escrever individualmente, para identificar as respostas, em vez de passar imediatamente para o trabalho em grupo. Isso garante que tenham algo a contribuir antes de se reunirem em pares ou como um grupo.

Uma vez que tenham gerado ideias para agir em vários níveis, você pode querer fazer alguma avaliação, classificação ou elaboração sobre as ideias. Isso poderia ser realizado fazendo com que os estudantes selecionassem uma ação (em qualquer nível) que mais os intriga e, em seguida, colocando-os em grupos com base em suas escolhas para explorar e apoiar essas ações ainda mais. Para ajudá-los a identificar a eficácia das ações, eles poderiam escolher uma ação, em cada nível, que julgam ter o maior potencial para efetuar mudanças e discutir, refletir e/ou escrever sobre por que eles acham que isso é verdade e, em seguida, apresentar seu caso à turma. Como alternativa, a rotina *Cabo de guerra** (Ritchhart; Church; Morrison, 2011) poderia ser usada para explorar os benefícios e problemas associados a uma determinada ação. Outra forma de processar as ações é pedir que os estudantes classifiquem suas ações (sejam elas do grupo ou de toda a turma) em ações diretas (engajando-se na ação) e indiretas (defendendo e promovendo a ação). A ideia não é minimizar ações indiretas, mas há menos a explorar e desenvolver com essas ações.

EXEMPLO DA PRÁTICA

Na Ashley Falls School, em Del Mar, Califórnia, todos os estudantes estavam envolvidos em um projeto em grande escala focado no *design* de uma escola do futuro. Em cada série, as turmas escolhem algum aspecto do projeto que queiram explorar. Para a professora do 6º ano Caitlin Williams e sua turma, a escolha foi aplicar princípios ecológicos ao *design* da escola. A turma passou muito tempo explorando questões ambientais e a ideia de sustentabilidade, e isso parecia ser uma extensão natural. Trabalhando com uma equipe de educadores de todo o distrito escolar de Del Mar em um laboratório de aprendizagem colaborativo (para obter mais informações sobre laboratórios de aprendizagem, consulte o Capítulo 7), Caitlin começou o processo de elaborar uma aula introdutória.

À medida que Caitlin compartilhava seu foco e objetivos para o projeto, ficou claro que um objetivo central era ampliar o pensamento dos estudantes sobre o tema. A professora estava preocupada que entrar muito rápido na ideia de projetar uma escola ecológica pudesse levar os estudantes a considerar apenas soluções padrão, como o uso de painéis solares. Todos sentiram que seria mais benéfico se houvesse uma melhor compreensão da importância e aplicação do *design* ecológico antes de passar para as questões de *design*. Depois de muita discussão, a equipe de planejamento colaborativo decidiu que a rotina *Os 3 porquês*, seguida pela rotina *Os 4 se's*, forneceria uma boa maneira para os estudantes pensarem sobre a importância do *design* ecológico, bem como sua ampla aplicação, antes que se aprofundassem no desafio do *design*.

Caitlin inicia sua aula apresentando a rotina *Os 3 porquês* e pedindo que os estudantes selecionem um parceiro ou um trio com quem trabalhar. Eles registram suas respostas em uma grande folha de papel, dividida em três partes – alguns criam seções horizontais, enquanto outros optam por verticais; alguns criam um gráfico Y na página. Uma vez que os estudantes tenham capturado seu pensamento em torno de cada pergunta, a turma faz uma caminhada silenciosa na sala, procurando

---

* N. de R. T.: No original, *Tug-of-War*, envolve os estudantes em uma análise de dilemas ou questões complexas, onde identificam e discutem as forças opostas em jogo. Eles exploram argumentos a favor e contra um determinado ponto de vista, ajudando a desenvolver habilidades de pensamento crítico e compreensão profunda para discutir dilemas complexos.

temas. Os temas emergentes foram (i) foco no futuro, que ser ecologicamente correto é algo que contribui para um futuro mais seguro; (ii) sustentabilidade, que ser ecologicamente correto protege plantas, animais e ecossistemas ameaçados de extinção; e (iii) danos, que não ser ecologicamente correto prejudica plantas e animais de maneiras que estamos apenas começando a compreender.

Com base nessa discussão, Caitlin apresenta a rotina *Os 4 se's*. "Agora vamos levar adiante nosso pensamento sobre ser ecologicamente correto, a fim de considerar as ações. Para nos ajudar a fazer isso, vamos usar a rotina *Os 4 se's*. Esta é uma estrutura semelhante a *Os 3 porquês*, com um acréscimo." Ela lê as quatro perguntas, oferecendo outros questionamentos e enquadramentos em torno de cada uma delas. Enquanto fala, Caitlin desenha um retângulo no quadro e o divide em quatro partes. Ela então escreve cada uma das perguntas em uma das seções. "Na primeira rotina, pensamos muito na ideia de importância. Agora, estamos pensando em ações. Cada uma das caixas em sua página conterá ações escritas."

"Então, não se trata do que acontecerá se fizermos uso do *design* ecologicamente correto, mas sim de ações que tomaremos para realmente usá-lo?", questiona um estudante.

"Sim, é isso mesmo. Trata-se de quais ações você tomaria no seu dia a dia ou no nosso dia a dia".

"Ah, então não é o impacto?", confirma o estudante.

"Essa é uma questão muito útil para esclarecer. Obrigada por perguntar isso", conclui Caitlin antes de direcionar os estudantes de volta aos grupos. "Ainda temos cerca de 15 minutos de aula. Isso será tempo suficiente para começarmos a pensar nessa questão."

Os estudantes retornam aos seus grupos e dividem sua nova folha de papel em quatro quadrantes, espelhando o que Caitlin desenhou no quadro. Eles rotulam esses quadrantes como Eu/nós, Comunidade, Mundo e Nada. As conversas são animadas e específicas, pois identificam ações para si mesmos. Em suas respostas, alguns identificam não apenas as ações, mas também os resultados ou as razões dessas ações. Por exemplo, "Usaríamos embalagens reutilizáveis *para reduzir o uso de sacos plásticos*" ou "Faríamos uma horta e usaríamos os produtos frescos para fazer merenda escolar, em vez de trazer *fast food*". As ações da turma costumam ter uma mistura de ações diretas, como as mencionadas anteriormente, e ações indiretas ou de defesa, como "compartilhar ideias com amigos e familiares" ou "divulgar as medidas".

Muitas respostas refletem a aprendizagem prévia sobre sustentabilidade, invenção e *design thinking*. Há muitas referências a painéis solares, bebedouros com recursos de recarga de garrafas d'água, uso de materiais ecológicos e limitação de embalagens. Um estudante menciona a criação de estações de reciclagem de chicletes como algo que a comunidade poderia fazer. Ele havia lido sobre um inventor britânico que projetou estações de reciclagem de chicletes que resolveram o problema do lixo (chiclete é o segundo tipo mais comum de lixo de rua, depois dos cigarros) e encontraram uma maneira de reciclar a base de polímero usada para produzir chicletes em produtos utilizáveis, como solas de sapatos e copos de bebida.

À medida que pensam sobre as ações do "mundo", eles identificam aquelas que refletem a ideia de escala. Por exemplo, a ideia de criar edifícios a partir de materiais ecológicos é mencionada nas categorias "mundo" e "comunidade". A ideia de escala também se reflete em ações como "plantar bilhões de árvores". Alguns estudantes fazem referência a decisões políticas, como "proibir o uso de carros a gasolina".

Conforme passam a considerar as consequências da inação, a maioria menciona as preocupações crescentes associadas ao aquecimento global e às mudanças climáticas. Alguns identificam especificidades, como a extinção de certas espécies de animais e o esgotamento dos recursos naturais. Um estudante comenta que a ideia de "se não fizermos nada" é "um cenário atual possível para o nosso futuro".

Ao detalhar a aula como parte da experiência do laboratório de aprendizagem, Caitlin comenta como "essas duas rotinas se encaixam perfeitamente ao ponto onde meus estudantes estão. Isso permitiu que eles aproveitassem suas aprendizagens e paixões anteriores em torno do *design* ecológico, mas também os levassem adiante, para ações reais. À medida que avançamos para o nosso projeto de uma escola do futuro, quero que eles pensem fora da caixa, e não apenas colando painéis solares no telhado. Acredito que agora eles têm algumas ideias sobre como fazer isso".

PARTE
III

Percebendo o impacto

6

Uso de rotinas de pensamento para obter o máximo de efeito

Nos capítulos anteriores, compartilhamos uma coleção de rotinas de pensamento projetadas para ajudar os estudantes a ampliarem seus hábitos de se envolver com outras pessoas, com ideias e com a tomada de ações. Ao longo da leitura, esperamos que tenha encontrado aplicação nessas ferramentas e estruturas, e que neste momento já possa até ter experimentado algumas rotinas em seu próprio trabalho. Embora as barreiras para aplicá-las nas salas de aula sejam mínimas, colocá-las em prática de maneiras que sejam ao mesmo tempo atraentes e influentes para o aprendizado tanto dos estudantes quanto dos professores é outra questão.

Em nosso trabalho contínuo, ouvimos consistentemente os professores dizerem que percebem que as rotinas de pensamento são usadas com a obtenção do máximo efeito quando deixam de simplesmente "fazer a rotina" e se orientam para tornar os movimentos de pensamento uma parte regular e comum de seu ensino. Gradualmente, as rotinas parecem menos atividades para completar e, em vez disso, assumem um papel de dar partida, impulsionar e capturar a aprendizagem de maneiras dinâmicas. À medida que o pensamento dos estudantes se torna visível, é como se um reservatório para as próximas perguntas e ações fosse formado. Quando isso acontece, professores e estudantes passam a utilizar rotinas de pensamento com maior flexibilidade e agilidade, como em uma dança perfeita.

Com o uso consistente ao longo do tempo, os educadores reconhecem grandes mudanças nos estudantes e na cultura de suas salas de aula, conforme explicado no Capítulo 1. À medida que os professores assumem a linguagem das rotinas, eles podem ver os estudantes fazendo o mesmo – eles começam a usar as rotinas de pensamento de forma espontânea. A natureza das perguntas de estudantes e professores torna-se mais profunda e complexa. Os estudantes têm mais disposição para participar da conversa. Eles contribuem com confiança para a comunidade da sala de aula, já que reconhecem que a turma se concentra em torno de seu pensamento, e não de sua exatidão.

Essas mudanças representam muitas das qualidades e funções que as rotinas de pensamento visam promover. Porém, como os professores podem chegar lá? Que escolhas eles fazem para apoiar o objetivo de tornar o pensamento visível? O que os leva do simples uso inicial das rotinas de pensamento para a obtenção do seu efeito máximo?

Descobrimos que os educadores atentam para quatro áreas-chave que os ajudam a passar do uso superficial de rotinas de pensamento para a sua incorporação de forma mais eficaz:

- *Planejamento*. Identificar onde e quando o pensamento é necessário e como isso acontecerá. Perguntar, por exemplo, "Onde posso planejar para que os estudantes olhem de perto, façam conexões e descubram a complexidade enquanto se envolvem com ideias e uns com os outros?".
- *Preparação*. Antecipar e estar atento ao pensamento à medida que ele surge. Perguntar: "Como vou reconhecer o pensamento à medida que ele acontece em tempo real?".
- *Insistência*. Levar o pensamento adiante no momento. Perguntar: "Como posso interagir melhor com os estudantes em torno do pensamento que eles estão tornando visível, neste momento e depois dele?".
- *Posicionamento*. Tornar o pensamento rotineiro é uma posição que assumimos, uma postura que tomamos, um objetivo que abraçamos. Perguntar: "Como posso me posicionar para tornar o pensamento mais rotineiro na minha sala de aula?".

Neste capítulo, exploramos essas quatro áreas-chave de alto nível e suas práticas associadas, a fim de maximizar o poder de tornar o pensamento visível. Ao longo do caminho, saberemos dos professores que implementaram essas práticas e estão comprometidos com suas salas de aula como lugares onde o pensamento dos estudantes é visível, valorizado e ativamente promovido.

PLANEJAMENTO PARA PENSAR

O planejamento da unidade é um território familiar para os professores. E dois pontos focais costumam dominar as conversas sobre ele: atividades e eficiência. Muitas vezes, quando os educadores se reúnem em torno de um tema curricular, começam a sugerir atividades que realizaram em anos anteriores e que poderiam ser reutilizadas. Eles se envolvem no que se pode chamar de "despejo de atividades" – acumulam uma grande pilha de atividades e, em seguida, reduzem a pilha para que possam entregar um conjunto gerenciável de atividades ao longo do tópico. Outra tendência típica do planejamento é a "abordagem da eficiência". Diante de muitos itens curriculares para cobrir, com pouco tempo para abranger tudo, os professores costumam dividir o currículo pelo número de dias no período escolar. O que resulta disso se torna a meta para a aula de cada dia, até a data de término.

O foco nas atividades e na eficiência é bem-intencionado. No entanto, o problema é que nenhuma das abordagens depende do pensamento dos estudantes para as experiências contínuas de aprendizagem. As ideias, conexões, curiosidades e perspectivas dos estudantes têm relativamente pouca influência para a direção da aprendizagem. Como, então, os professores podem se afastar dessas tendências comuns, mas limitantes, de planejamento? As seguintes ferramentas e práticas podem ser úteis no planejamento para pensar:

- Usar o mapa da compreensão.
- Ter em mente o amanhã e planejar momentos "a serem continuados".
- Planejar interações, ambiente e tempo.
- Planejar onde e quando ouvir.
- Não planejar demais.

Usar o mapa da compreensão

O mapa da compreensão, apresentado no Capítulo 2, é uma estrutura orientadora para o planejamento (veja a Figura 6.1). Usamos a palavra "mapa" propositalmente. Considere o que os mapas nos oferecem: eles nos ajudam a nos orientar em um espaço. Eles nos ajudam a chegar a um determinado destino. Eles nos ajudam a começar a avaliar as características que compõem o terreno em volta. Assim como os mapas nos ajudam a

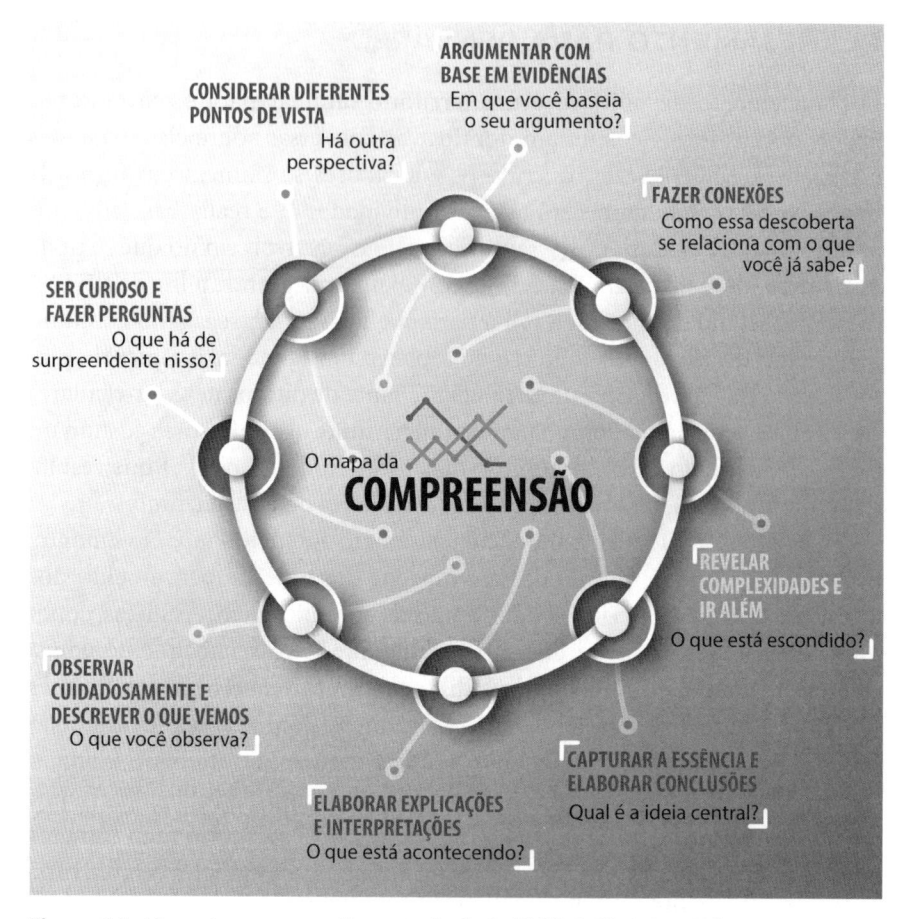

Figura 6.1 Mapa da compreensão, cortesia do St. Phillip's Christian College.
Fonte: Harvard Graduate School of Education (2022).

ver que nosso ambiente não é plano nem uniforme, o mapa da compreensão auxilia os professores a perceberem a aprendizagem em multicamadas, de maneira multidimensional. Embora o mapa da compreensão tenha impacto na maioria dos professores quando apresentado a eles, há uma tendência a se perder na implementação de práticas para tornar o pensamento visível (TPV). Quando "fazer as rotinas" torna-se o foco principal, muitos professores perdem de vista o terreno como um todo. Lembre-se, o objetivo é tornar o pensamento uma rotina, não simplesmente realizar rotinas de pensamento.

O mapa da compreensão pode ser usado por professores e estudantes para se orientar quanto ao tipo de movimento de pensamento que eles podem realizar em um determinado momento. Ele pode ajudar a ter uma noção do território em que se encontram – observando de onde vieram e para onde estão indo – e a identificar a direção – mapeando para onde se mover e do que se afastar, com o desenrolar do aprendizado de um determinado conceito. Kendra Daly, orientadora de alfabetização da International School of Beijing, usa o mapa da compreensão para tornar as unidades interdisciplinares mais coesas, concentrando-se no pensamento. "Eu e meus colegas descobrimos que uma ótima maneira de encontrar pontos de integração entre as disciplinas é identificar diferentes tipos de pensamento que gostaríamos de destacar em uma unidade. Embora muitos tipos diferentes de pensamento aconteçam ao longo de uma unidade integrada, encontrar um ou dois movimentos de pensamento – e conectá-los a outros – nos ajudou a nos tornarmos mais consistentes em nossa prática. Não estou constantemente quebrando a cabeça para achar atividades; em vez disso, preparo meus planos de aula me perguntando: 'que tipo de pensamento estou procurando?' e 'que rotina nos ajudará a acessar esse pensamento?'"

Quando os professores, como Kendra, determinam que há certos tipos de movimentos de pensamento nos quais eles querem que seus estudantes se tornem qualificados, começam a mapear esse pensamento ao longo das experiências diárias e semanais de suas aulas. Para que o pensamento do estudante cresça e se desenvolva, é preciso haver oportunidades regulares e contínuas para que se envolvam nesse tipo de pensamento como uma rotina. Fazendo referência ao mapa da compreensão, pergunte-se: existe um certo tipo de pensamento com o qual eu desejo que meus estudantes lidem melhor? Em que ponto as tarefas da semana criam oportunidades para eles se envolverem nesse tipo de pensamento? Olhando para o exame ou projeto de fim de unidade, que tipos de pensamento os estudantes precisarão ativar a fim de obterem ótimos resultados? Em que ponto nas tarefas regulares e contínuas da semana haverá a chance de destacar esse pensamento, encorajá-lo e apresentá-lo de maneiras proeminentes?

Ter em mente o amanhã e planejar momentos "a serem continuados"

Uma das seis forças para tornar o pensamento visível é a aprendizagem mais profunda. Mas é difícil se aprofundar quando existe o hábito constante de apenas planejar por meio de listas de tarefas diárias. Os professores com quem trabalhamos geralmente começam com os movimentos de pensamento que desejam expandir e desenvolver de forma mais ampla, por exemplo, ao longo de uma unidade ou ano letivo. Eles se perguntam: "Qual é o movimento de pensamento com o qual eu quero que meus estudantes se empoderem nesta unidade?". Depois, eles perguntam: "Então, onde estará hoje a oportunidade de fazer esse movimento de pensamento?". Além disso, eles questionam: "Onde os movimentos de pensamento que fizermos hoje levarão em direção aos movimentos de pensamento que faremos amanhã?". Vemos educadores planejando experiências de curto prazo, com os olhos sempre voltados para o horizonte distante do desenvolvimento das disposições de pensamento dos estudantes como principal objetivo.

Essa atenção de curto prazo e horizonte distante aos movimentos do pensamento é algo que Walter Basnight, professor de psicologia do *International Baccalaureate* (IB) na American International School of Chennai, Índia, considera profundamente em sua prática. Ele reflete: "Tornei-me mais específico em relação ao tipo de pensamento que estou procurando e querendo desenvolver. E penso em como organizar esse pensamento ao longo das experiências de um semestre ou ano. Isso é importante, pois me ajuda a identificar rotinas de pensamento e articular com meus estudantes o tipo de pensamento que essas rotinas apoiam".

Décadas atrás, havia certos programas de televisão que eram amados em muitos lares norte-americanos, como *The Brady Bunch, Gilligan's Island, Little House on the Prairie* e outros como esses. Na maioria das vezes, essas séries apresentavam um episódio que acontecia e se encerrava de uma forma bastante estereotipada. Porém, de vez em quando, havia alguns episódios em que, ao final dos 30 ou 60 minutos, as palavras "*To be continued...*" (continua...) apareciam na tela. Ah, como poderiam fazer isso com um público fiel? Os telespectadores teriam que esperar uma semana inteira para que o programa voltasse ao ar. Não havia internet para provocar conversas entre eles. A expectativa sobre o que aconteceria levava o público à loucura. Embora ninguém gostasse de ter que esperar, havia um nível de satisfação quando um episódio era tão complexo e rico (da forma como esses tipos de programas eram na época) a ponto de ter uma mensagem *"To be continued..."*. A explicação era mais sutil. Os espectadores se sentiam atraídos a descobrir o que viria a seguir.

Os professores que obtiveram grande sucesso em tornar o pensamento visível em suas salas de aula planejam esses momentos *"To be continued..."*. Não tanto quanto um suspense, mas de forma que "a trama de pensamento de hoje vai ser resolvida no próximo episódio". Eles afloram o pensamento do estudante por meio de rotinas e documentação de modo que sempre há algo que surge na experiência de hoje que continuará nas próximas oportunidades de aprendizagem, seja no dia seguinte, seja nos próximos dias.

Mary Beth Schmitt, professora de matemática do ensino médio da Traverse City Area Public Schools, em Michigan, acredita muito na conectividade do *"To be continued..."*. "Creio que desenvolver uma série de experiências de problemas conectadas, que se formam de uma aula para a outra ou de uma unidade para a outra – ou mesmo de uma série para a outra – faz uma diferença positiva na profundidade do entendimento para todos os estudantes. Quero que o que aprendemos hoje continue amanhã com base naquilo que já pudemos aprender", diz Mary Beth. Professores que planejam momentos *"To be continued..."* se encontram mantendo a aprendizagem de hoje com os olhos sempre voltados para aquele objetivo mais distante de desenvolver hábitos de pensamento. Ao planejar, pergunte-se: "Que tipo de pensamento, visível hoje, pode ser acompanhado de experiências, investigações ou perguntas futuras, para que o pensamento possa continuar?".

Planejar interações, ambiente e tempo

É fácil para os professores olharem para a semana seguinte e listarem as atividades que os estudantes farão. Mas o planejamento das aulas não garantirá, por si só, o engajamento cognitivo e a aprendizagem profunda. Além de planejar as aulas diárias, os educadores que criam uma cultura de pensamento também planejam as interações que pretendem ter com seus estudantes e como eles incentivarão as interações entre eles. Os professores também levam em consideração o ambiente físico, planejando exatamente onde e como os estudantes se envolverão em valiosos movimentos de pensamento. Além disso, eles são conscientes de que precisam dar tempo para que o pensamento aconteça, em vez de esperar respostas rápidas, que ofuscam o pensamento.

A Tapestry Partnership, em Glasgow, Reino Unido, trabalha com muitas autoridades locais escocesas para envolver educadores com as práticas de TPV. Laura MacMillan, professora de música dos anos finais do ensino fundamental e líder de aprendizagem, reflete sobre como seu planejamento foi muito além de qualquer aula, como resultado de sua participação. "Meu planejamento agora reserva um tempo para os estudantes pensarem, em vez de apenas completarem tarefas. Eles agora valorizam esse tempo e notaram a diferença nos trabalhos concluídos quando recebem estrutura e tempo para se preparar." Outra líder de aprendizagem da Tapestry Partnership, a professora de teatro dos anos finais do ensino fundamental Claire Hamilton, afirma: "Ao planejar as aulas com antecedência, pensava nas informações que queria dar aos estudantes e na melhor forma de fazer isso. Agora, procuro oportunidades para que interajam uns com os outros para descobrir e resolver problemas, a fim de tirar suas próprias conclusões". Considerando o ambiente da sala de aula em si em seu planejamento, Marina Goodyear, professora do 5º ano da American Embassy School, em Nova Delhi, Índia, compartilha: "Acho que planejar com intenção a respeito do que realmente vai para as paredes no ambiente da sala de aula me ajuda a ser mais consciente e adaptativa no desenvolvimento de entendimentos de meus estudantes, para que possamos ter interações adicionais, até mesmo mais profundas, uns com os outros". Ao planejar, pergunte-se: "Quanto tempo preciso investir para que o pensamento do estudante não seja apressado? Que interações imagino que eles tenham uns com os outros que servirão para promover um pensamento mais profundo? Que pensamento os estudantes podem gerar que possam ser fisicamente apresentados nas paredes da sala de aula para proporcionar outras oportunidades à medida que a unidade prossegue?".

Planejar onde e quando ouvir

À medida que as experiências de aprendizagem da semana começam a tomar forma, você já pensou em que ponto vai ouvir? Em que momentos os estudantes irão discutir, explorar e lidar com ideias, e você poderá usar isso como oportunidade para compreender sua aprendizagem? Como já enfatizamos, o que escutamos em sala de aula tem muita importância.

É uma das quatro principais práticas de TPV. No entanto, se não alocarmos tempo, deliberadamente, para ouvir os estudantes e tentar entender seu pensamento, nosso ensino torna-se mais transmissivo e menos responsivo.

Muitos dos educadores com quem trabalhamos notaram que se não fizerem conscientemente um esforço para serem observadores e ouvintes em suas salas de aula, provavelmente preencherão o espaço com suas próprias vozes. Isso é algo que os professores têm habilidade para fazer, mas torna-se uma ladeira escorregadia quando entramos, talvez com empolgação, e assumimos o controle da conversa da turma. O excesso de zelo por parte dos professores em encher as salas de aula com suas ideias pode facilmente deslocar a dinâmica do poder de volta para os adultos e, sem querer, lançar os estudantes no papel de destinatários passivos da grande sabedoria de seus professores. O que é necessário é uma escuta mais empática e educativa (English; Hintz; Tyson, 2018), na qual prestemos atenção às perspectivas dos estudantes enquanto eles lidam com ideias no processo de construção de sentido.

Essa tensão é perfeitamente resumida por Wayne Cox, diretor de aprendizagem e ensino do Newington College, em Sydney, Austrália, e ex-professor de saúde e educação física do ensino fundamental. Ele reconhece: "A coisa mais difícil que encontro é não estar perdido ou excessivamente engajado em minha própria aprendizagem. Quando esses momentos de pensamento crítico surgem em meus planos e aparece um aprendizado rico em meus estudantes, posso ser tentado a mudar todo o conceito e começar a dar uma voz e importância maiores às minhas próprias reflexões e pensamentos". Wayne está desconfiado de que sua empolgação possa diminuir a voz de seus estudantes e tirar deles a oportunidade de desenvolver o pensamento em um nível mais profundo. Ele continua: "Quero compartilhar meu pensamento, é claro, mas com a intenção de ouvir os estudantes muito mais do que falar. Eu tento ficar bem ciente disso e planejo, ao máximo possível, evitar falar demais".

Não planejar demais

Alguns anos atrás, Mark Church e seus colegas foram encarregados de organizar uma longa viagem de campo durante a noite para a turma de 5º ano. Eles planejaram. E planejaram. E planejaram. Cada minuto do tempo foi considerado. Eles eram meticulosos, para que tudo funcionasse como um relógio. Ao retornar, Marcos lembra-se de ouvir um dos pais cumprimentando o filho e perguntando sobre a viagem. "Foi legal, mamãe, mas não fizemos muita coisa", respondeu o estudante. Mark e seus colegas ficaram desanimados. Os estudantes fizeram muitas atividades e tiveram muitas experiências. Cada minuto de tempo foi planejado. Refletindo anos depois, Mark acha que o estudante expressou algo profundo. Eles realmente *NÃO* fizeram muita coisa. Eram passageiros da agenda bem-intencionada de seus professores. Eles eram membros da plateia para experiências bem-intencionadas. Seu papel era o de espectador da ilusão de muita aprendizagem por meio de atividades.

Muitos dos professores com quem trabalhamos entenderam que o planejamento excessivo de atividades pode ser tão prejudicial quanto a falta de planejamento. O excesso de tempo faz com que os estudantes entrem no modo de conclusão de trabalho e os professores entrem no modo de liderança. Uma tendência ao planejamento excessivo também pode levar os educadores a dividir ideias bastante complexas em pequenos pedaços, ou apresentá-las de tal forma que os estudantes possam facilmente "entender". No entanto, quando todos os aspectos difíceis dos tópicos são suavizados e estão prontos para serem digeridos, a maior parte das oportunidades de pensamento já foi concluída – mas por alguém que não os próprios estudantes. Momentos poderosos de conexão, aprofundamento, consideração de pontos de vista alternativos e geração de questionamentos ocorrem quando há uma tensão, um dilema ou quando algo tem um pouco de dificuldade. Quase sempre essas circunstâncias precisam de tempo, espaço e processamento, muito mais do que uma longa lista de atividades.

Ter metas definidas para o desenvolvimento dos estudantes como pensadores pode ajudar os professores a evitar o planejamento excessivo. Quando determinam que organizar os estudantes para que façam conexões entre ideias ou que considerem os pontos de vista dos outros não é apenas um objetivo de aula, e sim um objetivo abrangente, o mais importante é criar espaço para que realizem tais ações como uma rotina. Os professores podem muito bem ter atividades preparadas e prontas, mas quando percebem que os estudantes estão trazendo muito pensamento para a aprendizagem, que avança e aprofunda a compreensão, então eles ficam menos estressados para "passar pelas atividades" e mais inclinados a se manterem presentes nesse momento. Eles tentam explorar toda essa força que flui enquanto os estudantes demonstram e desenvolvem disposições de pensamento.

ESTAR PREPARADO PARA PENSAR

Os professores que usam rotinas de pensamento para obter o máximo de efeito não só planejam para pensar, mas também são *preparados* para pensar. Eles estão prontos para que o pensamento aconteça. Em toda parte. O tempo todo. É como se eles não pudessem evitar que esses movimentos de pensamento sempre estejam presentes. Há uma distinção, em nossa opinião, entre educadores que se esforçam para tornar o pensamento uma rotina e aqueles que simplesmente tentam acrescentar rotinas de pensamento de vez em quando.

O que significa estar preparado para pensar? Para ilustrar esse ponto, considere essa ocorrência comum. Você já teve a experiência de comprar um carro novo, digamos, um Mini Cooper esportivo, e então a próxima coisa que acontece é que você começa a ver Mini Coopers por toda a parte? Alguns deles aparecem no estacionamento do supermercado, outros na faixa de trânsito contrária. Um encosta ao seu lado no semáforo. De onde vieram todos esses Mini Coopers? Ou você já se deparou com uma palavra nova que nunca tinha visto ou ouvido antes? Uma palavra que faz parte do seu idioma há séculos, mas esta foi a primeira vez que você se deparou com ela. Então, nas duas ou três semanas seguintes, você começa a ouvi-la e vê-la várias vezes. Está aparecendo em todos os lugares. De onde veio essa palavra e por que todo mundo de repente a utiliza agora?

A maioria de nós já experimentou esse efeito, algo que os cientistas cognitivos chamam de ilusão de frequência. Há alguns processos em ação. Primeiro, atenção seletiva: seu cérebro se deparou com algo novo (um Mini Cooper, uma palavra nova) e está à espreita para encontrá-lo em todos os lugares. Em segundo lugar, há um processo de viés de confirmação em andamento. Você acabou de ver aquele carro novo ou palavra nova. Aí você viu novamente. Então você viu mais uma vez. Logo seu cérebro começa a acreditar que esses Mini Coopers ou novas palavras do vocabulário saíram do papel e estão aparecendo com mais frequência do que antes. Bem, a verdade é que esses carros ou palavras provavelmente já estavam presentes no mundo ao seu redor. Simplesmente seu cérebro se sensibilizou com eles e os percebe como se fossem mais frequentes. É um fenômeno estranho, mas interessante.

Voltando à questão de estar preparado para pensar, familiarizar-se com o pensamento às vezes assume esse sentimento da melhor maneira. Quando os professores decidem que olhar para as questões a partir de diversas perspectivas é poderoso para a aprendizagem dos estudantes, eles começam a ver "movimentos de busca de perspectiva" em todos os lugares. Quando os educadores percebem que conectar ideias e buscar relações fornecem ótimas ideias para os estudantes, eles começam a ver lugares onde poderiam ser feitos "movimentos de conexão". Os professores que criam culturas de pensamento em sala de aula são preparados para que os movimentos de pensamento aconteçam rotineiramente – de maneiras explícitas e sutis. Enquanto planejam oportunidades de pensamento por meio do uso de rotinas, eles são preparados para pensar em tempo real e, em seguida, começam a criar condições para que isso aconteça. As seguintes ferramentas e práticas podem ser úteis para preparar o pensamento em nós mesmos e nos estudantes:

- Exibir o mapa da compreensão.
- Deixar os estudantes saberem que o pensamento deles é importante.
- Ser um detetive em sua própria sala de aula (e em outras).
- Valorizar os momentos não planejados.

Exibir o mapa da compreensão

Apresente em sua sala de aula, de forma bem visível, o mapa da compreensão, e consulte-o regularmente – no início de uma investigação, durante uma experiência de aprendizagem, ao compartilhar o pensamento e a aprendizagem. Tenha o mapa grande o suficiente para estar em sua linha de visão, bem como na dos estudantes (baixe uma versão do mapa da compreensão em diferentes idiomas e formatos em ronritchhart.com). Seja capaz de apontar fisicamente para ele, como se estivesse clicando duas vezes em um movimento específico, quando o momento para esse tipo de pensamento for vantajoso. Use-o *como âncora e plataforma de lançamento para suas interações com os estudantes*. É claro que afixá-lo no ambiente físico, por si só, não fará mágica. Na verdade, pode virar apenas um cartaz na parede que se perde na confusão do dia a dia. O poder está em integrá-lo em sua instrução cotidiana, para que você destaque esses movimentos de pensamento como parte da experiência de aprendizagem regular em sua sala de aula.

Gene Quezada, professor de inglês do ensino médio na International School of Beijing, compartilha suas percepções sobre como o uso regular do mapa define as expectativas para a aprendizagem. "Como utilizo o mapa da compreensão no meu planejamento, também o utilizo no meu ensino. Então, os estudantes estão cientes do que estamos fazendo. Quero que tudo pareça bastante transparente e proposital, mas isso começa comigo preparando para onde queremos ir. A principal coisa que mudou em mim é que agora vejo a importância do meu papel em nomear e observar o pensamento que os estudantes estão fazendo. Em outras palavras, durante discussões ou conferências, eu sempre digo: 'Ah, então você está fazendo conexões com...' ou 'Percebo que você está pensando em outra maneira de ver isso...'. Os estudantes estão sempre pensando, mas estou preparado para observar e nomear isso. A expectativa é: aqui a gente pode pensar!"

Deixar os estudantes saberem que o pensamento deles é importante

Quando os estudantes percebem que seu pensamento forma a base das suas interações com eles, são mais propensos a experimentar rotinas de pensamento como padrões propositais de comportamento que têm significado para a sua aprendizagem. Ao mesmo tempo, os estudantes não nos mostrarão seu pensamento a menos que sintam que geralmente estamos interessados nisso e não apenas procurando a resposta correta. De fato, um dos primeiros obstáculos que os professores enfrentam quando usam as rotinas de pensamento pela primeira vez é que os estudantes se perguntam "O que devemos escrever?", como se a rotina fosse um exercício valendo nota. Como Gene apontou, sempre que você aflora o pensamento deles, é útil identificar um comentário ou exemplo que você possa usar para criar uma experiência, conversa ou provocação adicional. No Projeto Culturas do Pensamento, dizemos que o pensamento deve ser valorizado, visível e ativamente promovido como parte da experiência cotidiana dos estudantes. Mostramos o valor do pensamento reconhecendo-o quando o vemos, nomeando-o como Gene fez e usando-o para levar a aprendizagem adiante.

Tahireh Thampi, educadora do ensino fundamental da Magic Years International School, em Bangkok, Tailândia, destaca a importância de deixar que os estudantes assumam a liderança. Ela escreve: "Agora deixo que os estudantes influenciem a direção de nossa aprendizagem. Por exemplo, quando estamos ajustando uma nova unidade, estou menos determinada para onde iremos em seguida com as atividades. Em vez disso, penso sobre a que os estudantes estão se conectando, quais são suas perspectivas e quais equívocos eles trazem à luz. Em seguida, uso esses dados para elaborar meus próximos movimentos. Como pesquisadora dos meus próprios estudantes, levo o pensamento deles a sério. Acredito que eles começam a ver que o pensamento que desenvolvemos juntos tem um valor tremendo, porque orienta para onde vamos". As reflexões de Gene e de Tahireh apontam para três maneiras pelas quais podemos mostrar aos estudantes suas questões de pensamento:

- Nomear e perceber o pensamento dos estudantes para mostrar que é algo que você valoriza.
- Usar o pensamento dos estudantes para orientar a direção do seu ensino.
- Identificar os equívocos dos estudantes e fazer planos para resolvê-los.

Ser um detetive em sua própria sala de aula (e em outras)

Você já se deparou com um daqueles livros ilustrados em que o ilustrador enche as páginas com todo tipo de coisas esquisitas e confusas, como as que você pode encontrar dentro de uma loja de antiguidades ou no fundo do sótão da vovó? Muitas vezes há uma lista de coisas escondidas na ilustração para desafiar o leitor. Você consegue ver uma coruja empoleirada? Um relógio dourado? Um cartão postal havaiano antigo? Muitas vezes leva um bom tempo para encontrar os vários itens, mas uma vez vistos, isso parece claro como o dia. Lá está, bem na frente dos seus olhos. Estar preparado para pensar exige que o professor aborde cada dia como se esses movimentos de pensamento estivessem escondidos da visão de seus estudantes e o trabalho deles fosse encontrá-los.

Faça um trabalho de detetive em sua própria sala de aula e na dos outros para procurar onde e quando você percebe o pensamento, as oportunidades de pensar e o pensamento inesperado. Em breve, você será bom em analisar, ouvir e pesquisar. Você também entenderá melhor quando deve se afastar e se mover para outra parte da imagem, para explorar com novos olhos. Se as oportunidades de pensamento forem intencionalmente planejadas, então os estudantes provavelmente farão movimentos de pensamento valiosos com frequência, tanto quando solicitados a fazê-lo quanto por conta própria. Seu trabalho é tentar identificar esses movimentos de pensamento em ação quando eles ocorrerem em sua sala de aula. Da mesma forma, observe em outras salas de aula, quando possível, para ver o que você percebe sobre estudantes mais velhos, mais jovens ou em uma área diferente da sua. Identifique o pensamento como uma questão de consciência em sua própria prática, até que isso também se torne rotina.

É preciso ouvir muito de perto e ficar atento para encontrar esses movimentos de pensamento acontecendo em tempo real. Mas, quando isso acontece, a experiência pode ser emocionante. Quando você pensar pontualmente, considere enquadrar uma interação em torno do que acabou de verificar. Por exemplo, você pode dizer algo como: "Então você está tentando entrar no ponto de vista do antagonista nessa história?" ou "Parece que você está tentando fazer uma conexão entre a probabilidade desse resultado com base nas experiências que você realizou nesses testes". No mínimo, os professores podem espelhar de volta para os estudantes o que eles acabaram de observar e perguntar: "Será que eu percebi isso corretamente? Você pode dizer um pouco mais sobre o que está tentando fazer aí?".

Valorizar os momentos não planejados

Quando os professores são preparados para pensar, os momentos de pensamento não planejados surgem regularmente. Aqueles que estabeleceram rotinas de pensamento firmemente parecem ter um novo respeito por esses momentos não planejados. Eles não os veem mais como distrações dos esforços em sala de aula, e sim como caminhos para se aproximar do objetivo de desenvolver e aprofundar as disposições de pensamento dos estudantes, enquanto aprofundam sua aprendizagem. Nesses momentos não planejados, pode haver uma mina de ouro pensante a ser desenterrada. Louise-Anne Geddes, professora de inglês do ensino fundamental e líder de aprendizagem da Tapestry Partnership, valoriza esses momentos. Ela diz: "Descobri que o pensamento não planejado produziu alguns dos aprendizados mais autênticos para meus jovens estudantes. Eu naturalmente me pego perguntando '*O que faz você dizer isso?*' quando alguém contribui com algo que mostra discernimento ou compreensão real. Quando me aprofundo nesse pensamento, muitas vezes a aula segue em direções que eu não havia planejado. Sinto que essas são as oportunidades mais orgânicas para os estudantes pensarem profundamente". Da mesma forma, Mary Kelly, professora de ciências do ensino médio da International School of Amsterdam, na Holanda, compartilha: "Não fico muito preocupada sobre onde isso vai nos levar. Se há interesse coletivo, quase sempre será para algum lugar interessante. Se isso significa interromper a aula que foi planejada, então, que assim seja. Muitos estudantes dirão depois que as aulas mais interessantes e que mudam sua vida são aquelas em que saímos 'do roteiro' porque surgiu algo inesperadamente interessante, que nos fez seguir muitos movimentos de pensamento".

Não se engane, perseguir esses momentos não planejados pode parecer algo arriscado, como um salto de fé – pelo menos no início. Afinal, todo mundo tem "coisas" que precisam ser ensinadas e passadas. Uma chave para fazer com que ambos aconteçam é o reconhecimento de onde e quando a aprendizagem está acontecendo e a crença de que o engajamento e o empoderamento dos estudantes são objetivos importantes. Quando conseguimos aproveitar esses momentos não planejados, enviamos uma mensagem clara aos estudantes de que colocamos seu aprendizado acima de nossa agenda.

INSISTA PARA PENSAR

Planejar e estar preparado para pensar pode ser uma bênção ou uma maldição. A bênção é que há mais lugares para pensar do que a maioria dos professores jamais sonharia ser possível. Esta é uma notícia incrível! A maldição, porém, é o verdadeiro dilema vivido por um professor. Com um potencial tão incrível de pensamento a ser cultivado, como reagimos ou pressionamos os estudantes para esse pensamento?

Pressionar o pensamento dos estudantes faz com que eles saibam que levamos o pensamento deles a sério. No entanto, insistir em seu pensamento gera desafios. Às vezes, os professores não sabem se devem intervir e dizer algo quando uma oportunidade de pensamento aparentemente rica vem à tona, ou se devem deixá-la passar e confiar que haverá outras oportunidades para aproveitar. Esse dilema é um dos que nossos colegas do Projeto Zero, Tina Blythe e David Allen, discutem em seu livro *The Facilitators' Book of Questions* (Allen; Blythe, 2004). Eles escrevem que bons facilitadores estão sempre se perguntando: "O que está acontecendo aqui? O que eu devo fazer? E o que posso aprender com o que acabou de acontecer?".

Achamos que essas mesmas questões reflexivas dão suporte ao uso bem-sucedido das práticas de TPV. Uma vez que o pensamento do estudante tenha se tornado visível por meio de uma rotina de pensamento, questionamento, escuta ou documentação, os professores examinam o pensamento e decidem o que eles devem fazer naquele momento imediato, se for preciso. Não há uma regra rígida e fácil a ser seguida aqui. Isso é o que torna esse tipo de trabalho ao mesmo tempo emocionante e assustador. Acreditamos que pressionar o pensamento dos estudantes é semelhante ao que faz um músico de *jazz* (uma metáfora que também pegamos emprestada de Blythe e Allen, 2004), que às vezes decola em um solo de improviso e sobe a novos patamares com a melodia. No entanto, também pode acontecer desse mesmo músico decolar em um solo em outras ocasiões e, infelizmente, sair muito fora do tom. Isso é natural. Mas os professores devem ter coragem. Raramente algum movimento que eles fazem é tão desastroso que não pode ser redirecionado ou reformulado. Algumas técnicas e dicas para pressionar o pensamento são:

- Faça uma pausa e, em seguida, decida se deve ou não falar.
- Esteja pronto com perguntas facilitadoras.
- Afaste-se antes de poder entrar.
- Não transforme poços d'água em miniversões de fogueiras.

Faça uma pausa e, em seguida, decida se deve ou não falar

Encontre um lugar para ouvir atentamente primeiro e seja reflexivo antes de ser reativo. Dar a si mesmo apenas 15 segundos de pausa não é uma eternidade, embora às vezes possa parecer isso em nossas vidas tão ocupadas. Muitas vezes, um ou dois breves suspiros são a pausa que os professores precisam para formular interações ou perguntas, para que pareça que eles estão acompanhando, em vez de comandando, o pensamento de um estudante. Uma boa regra: tanto quanto possível, reflita antes de reagir.

Chris Fazenbaker, professora de espanhol de ensino médio do IB na American Embassy School, em Nova Delhi, Índia, acredita nesse poder de fazer uma pausa e estar presente. Ela compartilha: "Quando surge um momento para pensar, muitas vezes gosto de parar, ficar nesse momento e explorá-lo mais profundamente. Eu lembro da unidade Questões Essenciais e, na maioria das vezes, o pensamento que surge se relaciona com essa unidade de alguma forma. Permanecer no momento me ajuda a enxergar isso. Algo com que eu precisei me acostumar é a ideia de não estruturar muito a aula, fazer uma pausa e deixar que o pensamento durante a nossa conversa guie nossa aprendizagem".

Esteja pronto com perguntas facilitadoras

No Capítulo 2, discutimos o questionamento como uma das práticas mais importantes para tornar o pensamento visível. Introduzimos a ideia de perguntas facilitadoras e o "lançamento reflexivo" como uma técnica particularmente útil para estimular o pensamento. As perguntas facilitadoras acompanham as respostas iniciais dos estudantes às nossas questões e incentivam a elaboração do pensamento. Perguntas facilitadoras solicitam elaboração, motivos, evidências e justificativas. Elas também podem gerar discussão entre a turma, para que diferentes pontos de vista e ideias possam ser revelados. Não é preciso muito para que os professores perguntem: "Você pode falar um pouco mais sobre isso?", "Então, qual é, na realidade, a pergunta por trás da pergunta?", ou até mesmo "Então, *o que faz você dizer isso?*". Apresentadas aqui, essas perguntas podem não parecer ter muito peso. No entanto, quando colocadas em um momento de aprendizagem bem situado, elas podem ser transformadoras. Quando planejam e estão preparados para pensar, os professores se encontram prontos e ansiosos para praticar isso.

Afaste-se antes de poder entrar

Considere o início de qualquer aula. Em geral, os professores recapitulam onde o grupo estava e para onde está indo. Em seguida, eles oferecem uma pergunta-chave, ou apresentam uma ideia aos estudantes, para colocar as engrenagens da aprendizagem em movimento. Embora essas práticas sejam bastante comuns, os professores que são bons em colocar rotinas de pensamento em uso de maneiras poderosas costumam procurar pontos em que possam fazer as engrenagens girar e, em seguida, sair para deixar os estudantes assumirem o pensamento. Eles compartilham uma crença comum, a qual Kendra Daly resume perfeitamente: "Se o aprendizado desmorona quando eu, o professor, saio do centro, então estou trabalhando mais do que o necessário".

Contudo, afastar-se não significa procurar sair de sala e atender ao trabalho administrativo, acompanhar *e-mails* ou apenas sentar-se passivamente em uma cadeira. Afastar-se significa encontrar oportunidades de sair do microfone metafórico e abrir os olhos e os ouvidos. Para incentivar o pensamento dos estudantes de maneiras significativas, as ações dos professores precisam ser personalizadas a algo observado e podem se beneficiar de um leve empurrão. Porém, é importante não pressionar ou apressar porque você está nervoso com os espaços silenciosos. A poetisa Judy Brown escreve que é no espaço entre os gravetos que o fogo cresce (Brown, 2016). Afastar-se antes de poder entrar – e fazê-lo com flexibilidade, fluidez e delicadeza – parece ser algo que distingue os professores que realmente tornam o pensamento rotineiro. Jeff Watson, professor de matemática do ensino médio da International Academy, em Michigan, capta essa ideia de forma brilhante. Ele acredita que saber quando entrar e sair é a verdadeira arte de um grande ensino, e que para ser bom nisso é preciso tempo, paciência e uma cultura sólida em sala de aula. "Com certeza já falei em momentos em que não deveria ter falado e fiquei em silêncio quando deveria ter entrado. Acho que, pelo menos para mim, a melhor coisa que posso fazer é refletir todos os dias quando esses momentos acontecem, e então decidir se o movimento que fiz foi melhor para as crianças; se não foi, o que eu poderia fazer de diferente?"

Não transforme poços d'água em miniversões de fogueiras

David Thornburg sugeriu que fogueiras, poços d'água e cavernas são ambientes ilustrativos fundamentais para a aprendizagem (Thornburg, 2004). Muitos professores têm utilizado isso como referencial para pensar nos espaços de aprendizagem em sala de aula ou para estruturar diversas atividades de aprendizagem (Ritchhart, 2015). Um ambiente de fogueira é onde o grupo se reúne em torno de um indivíduo conduzindo a conversa, para que todos possam compartilhar uma experiência. Há uma interação distinta que ocorre em um cenário de fogueira, que tem uma espécie de contador de histórias e um público participante. Em contrapartida, um cenário de poço d'água* é onde grupos menores de participantes se reúnem em um ambiente menos hierárquico e mais igualitário. Aqui, as interações empoderadas acontecem entre os membros do grupo. Parece diferente de uma reunião em frente à fogueira. Na sala de aula, há horários e locais para a aprendizagem acontecer ao redor da fogueira. Também há momentos e lugares para a aprendizagem acontecer ao redor do poço d'água. Cada situação coloca os participantes em determinados papéis e dinâmicas de poder.

Um dos erros que observamos em relação à pressão sobre o pensamento dos estudantes é quando, tendo os direcionado para poços d'água e os capacitado para levar o aprendizado adiante, um professor de repente entra e pressiona a conversa. Isso tem o efeito de mudar imediatamente a dinâmica de poder. Chamamos essa ocorrência de transformar o poço d'água em uma minifogueira. Quando isso acontece, os estudantes costumam se tornar um público passivo e o professor de repente surge como o contador de histórias da fogueira, embora agora em um cenário de pequeno grupo.

Esse movimento, embora bem-intencionado, pode extinguir o pensamento dos estudantes em vez de incentivá-lo. Certamente, a intervenção é uma parte importante e necessária do ensino, mas a intervenção prematura ou apressada pode sufocar o pensamento dos estudantes. Às vezes, os professores se perguntam se devem dizer algo em resposta ao pensamento que está se tornando visível em um determinado momento ou se eles não devem dizer coisa alguma. Achamos que a melhor pergunta não é se algo deve ser dito ou não, mas sim: "*Quando* posso dizer algo para promover esse pensamento? E como posso me envolver nessa conversa de modo a incentivar e capacitar os estudantes?".

Outra questão de transformar poços d'água em minifogueiras é que os estudantes têm a oportunidade de resolver problemas por si mesmos ou de ser os que pressionam uns aos outros em seu pensamento. Se o professor é o único na sala que pode incentivar o pensamento da comunidade de estudantes, que motivação há para que desenvolvam hábitos de se envolver uns com os outros para pressionar, incentivar, considerar, desafiar ou construir em cima do pensamento dos colegas? Só quando damos um passo para trás

---

* N. de R. T.: A metáfora do poço d'água refere-se a situações em que as pessoas se encontrariam de maneira casual e natural para conversar e compartilhar informações, como antigamente, quando os moradores de uma comunidade iam ao poço para buscar água. Esses encontros eram oportunidades espontâneas para socializar, trocar histórias, discutir novidades e resolver problemas comunitários.

é que os estudantes podem dar um passo adiante. Com o tempo, eles começarão a incentivar uns aos outros como um padrão de comportamento. Quando isso acontece, os professores encontram mais tempo para serem observadores em suas próprias salas de aula e para documentar momentos importantes de aprendizagem, que podem ser espelhados de volta ao grupo em oportunidades futuras.

POSICIONAMENTO PARA PENSAR

Como mencionamos no Capítulo 1, tornar o pensamento visível não é um conjunto de atividades para melhorar as aulas, um currículo a seguir ou um programa a ser implementado. É um objetivo. Tornar o pensamento uma rotina é uma posição que assumimos, uma postura que tomamos. E uma postura é orientadora. Permite-nos ver as coisas em perspectiva. Uma postura também é embasadora. Solidifica nossas crenças e o que nos importa, fornecendo uma base firme para tomar decisões. Claro, ninguém lhe entrega sua postura (embora isso possa ser tentado). Nossa postura em relação ao ensino surge ao longo do tempo, com nossa profunda compreensão do que importa e do que tem importância. Assim como as mentalidades, que exploraremos no próximo capítulo, nossa postura reflete nossas crenças centrais e aquilo que valorizamos. Como Mehta e Fine descobriram em seu estudo sobre educadores que foram eficazes na promoção do pensamento profundo, a postura dos professores, a posição que eles assumem em relação à empresa, não é apenas o fator que os isolou de práticas de ensino distrativas, contraditórias ou sem sentido, mas também é o que os capacitou e energizou a seguir adiante (Mehta; Fine, 2019).

Muitas vezes ouvimos os professores perguntarem com grande consternação: "Com tudo o mais que preciso fazer, como posso fazer rotinas de pensamento também?". Essa pergunta, vinda de educadores de bom coração, representa uma postura que eles tomaram, talvez sem querer. Essa posição é: ou eu ensino para o conteúdo, ou eu ensino para o pensamento. Essa dicotomia, embora falsa, parece muito real e, portanto, cria ansiedade, que não precisa existir. Contudo, para não desdenhar da pressão muito real que os professores sentem quando solicitados a fazer coisas que parecem ser acréscimos, precisamos reconhecer as posições que às vezes tomamos, pois muitas vezes estão carregadas de pontos cegos. Onde podemos estar, sem querer, atrapalhando a promoção do pensamento para obter o máximo de efeito? Uma modificação útil do "dilema da cobertura" pode ser: "Com tudo o que estamos tentando alcançar em termos de aprendizagem dos estudantes, de que forma os promover como pensadores pode servir ao seu aprendizado?". Em vez de perguntar "Como posso usar rotinas de pensamento?", poderíamos perguntar "Que tipo de pensamento eu desejo tornar tão rotineiro em meus estudantes que eles o tragam sem esforço para toda a sua aprendizagem?". Especificamente, posicionar-se para tornar o pensamento mais rotineiro implica exercer as seguintes posturas:

- Este é o lugar certo e a hora certa.
- O currículo ou programa não é meu inimigo, nem é meu mestre.
- Posso aprender com meus estudantes.
- Tornar o pensamento visível é a prioridade.

Este é o lugar certo e a hora certa

Acredite que sua área de estudo ou o nível em que você ensina é o lugar certo e a hora certa, em que o pensamento é ideal e promete bastante. Presenciamos professores que consideram ter muita sorte nas disciplinas e séries em que lecionam. Eles nos procuram e nos dizem: "Sinto-me muito sortudo porque minha área de estudo é perfeita para os estudantes pensarem. De fato, essa é a essência e o núcleo da minha área de estudo". Eles sussurram isso com sons abafados, como se tivessem pena dos outros professores em sala de aula, porque eles não devem ter a mesma sorte. Ouvimos professores de matemática do ensino fundamental sussurrarem isso para nós. Ouvimos educadores da educação infantil nos puxarem de lado e nos dizerem isso. Ouvimos colegas de artes, de língua estrangeira, de ciências e de educação física nos dizerem a mesma coisa.

Também ouvimos professores (às vezes, os próprios colegas daqueles que acabaram de nos confidenciar) dessas mesmas áreas ou níveis de ensino insistirem que é impossível promover o pensamento como um objetivo em sua área de estudo, seja devido ao conteúdo, à natureza teórica de seu curso, seja porque seus estudantes ainda não sabem o suficiente, ou devido à natureza prática de seu assunto. Esse fenômeno é interessante – um professor de matemática insiste que sua área de estudo é perfeita para rotinas de pensamento, enquanto outro professor de matemática expressa a impossibilidade das rotinas de pensamento.

O que os distingue não é necessariamente boa vontade, trabalho duro ou entusiasmo. É crença. Quando se acredita que não há espaço para pensar, então o normal é que os obstáculos apareçam. Quando se acredita que há oportunidades de pensamento em toda a parte, costuma-se encontrar possibilidades em todos os lugares. Essa crença é uma postura que tomamos, uma posição que mantemos, que nos permite enxergar oportunidades para nós e nossos estudantes em vez de impedimentos à nossa prática.

O currículo ou programa não é meu inimigo, nem é meu mestre

Infelizmente, assim como alguns professores veem sua disciplina ou série como um impedimento ao pensamento, alguns também veem seu currículo ou programa dessa maneira. Muitas escolas com as quais trabalhamos têm mandatos curriculares definidos, como padrões estaduais, referências ou o programa IB. Outras escolas com as quais trabalhamos aderem a práticas pedagógicas específicas: aprendizagem baseada em projetos, modelos de oficina, investigação ou *design thinking*. O objetivo de tornar o pensamento visível é compatível com tudo isso, e geralmente aprimora, eleva e torna essas práticas mais poderosas – a menos que um professor sinta que não. Alguns educadores pensam no currículo ou na abordagem programática que estão usando como uma obrigação contratual a cumprir ou uma ortodoxia estrita que devem seguir. Alguns aceitam prontamente essa relação mestre-servo, enquanto outros lutam contra ela e a veem como seu inimigo ou a razão pela qual não podem fazer nada disso. Uma posição alternativa é considerar como o avanço dos estudantes como pensadores e aprendizes funciona *a serviço* do currículo, programa ou abordagens já existentes, e não em oposição a isso.

Posso aprender com meus estudantes

Questionar a experiência de aprendizagem com os estudantes comunica uma expectativa de que você acredita que as experiências que está fornecendo realmente têm algum impacto na aprendizagem e na compreensão. Os professores que usam rotinas de pensamento para obter o máximo efeito interrogam os estudantes regularmente, sondando com curiosidade para descobrir o que eles estão processando, vinculando ou descobrindo como resultado da aula do dia. Eles acreditam que há muito o que aprender com os estudantes. Essa conversa não é simplesmente: "Diga-me o que você aprendeu hoje". Em vez disso, é ser curioso sobre onde havia dúvida e ainda há, que equívocos surgiram, onde os estudantes ficaram presos, como eles se desprenderam, onde estavam os pontos mais importantes da aprendizagem, e assim por diante. Alguns professores até usam uma rotina de pensamento, como *Conectar-ampliar-desafiar** (Ritchhart; Church; Morrison, 2011), para estruturar esse *check-in*: quais *conexões* você fez? O que *ampliou* seu pensamento aqui? Quais são os *desafios* em tudo isso? Quando fazer o *check-in* com os estudantes – ouvi-los genuinamente – torna-se um ritual, isso comunica que o pensamento deles é uma prioridade, tanto para você quanto para eles. Mais uma vez, essa é uma posição muito intencional a ser tomada.

Tornar o pensamento visível é a prioridade

Ao concluir este capítulo sobre como usar as rotinas de pensamento para obter o máximo de efeito, parece apropriado abordar o quadro geral de onde o ato de tornar o pensamento visível como um empreendimento pedagógico se situa no quadro maior do nosso ensino. Às vezes, os professores que se deparam com essas ideias pela primeira vez podem considerar as rotinas de pensamento como algo que acrescenta mais uma coisa a uma agenda já cheia. Uma postura mais útil é ver o empreendimento de tornar o pensamento dos estudantes rotineiro e construir uma cultura de pensamento como a própria agenda. Todas as outras demandas de sala de aula se acomodam, então, sobre esses objetivos. Os professores com quem trabalhamos, que assumem essa posição, começam a perguntar: "Então, como ficam os projetos de sala de aula quando colocados na agenda do envolvimento com o pensamento, em vez da conclusão do trabalho? Como ficam os trabalhos, as tarefas, as interações diárias e as exposições quando relacionados com o pensamento rico?". Para maximizar totalmente o efeito das rotinas de pensamento, assuma a postura mais fundamental de todas: a de que tornar o pensamento do estudante visível é a prioridade, e não mais um acréscimo à agenda.

---

* N. de R.T.: No original, *Connect-Extend-Challenge,* envolve os estudantes em três etapas: primeiro, eles identificam como novas informações se conectam ao que já sabem; em seguida, refletem sobre como essas novas informações expandem seu entendimento; finalmente, consideram os desafios ou questões que surgem a partir dessa nova aprendizagem.

7

Aprender a apoiar uns aos outros enquanto o pensamento se torna visível

O ato de ensinar, por si só, é um processo constante de aprendizagem. Por mais que conheçamos nosso conteúdo e tenhamos habilidade para apresentá-lo, criar as condições para a aprendizagem entre um grupo de estudantes em constante mudança pode ser algo assustador. Exige que conheçamos os estudantes como indivíduos, com seus próprios interesses, desafios, motivações, questionamentos e desejos únicos. Exige que busquemos constantemente formas de conectá-los ao conteúdo, sendo responsivos à diversidade de suas necessidades de aprendizagem em determinado momento. Isso requer que olhemos além dos documentos curriculares, negociados por comitês, para identificar os conceitos e as ideias iniciais que são, de fato, importantes para a compreensão dos estudantes. Exige que administremos as demandas de tempo necessárias para cobrir o conteúdo com a necessidade de tempo para aprender esse conteúdo. Como a aprendizagem é complexa, às vezes instável e quase sempre matizada, o ensino é complexo.

Se o ensino não fosse tão desafiador, poderíamos facilmente dominá-lo em alguns anos e nos contentar em implantar um conjunto de técnicas já bastante usadas para o restante de nossas carreiras. No entanto, tal como se apresenta, devemos respeitar a complexidade do ensino e da aprendizagem, dedicando-nos a continuar nossos esforços para compreendê-la. Devemos abraçar a complexidade de nosso ofício e evitar soluções rápidas. No entanto, isso não requer um esforço individual. Crescemos e desenvolvemo-nos mais plenamente como professores estando em uma comunidade de outros educadores que são igualmente curiosos sobre aprender e ensinar.

Nessa comunidade, impulsionamos e desafiamos uns aos outros, indagamos juntos, experimentamos e aprendemos com nossas ações individuais e coletivas. Se não conseguimos encontrar esse grupo docente em nossa escola, nós os encontramos fora dela, e criamos nossa própria comunidade para edificar nossa própria cultura de pensamento. Essas comunidades de investigação desenvolvem maiores compreensões e ideias ao tratar "[...] suas próprias salas de aula e escolas como locais de investigação intencional, *ao mesmo tempo* que tratam o conhecimento e a teoria produzidos por outros como material generativo para interrogação e interpretação" (Cochran-Smith; Lytle, 1999, p. 250).

Neste capítulo, explicamos como seria a agenda desses grupos de aprendizagem de professores. Que tipos de coisas precisam ser exploradas por meio de nossa investigação coletiva? Em que queremos nos tornar mais inteligentes e melhores? Onde e como queremos nos desenvolver e crescer? Este livro certamente apresenta muitas ferramentas a serem testadas, experimentadas e usadas; contudo, a aprendizagem profissional profunda de tornar o pensamento visível em torno da instituição de ensino deve ir além de simplesmente nos familiarizarmos com um conjunto de ferramentas. Essa é a deficiência de muitos dos aprendizados profissionais – eles se concentram em treinar professores em um conjunto de ferramentas ou práticas, mas ignoram a aprendizagem mais profunda do conjunto de habilidades e o cultivo de mentalidades necessárias para implantar essas ferramentas de forma mais eficaz. Na próxima seção, articulamos o conjunto de habilidades necessárias para tornar o pensamento visível. Em seguida, exploramos as mentalidades que motivam toda a atividade de tornar o pensamento visível, expandindo a noção de posicionamento apresentado anteriormente. Por fim, analisamos os tipos de processos, suportes, estruturas e ferramentas que podem apoiar esse tipo de aprendizagem profissional.

ALÉM DO CONJUNTO DE FERRAMENTAS: COMO DESENVOLVER NOSSAS HABILIDADES NO USO DAS FERRAMENTAS

As oportunidades tradicionais de aprendizagem profissional nas escolas geralmente procuram apresentar aos professores um novo conjunto de ferramentas destinadas a ajudar a alcançar um resultado desejado. Em geral, a ideia é "capacitar os professores" nas novas práticas, para que eles estejam familiarizados com elas e as coloquem em ação. Porém, a mera implantação de um conjunto de ferramentas raramente é suficiente para alcançar o sucesso nos resultados buscados. Ferramentas não são balas de prata. Além disso, todas as ferramentas acabarão falhando de alguma forma. Portanto, para aprender a tornar o pensamento visível, devemos ir além de apenas nos familiarizar com *o conjunto de ferramentas* e nos concentrar em desenvolver o *conjunto de habilidades* necessárias para usar essas ferramentas de modo eficaz.

Não tentamos esconder o conjunto de habilidades necessárias para tornar o pensamento visível. Ele foi narrado ao longo deste livro. Você o encontrará nos ricos exemplos práticos que acompanham cada rotina, bem como na discussão sobre tornar o pensamento visível tanto um objetivo quanto uma prática. Você o encontrará nos aprendizados do uso efetivo das rotinas pelos professores, apresentados no capítulo anterior. Você o encontrará na explicação das seis forças para tornar o pensamento visível, com a qual começamos. Você também o encontrará em todas as vozes de professores compartilhadas ao longo deste livro. Reafirmamos tudo isso aqui de forma explícita, para levar para casa a ideia de que não se trata apenas de dicas, sugestões ou práticas úteis, e sim habilidades essenciais que devemos desenvolver ao longo do tempo, com os estudantes e com nossos colegas. Para ser eficaz em tornar o pensamento visível e utilizar as rotinas de pensamento habilmente, descobrimos que os professores devem aprimorar suas habilidades em:

- Ouvir os estudantes a fim de compreender plenamente suas respostas.
- Identificar os principais entendimentos buscados em uma unidade de instrução.
- Conectar a aprendizagem dos estudantes ao pensamento que eles são solicitados a fazer.
- Manter uma lente de avaliação formativa.
- Ser responsivo e flexível na instrução.
- Analisar as respostas de aprendizagem dos estudantes.

Ouvir os estudantes

No Capítulo 2, articulamos a escuta como uma prática essencial para tornar o pensamento visível. A escuta também era uma linha que percorria cada uma das quatro áreas de atenção – planejamento, preparação, incentivo e posicionamento – necessárias para usar as rotinas de pensamento com o máximo efeito. A escuta é enfatizada aqui como uma habilidade expressa que apoia o uso eficaz do pensamento, porque descobrimos que é algo que todos precisamos desenvolver e aprimorar. Se os estudantes sentirem que não estamos ouvindo, se não estivermos verdadeiramente interessados em seu pensamento, então eles jogarão o conhecido jogo: tentar adivinhar o que está na cabeça do professor. E escutar genuinamente, como nos lembrou a poetisa Alice Duer Miller, é mais do que ficar quieto e dar espaço para o outro falar. Escutar de verdade é "ter um interesse vigoroso e humano" pelo outro. Assim, quando ouvimos, muitas vezes seguimos com perguntas que demonstram nosso interesse.

Como professores, há três coisas em particular que comumente atrapalham nossa escuta:

- Nossa pressa em direção ao julgamento e avaliação rápidos. Quando os estudantes falam, muitas vezes nos vemos julgando a exatidão de sua resposta em relação ao que estamos procurando. Quando fazemos isso, podemos parar de ouvir depois de julgarmos que a resposta está correta. Consequentemente, perdemos aquilo que os estudantes estão comunicando.
- Nossa tendência a prever o que os estudantes dirão antes mesmo que falem. Assim, nos encontramos ouvindo a confirmação e podemos perder o que eles estão dizendo.
- Nosso desejo de fechamento. Em nossa pressão por tempo e a necessidade que sentimos de levar a aula adiante, podemos concluir as declarações dos estudantes, em vez de permitir que eles mesmos terminem. Assumimos que conhecemos seus pensamentos.

Combater essas tendências requer consciência, prática e tempo. Podemos desenvolver maior consciência da boa e da má escuta por meio da observação dos outros. Quando testemunhamos bons ouvintes, podemos aprender com seu exemplo. Quando testemunhamos ouvintes fracos, podemos aprender a reconhecer os sinais e ações associados à má escuta. Desenvolver a prática da escuta em sala de aula requer que a pessoa se sinta confortável com o silêncio, curiosa sobre o pensamento dos estudantes, e uma presença menos dominante. É claro que desaprender as barreiras para ouvir e incorporar um novo jeito de ser leva tempo. Precisamos respeitar isso e ser gentis conosco enquanto desenvolvemos nossas habilidades.

Identificar os principais entendimentos

Como enfatizamos, as rotinas de pensamento estão claramente situadas dentro da proposta de ensino para a compreensão. É nesse contexto que elas são mais poderosas. Porém, pode ser complicado identificar o que queremos que os estudantes entendam. Muitas vezes, grades curriculares e livros didáticos têm utilidade limitada, pois apresentam habilidades, conhecimentos e fatos como coisas que os estudantes precisam "compreender". Esses documentos podem usar a palavra "compreensão" de forma superficial, e não como estamos usando-a aqui. Quando falamos em compreensão, estamos falando de ideias e conceitos essenciais com os quais queremos que os estudantes lidem. Se só pudermos falar para eles, isso não é compreensão real, é apenas um pouco de conhecimento. Além disso, se seus documentos curriculares listam três ou quatro coisas para os estudantes entenderem em uma única aula, então, novamente, a expectativa é que não haja profundidade, exploração ou enfrentamento, e que tais entendimentos possam ser facilmente transmitidos. Nesse contexto, é mais provável que as ideias sejam apenas fragmentos de conhecimento.

Identificar os principais conhecimentos exige que tenhamos uma visão mais ampla. Dentro dessa unidade, onde está a essência? Quais são aquelas duas ou três grandes ideias que parecem fundamentais, às quais voltaremos repetidamente? Vale a pena compreender essas ideias? O que os estudantes serão capazes de fazer com sua compreensão? Como essa compreensão lhes será útil em sua aprendizagem futura? Que outras ideias e conceitos ela os ajudará a desbloquear? Responder a perguntas como essas é algo que fazemos melhor com os colegas, a fim de que possamos elaborar e defender propostas enquanto consideramos alternativas. Esse pode ser um trabalho árduo. Contudo, uma vez identificados, os principais conhecimentos para a instrução são incrivelmente orientadores. Eles nos ajudam a sequenciar instruções, planejar oportunidades e selecionar rotinas de pensamento para obter o máximo efeito. Os principais conhecimentos acrescentam um senso de fluxo e direção à nossa instrução, ao contrário de uma série de episódios.

Conectar a aprendizagem e o pensamento dos estudantes

A aprendizagem é uma consequência do pensamento. Portanto, precisamos nos acostumar a fortalecer essa ligação ao máximo em nosso planejamento e instrução. Ao identificarmos nosso conteúdo, precisamos nos perguntar: qual é o pensamento que eu quero que os estudantes tenham com esse conteúdo? Que pensamento é necessário para ajudá-los a explorar e construir a compreensão? O mapa da compreensão (Figuras 2.1 e 6.1) é uma ferramenta que nos ajudará a responder a essas questões. Uma vez identificado o pensamento de que precisamos, é possível escolher a melhor rotina de pensamento como ferramenta para facilitá-lo.

Conhecendo previamente o pensamento que estamos tentando motivar, também podemos chamar a atenção dos estudantes para ele como uma característica fundamental de sua aprendizagem. Por exemplo, em vez de começar uma aula apenas com uma introdução ao conteúdo, devemos destacar a aprendizagem e o pensamento que queremos que os estudantes tenham. Em vez de anunciar: "Vamos iniciar a aula de hoje assistindo a este trecho da série *War on Waste* para depois discuti-lo", identifique o pensamento e a aprendizagem que os estudantes vão ter: "Hoje, vamos continuar a pensar na questão do desperdício e vamos começar a explorar algumas soluções e ações que podemos tomar. Para nos ajudar a fazer isso, vamos usar a rotina *O quê? E então? E agora?* para pensar sobre as questões apresentadas neste trecho da série *War on Waste*. Depois de assistir ao vídeo, passaremos algum tempo relacionando individualmente as questões e os problemas que ele apresenta; esta é a parte 'O quê?' da rotina. Aí vocês irão pensar no 'E então?'. Por que isso importa? Por fim, passarão para o 'E agora?', enquanto pensam nas possíveis ações que podemos tomar. Assim que todos tiverem algumas ideias, vamos usá-las para impulsionar nossa discussão coletiva".

Manter uma lente de avaliação formativa

Como discutimos no Capítulo 2, a avaliação formativa é uma prática, não uma tarefa. À medida que usamos rotinas de pensamento e nos esforçamos para tornar o pensamento visível, atentamos constantemente ao que estamos aprendendo sobre o pensamento e a compreensão dos estudantes e para onde ir em seguida em nossa instrução. A avaliação formativa, da qual a escuta com intenção faz parte, é impulsionada por nossa curiosidade sobre a aprendizagem dos estudantes, nosso desejo de entender como eles estão compreendendo as ideias, onde podem estar confusos e quais novas ideias, que ainda não havíamos considerado, eles podem ter sobre o tema. Duas perguntas podem ser úteis nesse processo: o que estou aprendendo sobre o pensamento e a compreensão dos estudantes por meio dessa rotina de pensamento? Como usarei essas informações para planejar as próximas etapas?

Pode ser difícil se concentrar em manter uma lente de avaliação formativa enquanto se experimenta uma rotina de pensamento pela primeira vez. Muitas vezes, estamos tão preocupados em negociar os passos de uma nova rotina e garantir que nossa linguagem esteja certa que nosso recurso mental para fazer tantas outras coisas se torna escasso. Nesse caso, nossa avaliação formativa ocorrerá à medida que analisamos as respostas dos estudantes *após* a aula.

Para manter uma lente de avaliação formativa, seja no meio de uma aula ou ao olhar para o trabalho dos estudantes depois, temos que aprender a suspender o julgamento. Se olharmos para as respostas dos estudantes de forma avaliativa: "Quem conseguiu? Quem teve o desempenho esperado? Era isso que eu queria ver? Eles alcançaram meu objetivo?", então perderemos grande parte do pensamento deles. Para ajudar a evitar essa armadilha, devemos nos perguntar: onde encontramos o pensamento dos estudantes em suas respostas? Existem padrões em toda a turma? O que é surpreendente, inesperado ou novo? Como eles foram além do que eu esperava? Onde há pensamento ou novas ideias que eu posso compartilhar com a turma para avançar nossa compreensão e exploração coletivas? O protocolo Olhando para o Pensamento do Estudante (LAST, do inglês *Looking At Student Thinking*), discutido mais adiante, pode ser uma ferramenta útil no desenvolvimento de uma lente de avaliação formativa.

Ser responsivo e flexível na instrução

A avaliação formativa é um ato responsivo na medida em que temos a obrigação de usar o que aprendemos sobre os estudantes para orientar nossa instrução futura. Portanto, não devemos tratar a avaliação formativa como uma ferramenta puramente diagnóstica, como tantas vezes é retratada por aqueles envolvidos na antiga concepção de escola. Muitos modelos reducionistas de ensino como transmissão utilizam "tarefas" de avaliação formativa como ferramentas para diagnosticar déficits na aprendizagem, para que a informação possa ser reensinada da mesma forma como é feito com o *software* da instrução por computador. Nosso argumento não é que devemos ignorar esses déficits e não prestar atenção a eles, mas sim que devemos ampliar nossa compreensão da avaliação formativa para que ela responda a uma gama muito mais ampla de necessidades de aprendizagem. Por exemplo, como podemos impulsionar os estudantes que têm uma compreensão rica para que eles sejam desafiados ainda mais? Como podemos ajudá-los a enfrentar seus equívocos? Que novas vias de instrução são abertas com as respostas dos estudantes? Assim, o objetivo é sempre avançar na aprendizagem, em vez de apenas verificar se os estudantes "entenderam" o que lhes ensinamos.

No esforço de acelerar o conteúdo e auxiliar o planejamento, temos presenciado escolas que exigem que os professores incluam o uso de rotinas de pensamento em seus planos da unidade. Embora certamente valha a pena pensar sobre a instrução com antecedência e considerar quais rotinas de pensamento podem ajudar o estudante a explorar conteúdos específicos, tememos que tais planos pré-escritos possam não dar muito espaço para responsividade e flexibilidade. Devemos estar dispostos a refazer nossos planos e fazer ajustes na tarefa de aprendizagem. Além disso, se nosso interesse é desenvolver aprendizes e pensadores, capacitá-los e gerar um sentido de atuação, então a educação escolar não pode ser algo que seja simplesmente imposto a eles. Nossa instrução deve ser responsiva às suas necessidades e interesses.

Analisar as respostas de aprendizagem dos estudantes

As práticas de avaliação formativa que nos permitem ser flexíveis e responsivos no ensino baseiam-se na nossa capacidade de analisar as respostas de aprendizagem dos estudantes. Como dissemos, isso significa suspender o julgamento e rejeitar uma lente puramente avaliativa quando olhamos para o trabalho dos estudantes. Em vez disso, precisamos buscar entender suas respostas e identificar seu pensamento. Aprender a analisar o seu trabalho dessa forma é algo novo para os professores que estão acostumados a pontuar e avaliar o trabalho quanto à exatidão e à precisão. Portanto, é importante reconhecer isso pela mudança de perspectiva. Estamos tentando gerar novas ideias para examinar o trabalho dos estudantes, e isso também leva tempo para se desenvolver. Leva tempo para se aprender a documentar e capturar a aprendizagem e o pensamento reais, de modo que há algo rico e cheio de nuances, que vale a pena examinar. Leva tempo para se desaprender julgamentos passados. Leva tempo para se reconhecer evidências de pensamento. Tudo isso também requer suporte. Como acontece com cada uma das habilidades apresentadas aqui, não sugerimos que seu desenvolvimento seja um empreendimento individual. Em vez disso, é visto como um esforço coletivo, no qual nos envolvemos com nossos colegas.

ALÉM DO CONJUNTO DE HABILIDADES: AS MENTALIDADES QUE MOTIVAM A AÇÃO

Você já fez parte de uma iniciativa de mudança e verificou que algumas pessoas eram capazes de simplesmente agarrar as novas ferramentas e práticas e imediatamente colocá-las em uso? Elas parecem simplesmente "entender". O uso efetivo e profundo das ferramentas por essas pessoas parecia superar o seu e o dos demais. Muitas vezes não é que esses indivíduos necessariamente entenderam melhor as ferramentas; é que eles já tinham as mentalidades, ou seja, as crenças, atitudes e posturas necessárias para motivar o uso das novas ferramentas.

Na educação, muitas vezes tratamos as ferramentas como infalíveis. Basta fazer isso e a aprendizagem vai melhorar. Acreditamos na solução rápida, e muitas vezes a buscamos. Recebemos listas de melhores práticas para simplesmente implementá-las. No entanto, sem ter as mentalidades que motivam o uso de qualquer conjunto de ferramentas em particular, os professores terão dificuldades para entender como elas devem funcionar, ter fé nelas ou usá-las conforme projetado. No que diz respeito a tornar o pensamento visível, estas mentalidades se relacionam com as nossas:

- Percepção dos estudantes.
- Compreensão dos objetivos de ensino.
- Concepções de pensamento e aprendizagem.

Percepção dos estudantes

Uma longa linha de pesquisa iniciada pelo trabalho inovador de Rosenthal e Jacobson em 1968, *Pygmalion in the Classroom*, documentou os efeitos das expectativas dos professores na aprendizagem dos estudantes. Joseph Onosko, em seu estudo patrocinado pelo National Center on Effective Secondary Schools, constatou que uma importante característica distintiva dos educadores bem-sucedidos com o pensamento era que eles eram otimistas a respeito da capacidade dos estudantes como pensadores (Onosko, 1992). Eles não descartavam desafios ou dificuldades, mas tinham a crença de que os estudantes eram capazes de pensar de forma rica e profunda e que, com tempo e apoio, suas habilidades não apenas emergiriam, mas floresceriam. Em comparação, mais da metade dos professores que tiveram menos sucesso em fazer os estudantes pensarem tiveram uma atitude derrotista, em que consideraram grupos inteiros de estudantes como incapazes.

Erika Lusky ajudou outros professores da Rochester High School, em Michigan, a ver o potencial de seus estudantes com desafios de aprendizagem, sendo pensadores e aprendizes. Ao usar rotinas de pensamento para explorar o que os estudantes pensam e ajudá-los a construir a compreensão, seu grupo de estudantes neurodiversos muitas vezes surpreende os professores com sua capacidade de pensar. Da mesma forma, Jennifer LaTarte, da Bemis Elementary, identifica que as percepções dos professores sobre os jovens muitas vezes podem ser um impedimento para tornar o pensamento visível. Ela observa: "Um obstáculo para aproveitar a verdadeira capacidade do pensamento das crianças pequenas muitas vezes pode ser um professor que não sabe colocar limites. O poder de tornar o pensamento visível está em nossa aceitação e desejo de explorar as ideias até mesmo dos estudantes mais jovens, sabendo que eles podem pensar. Consequentemente, o que recebemos deles é valioso".

Compreensão dos objetivos de ensino

A maneira como pensamos a respeito da instituição de ensino definirá o que fazemos como professores (Schoenfeld, 1999). Isso determinará o tempo que dedicamos, nossas práticas instrucionais e os tipos de oportunidades que projetamos para os estudantes. Se encararmos o objetivo principal do ensino como transmitir nosso conhecimento aos estudantes e prepará-los para as provas, tornar o pensamento visível pode parecer uma distração, que nos afasta dessa agenda. De fato, essa foi a reação inicial do professor de história Ryan Gill quando apresentado a essas ideias. "Eu costumava pensar que tornar o pensamento visível e criar uma cultura de pensamento nas minhas aulas de nível mais avançado exigiria mais tempo." No entanto, ao se concentrar em tornar o pensamento visível, ele mudou sua visão: "Agora, acho que ensinando continuamente para compreender ganhamos mais tempo em longo prazo, pois isso resulta em estudantes sendo capazes de fazer conexões entre as áreas de conteúdo e entender melhor o que estão aprendendo".

Como dissemos ao longo deste livro, tornar o pensamento visível rejeita o modelo de transmissão de ensino em favor de um modelo mais transformador, em que os estudantes estejam engajados em uma aprendizagem profunda, que apoie não apenas o domínio do assunto, mas também a formação da identidade como um aprendiz que tem o poder de criar, implementar e se envolver. Uma mentalidade essencial para tornar o pensamento visível, então, é reconhecer a importância da profundidade sobre a amplitude, garantir que os estudantes estejam engajados no verdadeiro aprendizado, em vez de apenas fazer trabalhos para o professor, abraçar a complexidade e a ambiguidade, em vez de visar simplificar, e encorajar originalidade, em vez de reprodução.

Concepções de pensamento e aprendizagem

Você valoriza o pensamento? Se sim, que tipo de pensamento você busca incentivar? Joseph Onosko (1992) descobriu que professores eficazes no ensino de pensamento eram capazes de responder a essas perguntas e oferecer respostas mais elaboradas, detalhadas e precisas sobre os tipos de pensamento que estavam tentando cultivar em suas salas de aula e como esses pensamentos se movem em relação à aprendizagem dos estudantes na disciplina. Esses educadores também eram capazes de articular claramente as disposições que procuravam desenvolver, como curiosidade, ceticismo, rigor intelectual e mente aberta. Isso diz respeito à compreensão que os professores têm de suas disciplinas, não apenas como uma base de conhecimento a ser transmitida, mas como um conjunto de processos e modos de pensar com os quais os estudantes aprendem.

No que diz respeito às concepções de aprendizagem, tornar o pensamento visível desafia a noção de que a aprendizagem se dá por meio da entrega de informações. A aprendizagem ocorre quando o aprendiz faz algo cognitivamente com aquela informação. Muitas vezes, porém, os estudantes são deixados sozinhos para descobrir o que fazer com as informações que recebem. Estudantes de alto desempenho parecem fazer isso naturalmente, mas muitos não têm condições de pensar e explorar ideias novas e desafiadoras por conta própria. Quando os professores veem a aprendizagem como um processo cognitivo ativo de exploração e construção de sentidos, que muitas vezes pode ser complexo, sutil e único, então as rotinas de pensamento, a documentação, o questionamento e a escuta não parecem ser práticas adicionais, mas se tornam centrais para a atividade educativa.

SUPORTE AO DESENVOLVIMENTO DE CONJUNTOS DE HABILIDADES E MENTALIDADES

Em nosso trabalho, sempre evitamos a noção de "treinamento" de professores. Embora certamente apresentemos seminários e palestremos em conferências, consideramos que estes são apenas o início de conversas muito maiores, que devem ser continuadas e construídas nas escolas ao longo do tempo. Reconhecemos que a aprendizagem real, o desenvolvimento de conjuntos de habilidades e mentalidades, é um esforço contínuo e incorporado. Além disso, reconhecemos que os professores têm muito a aprender uns com os outros e com os estudantes. No entanto, não se trata de uma simples partilha de ideias e soluções. A aprendizagem profissional rica ocorre em um espírito de investigação, em que os professores fazem mais a colocação de problemas – "E se nós...?" – do que a solução de problemas – "O que você deve fazer é...". A aprendizagem profissional rica é construída a partir das perguntas dos docentes e está mais ligada à incerteza e à possibilidade do que à segurança e à implementação. Para facilitar esse processo, desenvolvemos uma série de ferramentas e estruturas que podem ser úteis, todas projetadas para ajudar educadores a gerarem novos entendimentos à medida que prestam atenção em como e o que os estudantes pensam e aprendem.

Laboratórios de aprendizagem

Quando nos pedem para demonstrar ou modelar uma aula baseada em rotinas de pensamento nas escolas, sempre recusamos. Achamos que isso envia uma mensagem de que as rotinas de pensamento são, de certa forma, difíceis de realizar em sala de aula e que há algum tipo de magia em fazer isso. Sempre dizemos que, se existe alguma mágica nas rotinas, é no planejamento antes e na análise depois. Projetamos os laboratórios de aprendizagem para focar nesse processo, que ocorre em três partes: o planejamento inicial, o ensino em sala de aula e a discussão de acompanhamento. Cada um leva aproximadamente um período de aula, embora o planejamento muitas vezes se beneficie de um pouco mais de tempo e o ensino em si, um pouco menos. Para o laboratório, um professor anfitrião se voluntaria para realizar a aula em sua sala de aula com a ajuda de um *coach* ou cofacilitador. No entanto, isso não deve de forma alguma ser considerada uma demonstração ou uma aula modelo. O apresentador vai tentar algo novo com o qual todos nós podemos aprender, mas não se espera que ele faça um *show*. A aula será construída em conjunto pela equipe de professores participantes do laboratório e, assim, será "comandada" por todos. Pensamos na aula como um protótipo, com toda a desordem e os falsos começos que isso implica, e não como uma atuação lapidada.

Durante um recente laboratório de aprendizagem, o professor anfitrião compartilha o desejo de que os estudantes se aprofundem em sua exploração do sonho americano e está interessado no material de origem que potencialmente possa ser um bom estímulo para fazê-lo. Ele, então, compartilha uma imagem e um poema que podem provocar alguma reflexão. Os prós e os contras de cada um são discutidos em relação aos objetivos do professor e ao potencial de aprendizagem que eles proporcionam.

O grupo decide que a imagem é mais provocativa e começa a discutir rotinas opcionais que possam facilitar o engajamento dos estudantes com ela. Eles procuram selecionar uma rotina nova para o professor anfitrião, para que todos possam se envolver autenticamente no processo de planejamento. As rotinas *Beleza e verdade* e *A rotina da história* são exploradas como possibilidades, e o grupo decide que a segunda opção permitirá que os estudantes examinem maneiras pelas quais barreiras sistêmicas muitas vezes impedem o acesso ao sonho americano para grupos marginalizados.

Em seguida, os professores passam a planejar a logística de execução da rotina com algumas discussões. Como os estudantes trabalharão, em grupos ou individualmente? Como a aprendizagem será documentada e por que isso pode ser útil, em vez de outra maneira? Como serão formados os grupos? Como a tarefa de aprendizagem deve ser introduzida? Que perguntas podem ser usadas para alertar os estudantes se eles estiverem com dificuldade? A ideia é que, ao final desse planejamento, o grupo deve "assumir" a aula como um empreendimento colaborativo.

Com um protótipo de aula em mãos, o grupo então entra na sala de aula para observar o anfitrião e o cofacilitador executarem o plano, prestando atenção principalmente aos estudantes, às decisões de aula que o grupo tomou e aos efeitos que isso está tendo na aprendizagem. Enquanto o professor anfitrião tem a responsabilidade primária, o *coach* ou cofacilitador apoia os esforços conforme a necessidade. Outros membros do grupo aproveitam o privilégio da observação, concentrando-se no que os estudantes estão fazendo, como estão respondendo, quais perguntas fazem uns aos outros e como os grupos resolvem problemas quando um professor não está lá para intervir.

Na discussão pós-observação, o foco está nos estudantes e no cotidiano. Os professores não dão *feedback* ao professor anfitrião sobre o desempenho, mas, sim, analisam as decisões instrucionais do grupo e como elas se desenrolaram. Novas possibilidades surgem sobre como as coisas poderiam ter sido tratadas. Contudo, não se trata de uma crítica ao professor ou mesmo à aula, apenas de mais uma possibilidade. Alguém diz: "Nós nem tínhamos discutido a possibilidade de primeiro solicitar que os estudantes explorassem os espectadores da pintura antes de entrar na rotina, mas agora, tendo visto a rotina, estou pensando que essa opção pode ser útil e é algo que posso experimentar quando a realizo na minha turma". Presta-se atenção especificamente ao pensamento dos estudantes. O trabalho deles é trazido de volta para que possa ser examinado de forma mais especial. Os docentes compartilham o que ouviram e notaram e levantam novas questões para uma exploração mais aprofundada. Por fim, o grupo discute como cada um está pensando em como pode usar essa rotina específica em sua própria sala de aula, utilizando o grupo para fazer um rápido planejamento prévio.

Os laboratórios de aprendizagem oferecem uma oportunidade de aprender novas rotinas de pensamento – o conjunto de ferramentas. No entanto, a discussão, a observação atenta e o questionamento analítico permitem que os professores também desenvolvam o conjunto de habilidades para tornar o pensamento visível. Além disso, um facilitador ou *coach* pode modelar as mentalidades acreditando na capacidade dos estudantes de pensar e incentivando essa crença nos outros. Por diversas vezes, descobrimos que o maior ponto de discórdia na construção conjunta de uma nova aula baseada em rotinas de pensamento é que os professores querem sobrecarregar as tarefas, reduzir o desafio e a complexidade e orientar os estudantes em direção a resultados específicos. Nós, como facilitadores, precisamos expressar nossa confiança nos estudantes e desencorajar esse planejamento excessivo, mesmo quando pensamos em possíveis maneiras de apoiar o pensamento, se preciso for.

O protocolo Olhando para o Pensamento do Estudante (LAST)

Desenvolvemos o protocolo LAST como parte do Projeto Pensamento Visível original e o encontramos como uma ferramenta poderosa para enriquecer os esforços para tornar o pensamento visível. O protocolo leva de 45 a 60 minutos para ser concluído, com cada estágio progredindo em tempos definidos em uma sequência predeterminada. Como acontece com a maioria dos protocolos, a artificialidade de estruturar uma conversa é pesada contra os benefícios de garantir que a discussão seja completa, todas as questões significativas sejam abordadas e todas as vozes sejam ouvidas. Um vídeo de um grupo de professores do Bialik College engajados no protocolo LAST pode ser visto em Teachers... (2019). O protocolo em si é apresentado na Figura 7.1.

Na discussão a respeito do protocolo LAST, há um professor apresentador que traz uma coleção de trabalhos dos estudantes, geralmente de uma rotina de pensamento, um facilitador e entre três e seis outros participantes. Depois que o apresentador descreve brevemente o trabalho, os outros membros do grupo o leem em silêncio e fazem anotações. A parte principal do protocolo passa por quatro fases: descrever o trabalho sem julgamento ou avaliação, especular sobre o pensamento presente, levantar questionamentos e considerar implicações. O professor apresentador fica em silêncio durante toda essa discussão, para que não exerça influência indevida sobre a análise do grupo. É muito fácil deixar a palavra com um professor apresentador uma vez que ele começa a explicar o trabalho, então, esse silêncio

Apresentação e preparação
Apresentação do trabalho (no máximo 5 minutos) O professor apresentador fornece o contexto, os objetivos e os requisitos da tarefa. O grupo faz perguntas esclarecedoras para auxiliar no entendimento do trabalho. **Leitura do trabalho** (o tempo necessário, sem exceder 7 minutos) Leia o trabalho em silêncio. Faça anotações para os comentários posteriores. Categorize suas anotações para se adequar às etapas do protocolo.

Discussão e análise
NOTA: o professor apresentador não fala durante a discussão e análise, mas anota ou documenta a conversa do grupo para comentários posteriores. **1. Descrição do trabalho** (5-7 minutos) *O que você vê no trabalho em si?* O objetivo é conscientizar uns aos outros sobre todas as características do trabalho. Evite a interpretação e apenas aponte o que pode ser visto. **2. Especulação sobre o pensamento dos estudantes** (5-7 minutos) *Onde, no trabalho, você vê o pensamento? Que aspectos dele fornecem ideias no pensamento dos estudantes?* Interprete as características do trabalho e faça conexões com diferentes tipos e formas de pensar. O mapa da compreensão pode ser útil. **3. Perguntas sobre o trabalho** (5-7 minutos) *Que questões podem ser levantadas sobre esse trabalho?* Nota: são perguntas sobre o pensamento e a compreensão, e não perguntas sobre a aula em si. Enquadre-as para abordar tanto questões amplas quanto específicas. Faça a pergunta por trás da pergunta. Em vez de perguntar "Quanto tempo isso demorou?", comente "Isso levanta questões para mim sobre o tempo necessário para fazer esse tipo de trabalho". **4. Discutir implicações para o ensino e a aprendizagem** (5-7 minutos) *Para onde esse trabalho pode ir em seguida para ampliar e desenvolver ainda mais o pensamento dos estudantes?* Sugira possibilidades práticas e alternativas para o professor apresentador. Levante implicações gerais que o trabalho sugere para promover o pensamento dos estudantes.

Conversa e protocolo de encerramento
Professor apresentador responde à discussão (máximo de 5 minutos) *O que você, como professor apresentador, ganhou ouvindo a discussão?* Destaque para o grupo o que achou interessante na discussão. Responda às perguntas que você sente que precisam ser respondidas. Explique rapidamente aonde você acha que pode ir agora com o trabalho. **Reflexão sobre o protocolo** (5 minutos) Como foi o processo? Reflita sobre as observações gerais. Observe melhorias e mudanças desde o último uso do protocolo pelo grupo. Faça sugestões para a próxima vez. **Agradeça ao professor apresentador e ao documentador** O grupo agradece a contribuição de todos. Decida como a documentação será compartilhada, usada, arquivada ou enviada ao grupo. Estabeleça os papéis para a próxima reunião.

Figura 7.1 Protocolo LAST.

imposto serve a um propósito importante. Não queremos que a conversa se torne um monólogo focado no ensino, mas uma análise da aprendizagem e do pensamento dos estudantes. Somente após a conclusão da análise do grupo é que o professor apresentador volta à conversa.

Se o protocolo LAST fosse apenas o ato de fornecer *feedback* e sugestões para o professor apresentador, não poderíamos justificar o tempo. É um privilégio (e muitas vezes difícil) encontrar um período de aula completo para convocar entre seis e oito professores para analisar o trabalho dos estudantes. Portanto, o benefício do protocolo LAST deve ir além do trabalho individual que está sendo examinado. Embora os professores provavelmente encontrem uma nova rotina e compreendam melhor suas possibilidades (o conjunto de ferramentas) por meio de sua participação em um protocolo LAST, eles também desenvolvem habilidade em analisar o trabalho dos estudantes, reconhecer o pensamento, levantar questões sobre o incentivo ao pensamento e à compreensão e planejar instruções responsivas.

O protocolo para Análise Colaborativa da Documentação

Outro protocolo útil é o protocolo para Análise Colaborativa de Documentação (CAD, do inglês *Collaborative Analysis of Documentation*) (veja a Figura 7.2), desenvolvido por nossos colegas do Projeto Zero, Mara Krechevsky, Ben Mardell, Melissa Rivard e Daniel Wilson (Krechevsky *et al.*, 2013). Como o nome sugere, ele se concentra em analisar uma documentação trazida ao grupo. Em vez de progredir por meio de uma série específica de perguntas, esse protocolo considera a análise, o questionamento e a observação das implicações mais como uma discussão fluida – embora alguns grupos optem por fazer cada pergunta em sequência. Este protocolo costuma ser mais curto do que o LAST, e muitas vezes pode ser feito em 25 minutos, possibilitando haver duas rodadas de compartilhamento e discussão em um período de aula típico.

Assim como no protocolo LAST, o CAD pede aos professores que fundamentem suas interpretações na própria documentação. O que eles podem ver? O que há na página? Os educadores são encorajados a apontar os elementos específicos que sustentam as afirmações que fazem sobre a aprendizagem e o pensamento dos estudantes, o que muitas vezes dá origem a ricos debates e discussões. O que pode parecer claro e óbvio para

Apresentação e preparação
Apresentação do trabalho (no máximo 5 minutos) O professor apresentador fornece um breve contexto para a documentação. O grupo pede ao apresentador que esclareça as dúvidas e, depois, examina a documentação em silêncio.

Discussão e análise
NOTA: *o professor apresentador não fala durante a discussão e análise, mas anota ou documenta a conversa do grupo para comentários posteriores.* **O grupo responde às perguntas a seguir.** As perguntas podem ser feitas em sequência ou de forma intercalada em uma conversa fluida (10-20 minutos).   ➢ *O que você vê ou ouve na documentação? O que impressiona você? O que você está percebendo como aspectos importantes ou significativos?* Explique o que o leva a dizer isso.   ➢ *Que questões a documentação levanta?* Nota: o apresentador não responde às perguntas.   ➢ *Quais são as implicações para o ensino e a aprendizagem e os próximos passos para o apresentador?*

Conversa e protocolo de encerramento
Aprendizagem do apresentador. O apresentador compartilha o que aprendeu.   **Aprendizagem em grupo.** Os membros do grupo anotam pelo menos uma ideia para usar em suas salas de aula e compartilham suas ideias com o grupo.   **Protocolo de encerramento e agradecimento ao apresentador.**

Figura 7.2 Protocolo CAD.

uma pessoa não é para outra. Quando somos desafiados com interpretações alternativas, baseadas em evidências, isso nos leva a reexaminar nossa própria interpretação. Muitas vezes, os professores sugerem perguntas que podem ser feitas aos estudantes, evidências adicionais que eles gostariam de ver e maneiras pelas quais essas evidências podem ser coletadas. Os professores tornam-se aprendizes de seus estudantes, investigadores da aprendizagem e do próprio pensamento. Esses são os tipos de conversa que podem impulsionar o crescimento profissional real para tornar o pensamento visível.

Reflexões do professor

Muitas vezes, quando convocamos grupos de aprendizagem profissional, começamos com reflexões gerais sobre a atividade de tornar o pensamento visível em nossas salas de aula individuais. As perguntas a seguir podem ser úteis. Pedimos aos professores que selecionem uma ou duas questões da lista e levem de 3 a 5 minutos fazendo alguma escrita reflexiva. Em seguida, compartilhamos nossas reflexões, seja com um parceiro, grupo de três pessoas ou, ocasionalmente, com o grupo inteiro.

1. Em que momento(s) desta semana você sentiu que seus estudantes estavam mais conectados e engajados com a aprendizagem deles? Por quê?
2. Em que momento(s) desta semana você sentiu que seus estudantes estavam desconectados ou desengajados da aprendizagem deles, como se estivessem apenas cumprindo uma obrigação? O que pode ter levado a isso?
3. Qual seria o exemplo de pensamento de um estudante que mais o pegou de surpresa e abriu novas possibilidades e caminhos para a exploração?
4. De tudo o que você fez em seu ensino para tornar o pensamento visível esta semana, o que você faria diferente se tivesse a chance?
5. Que perguntas você se ouviu fazendo esta semana que foram mais eficazes para revelar, incentivar ou instigar o pensamento dos estudantes?
6. Onde houve oportunidades (aproveitadas ou não) para documentar e captar o pensamento dos estudantes nesta semana?
7. Onde e quando você se percebeu ouvindo com firme intenção? Onde você gostaria de poder pedir uma repetição e voltar e ouvir mais atentamente?

Outra maneira pela qual temos usado essas perguntas é como parte de um processo de reflexão contínuo, no qual os professores mantêm um registro ou diário. Os educadores mantêm as perguntas à mão, refletindo sobre elas diária ou semanalmente. A intenção não é abordar todo o conjunto de perguntas, embora alguns educadores o façam, mas usá-las como veículos para suscitar reflexões significativas sobre nosso ensino. Os professores podem, então, levar suas reflexões para compartilhar com o grupo de aprendizagem profissional.

CONCLUSÃO

Iniciamos este capítulo discutindo a natureza desafiadora do ensino. Ensinar não é simplesmente uma questão de conhecimento de conteúdo aliado a habilidades de transmiti-lo. O ensino é complexo porque a aprendizagem é complexa. Ao mesmo tempo, ensinar pode ser energizante, justamente porque aprender é energizante. Estar na presença de estudantes profundamente engajados é incrivelmente motivador. Poucas coisas são melhores que isso. Quando terminamos um período de aula em que os estudantes estiveram profundamente absorvidos, não nos sentimos esgotados, pelo contrário, nos sentimos revitalizados.

Há quem pense que os professores são encarregados de produzir aprendizagem, mas isso é um equívoco sobre o nosso papel. Como educadores, somos responsáveis por produzir as condições para a aprendizagem. Aqui reside a promessa e o poder de tornar o pensamento visível: ele oferece uma janela para o processo de aprendizagem. Ao utilizar as diversas ferramentas apresentadas neste livro, especificamente o questionamento, a escuta, a documentação e o uso de rotinas de pensamento, os educadores podem apoiar o pensamento dos estudantes e, consequentemente, sua aprendizagem. No entanto, as estratégias fornecidas neste livro são apenas ferramentas e, como qualquer ferramenta, devem ser aplicadas no contexto certo e em mãos habilidosas, a fim de observar todo o seu potencial. Aprender a fazê-lo exige comunidade. Precisamos da comunidade da sala de aula em que aprendemos com e dos estudantes, tornando-nos aprendizes deles. Também contamos com a comunidade de nossa escola, na qual aprendemos com e de nossos colegas, pois buscamos não apenas aplicar rotinas de pensamento, mas também desenvolver o conjunto de habilidades e mentalidades necessárias para usá-las bem. Por fim, nos beneficiamos e construímos a comunidade profissional mais ampla de educadores em todo o mundo, na qual aprendemos com os novos pontos de vista, desafios e percepções.

Para alguns leitores, este livro representa a continuação de uma jornada para tornar o pensamento visível e criar uma cultura de pensamento em suas salas de aula e escolas. Para outros, será o início de uma nova empreitada. Em ambos os casos, esperamos que você se inspire nas histórias dos educadores apresentadas aqui. Embora esses sejam exemplos de excelente prática, esses professores também já se depararam com essas ferramentas como novos processos que precisavam ser experimentados, refletidos e depois reformulados. Permita-se errar e aprender com e de seus estudantes. Encontre colegas com quem você possa compartilhar e discutir seus esforços e aprendizagem contínuos. Cada vez que tornar visível o pensamento de seus estudantes, use-o como o trampolim natural para seu próximo movimento de ensino, para que ele seja um ato responsivo, que atenda aos estudantes onde eles estão. Dessa forma, você se encontrará no caminho certo para perceber o poder de tornar o pensamento visível.

Referências

+1 ROUTINE. [*S. l.: s. n.*], 2019. 1 vídeo (1 min). Publicado pelo canal The Power of Making Thinking Visible. Disponível em: https://www.youtube.com/watch?v=TpBp3Cjkm2U. Acesso em: 9 jul. 2024.

ALLEN, D.; BLYTHE, T. *The facilitator's book of questions:* tools for looking together at student and teacher work. New York: Teachers College, 2004.

AUSTRALIA: the story of us. Produzido pelo canal Seven Network. [*S. l.: s. n.*], 2015. 8 episódios.

BLACK, P.; WILIAM, D. *Inside the black box:* raising standards through classroom assessment. London: King's College, 2002.

BOALER, J.; BRODIE, K. The importance, nature and impact of teacher questions. *In:* MCDOUGALL, D. E.; ROSS, J. A. (ed.). *North American Chapter of the International Group for the Psychology of Mathematics Education.* Toronto: OISE/UT, 2004. v. 2, p. 773–782.

BRIGGS, S. *Improving working memory*: how the science of retention can enhance all aspects of learning. 2014. Disponível em: http://www.opencolleges.edu.au/informed/features/how-to-improveworking-memory. Acesso em: 24 nov. 2019.

BRIGGS, S. *Why curiosity is essential to motivation.* 2017. Disponível em: http://www.opencolleges.edu.au/informed/features/curiosity-essential-motivation. Acesso em: 2 abr. 2019.

BROOKFIELD, S. D.; PRESKILL, S. *Discussion as a way of teaching:* tools and techniques for democratic classrooms. San Francisco: Jossey-Bass, 2005.

BROWN, J. *The sea accepts all rivers & other poems.* Bloomington: Trafford, 2016.

BROWN, P. C.; ROEDIGER III, H. L.; MCDANIEL, M. A. *Make it stick:* the science of successful learning. Cambridge: Belknap, 2014.

CITY, E. A. et al. *Instructional rounds in education*: a network approach to improving teaching and learning. Cambridge: Harvard Educational, 2009.

CLAXTON, G. et al. *The learning powered school:* pioneering 21s century education. Bristol: TLO Limited, 2011.

CLEE. [2022]. Disponível em: www.schoolreforminitiative.org. Acesso em: 9 jul. 2024.

COCHRAN-SMITH, M.; LYTLE, S. Relationships of knowledge and practice: teacher learning in communities. *Review of Research in Education*, v. 24, n. 1, p. 249-305, 1999.

COLLINS, A.; BROWN, J. S.; HOLUM, A. Cognitive apprenticeship: making thinking visible. *American Educator*, v. 15, n. 3, p. 6-11, p. 38-46, 1991.

DAVIS, S. *Egg beater No. 2*. 1928. Disponível em: https://www.cartermuseum.org/collection/egg-beater-no-2. Acesso em: 9 jul. 2024.

DESLAURIERS, L. et al. Measuring actual learning versus feeling of learning in response to being actively engaged in the classroom. *Proceedings of the National Academy of Sciences*, v. 116, n. 39, p. 19251-19257, 2019.

DRUMMOND, A. *Ilha da energia*: a história de uma comunidade que domou o vento e mudou de vida. Rio de Janeiro: Nova Fronteira, 2011.

DWECK, C. *Mindset:* the new psychology of success. New York: Ballantine Books, 2006.

ENGLISH, A. R.; HINTZ, A.; TYSON, K. *Growing your listening practice to support students' learning (handbook)*. Edinburgh: [s. n.], 2018.

CHEVALIER, T. *Finding the story inside the painting*. [S. l.: s. n.], 2012. TED-Salon London. Disponível em: https://www.ted.com/talks/tracy_chevalier_finding_the_story_inside_the_painting. Acesso em: 10 jul. 2024.

GIUDICI, C.; RINALDI, C.; KRECHEVSKY, M. (ed.). *Making learning visible:* children as individual and group learners. Reggio Emilia: Reggio Children, 2001.

GIVEN, H. et al. Changing school culture: using documentation to support collaborative inquiry. *Theory Into Practice*, v. 49, n. 1, p. 36-46, 2010.

GOODLAD, J. I. *A place called school:* prospects for the future. New York: McGraw-Hill, 1984.

HARVARD GRADUATE SCHOOL OF EDUCATION. *Understanding map*. 2022. Disponível em: https://pz.harvard.edu/sites/default/files/Understanding%20map%20circle%202022.pdf. Acesso em: 11 jul. 2024.

HATTIE, J. *Visible learning*: a synthesis of over 800 meta-analyses relating to achievement. New York: Routledge, 2009.

HATTIE, J.; TIMPERLEY, H. The power of feedback. *Review of Educational Research*, v. 77, n. 1, p. 81–112, 2007.

HEWLETT FOUNDATION. *Deeper learning competencies*. 2013. Disponível em: https://hewlett.org/wp-content/uploads/2016/08/Deeper_Learning_Defined__April_2013.pdf. Acesso em: 19 jun. 2024.

KARPICKE, J. D. Retrieval-based learning: active retrieval promotes meaningful learning. *Current Directions in Psychological Science*, v. 21, n. 3, p. 157–163, 2012.

KRECHEVSKY, M. et al. *Visible Learners*: promoting Reggio-inspired approaches in all schools. Hoboken: Wiley, 2013.

LADDER of feedback. [S. l.: s. n.], 2019. 1 vídeo (11 min). Publicado pelo canal The Power of Making Thinking Visible. Disponível em: https://www.youtube.com/watch?v=c3SB3BFcTK4. Acesso em: 9 jul. 2024.

LEINHARDT, G.; STEELE, M. D. Seeing the complexity of standing to the side: instructional dialogues. *Cognition and Instruction*, v. 23, n. 1, p. 87–163, 2005.

LILJEDAHL, P. Building thinking classrooms: conditions for problem-solving. *In*: FELMER, P.; KILPATRICK, J.; PEKHONEN, E. (ed.). *Posing and solving mathematical problems*. Cham: Springer, 2016. p. 361–386.

LYONS, L. *Most teens associate school with boredom, fatigue*. 2004. Disponível em: http://www.gallup.com/poll/11893/most-teens-associate-school-boredom-fatigue.aspx. Acesso em: 19 jun. 2024.

MACKENZIE, T.; BATHURST-HUNT, R. *Inquiry mindset*: nurturing the dreams, wonders & curiosities of our youngest learners. Irvine: Elevate Books Edu, 2019.

MEHTA, J.; FINE, S. *In search of deeper learning*: the quest to remake the American high school. Cambridge: Harvard University, 2019.

MILLER, G. A. The magical number seven, plus or minus two: some limits on our capacity for processing information. *Psychological Review*, v. 63, n. 2, p. 81–97, 1956.

MURDOCH, K. *The power of inquiry:* teaching and learning with curiosity, creativity and purpose in the contemporary classroom. Melbourne: Seastar Education, 2015.

NEWMANN, F. M.; MARKS, H. M.; GAMORAN, A. Authentic pedagogy and student performance. *American Journal of Education,* v. 104, n. 4, p. 280–312, 1996.

NEWMANN, F. M.; WEHLAGE, G. G.; LAMBORN, S. D. The significance and sources of student engagement. *In*: NEWMANN, F. M. (ed.). *Student engagement and achievement in American secondary schools.* New York: Teachers College, 1992. p. 11–39.

NEWMANN, F. M.; BRYK, A. S.; NAGAOKA, J. *Authentic intellectual work and standardized tests:* conflict or coexistence? Chicago: Consortium on Chicago School Research, 2001.

ONOSKO, J. J. Exploring the thinking of thoughtful teachers. *Educational Leadership,* v. 49, n. 7, p. 40–43, 1992.

PEELING the fruit with Tom Heilman. 11th grade Poetry. [*S. l.: s. n.*], 2020. 1 vídeo (6 min). Publicado pelo canal The Power of Making Thinking Visible. Disponível em: https://www.youtube.com/watch?v=bSPgqoacvPk. Acesso em: 9 jul. 2024.

PEREZ-HERNANDEZ, D. *Taking notes by hand benefits recall, researchers find.* 2014. Disponível em: https://www.chronicle.com/blogs/wiredcampus/taking-notes-by-hand-benefits-recall-researchers-find. Acesso em: 19 jun. 2024.

PERKINS, D. N. *King Arthur's round table:* how collaborative conversations create smart organizations. Hoboken: Wiley, 2003.

PERKINS, D. N. *Smart schools:* from training memories to educating minds. New York: Free Press, 1992.

PERKINS, D. N. *et al.* Intelligence in the wild: a dispositional view of intellectual traits. *Educational Psychology Review,* v. 12, n. 3, p. 269–293, 2000.

PIANTA, R. C. *et al.* Opportunities to learn in America's elementary classrooms. *Science,* v. 315, n. 5820, p. 1795–1796, 2007.

RITCHHART, R. *Creating cultures of thinking:* the 8 forces we must master to truly transform our schools. San Francisco: Jossey-Bass, 2015.

RITCHHART, R. *Developing intellectual character*: a dispositional perspective on teaching and learning. 2000. Dissertation (PhD) – School of Education, Harvard University, Cambridge, 2000.

RITCHHART, R. *Intellectual character:* what it is, why it matters, and how to get it. San Francisco: Jossey-Bass, 2002.

RITCHHART, R.; CHURCH, M.; MORRISON, K. *Making thinking visible:* how to promote engagement, understanding, and independence for all learners. San Francisco: Jossey-Bass, 2011.

RITCHHART, R.; TURNER, T.; HADAR, L. Uncovering students' thinking about thinking using concept maps. *Metacognition and Learning*, v. 4, n. 2, p. 145-159, 2009.

ROTHSTEIN, D.; SANTANA, L. *Make just one change:* teaching students to ask their own questions. Cambridge: Harvard Education, 2011.

SCHOENFELD, A. H. Models of the teaching process. *Journal of Mathematical Behavior*, v. 18, n. 3, p. 243-261, 1999.

SCHWARTZ, K. *How memory, focus and good teaching can work together to help kids learn*. 2015. Disponível em: https://www.kqed.org/mindshift/39677/how-memory-focus-and-good-teaching-can-work-together-to-help-kids-learn. Acesso em: 19 jun. 2024.

SCHWARTZ, M. S. *et al.* Depth versus breadth: how content coverage in high school science courses relates to later success in college science coursework. *Science Education*, v. 93, n. 5, p. 798-826, 2009.

SEPULVEDA LARRAGUIBEL, Y.; VENEGAS-MUGGLI, J. I. Effects of using thinking routines on the academic results of business students at a Chilean tertiary education institution. *Decision Sciences Journal of Innovative Education*, v. 17, n. 4, p. 405-417, 2019.

SHERNOFF, D. J. *Optimal learning environments to promote student engagement*. New York: Springer, 2013.

SHERNOFF, D. J. *The experience of student engagement in high school classrooms:* influences and effects on long-term outcomes. Saarbrücken: Lambert Academic, 2010.

SMITH, M.; WEINSTEIN, Y. *Learn how to study using... retrieval practice*. [2016]. Disponível em: http://www.learningscientists.org/blog/2016/6/23-1. Acesso em: 19 jun. 2024.

TEACHERS at Bialik College conduct a LAST protocol discussion. [S. l.: s. n.], 2019. 1 vídeo (5 min). Publicado pelo canal The Power of Making Thinking Visible. Disponível em: https://youtu.be/3ajX-mXFyFM?feature=shared. Acesso em: 11 jul. 2024.

THE ACADEMIC Research Program at University Liggett School. [S. l.: s. n.], 2017. 1 vídeo (14 min). Publicado pelo canal University Liggett School. Disponível em: https://www.youtube.com/watch?v=iLxPt6k-Z2w. Acesso em: 9 jul. 2024.

THORNBURG, D. D. Campfires in cyberspace: primordial metaphors for learning in the 21st century. *International Journal of Instructional Technology and Distance Learning,* v. 1, n. 10, p. 3–10, 2004.

TISHMAN, S. *Slow looking*: the art and of practice learning through observation. New York: Routledge, 2018.

VAN ZEE, E.; MINSTRELL, J. Using questioning to guide student thinking. *Journal of the Learning Sciences,* v. 6, n. 2, p. 227–269, 1997.

VYGOTSKY, L. S. *Mind in society*: the development of higher psychological processes. Cambridge: Harvard University, 1978.

WALLACE, T. L.; SUNG, H. C. Student perceptions of autonomy-supportive instructional interactions in the middle grades. *Journal of Experimental Education,* v. 83, n. 3, p. 425–449, 2017.

WHITE, R. T.; GUNSTONE, R. F. *Probing understanding*. London: Falmer, 1992.

WILIAM, D. *Is the feedback you're giving students helping or hindering?* 2014. Disponível em: https://www.dylanwiliamcenter.com/is-the-feedback-you-are-giving-students-helping-or-hindering. Acesso em: 25 abr. 2019.

WILIAM, D. The secret of effective feedback. *Educational Leadership,* v. 73, n. 7, p. 10–15, 2016.

YINGER, R. J. Routines in teacher planning. *Theory Into Practice,* v. 18, n. 3, p. 163–169, 1979.

Índice

+1
  avaliação formativa para, 104-105
  conteúdo para, 101-102
  dicas para, 105-106
  etapas para, 101-103
  para arte, 105-108
  para interação com os outros,
    45-46, 51-52, 100-108
  propósito de, 100-102
  usos e variações de, 104-105

A

A Child of Books (Oliver e Winston),
  203-204
*A rotina da história:
  principal-secundária-oculta*
  avaliação formativa para, 134-136
  compartilhamento em, 132
  complexidade em, 129-132
  conteúdo para, 129-132
  dicas para, 135-136
  em laboratórios de aprendizagem,
    257-258
  etapas de, 132
  para aconselhamento, 133-135
  para AFL, 136-137
  para contabilidade, 136-137
  para documentos de origem,
    134-135
  para interagir com ideias, 45-46,
    109-110, 129-137
  perguntas em, 132, 137
  preparação para, 132
  propósito de, 129-131
  usos e variações de, 133-135
Academic Research Project (ARP),
  84-85
Ação
  envolvimento em, rotinas de
    pensamento para, 47, 165-218
Aconselhamento
  *A rotina da história: principal-
    -secundária-oculta* para, 133-135
  O quê? E então? E agora? para,
    195-196
Acréscimos
  para *+1*, 102-103, 105-106
  para *Construindo significado*, 92-94
Adcock, Alison, 148-149
Adjetivos
  em *Nomear-descrever-agir*,
    147-150
AFL. *Veja* Australian Football League
Al Colegio (Laforet), 152-153
Alfabetização
  Os 3 porquês para, 203-204
Alfaro, Jessica, 181-183
Allen, David, 236-237
Ambiguidade, 254-255
  em *Beleza e verdade*, 143
  em *Prever-coletar-explicar*, 167-168
Análise
  CAD e, 261-264
  documentação para, 13-14

em *A rotina da história: principal-secundária-oculta*, 45-46
em *Nomear-descrever-agir*, 147-148
em *O quê? E então? E agora?*, 192-193
em *Prever-coletar-explicar*, 168-169
em *Tenha certeza*, 185-186
em testes padronizados, 20-21
na avaliação formativa, 18-19
Anastopoulos, Judy, 22-23
Anotar
em *+1*, 100-102, 105-106
Anotar
avaliação formativa para, 160-162
compartilhamento em, 158-160
conteúdo para, 158-159
dicas para, 161-162
etapas de, 158-160
para biologia, 159-160
para história, 161-164
para interagir com ideias, 45-46, 109-110, 156-164
perguntas em, 156-159, 161-162
preparação para, 158-159
propósito de, 156-159
usos e variações de, 159-161
Aprendizado de máquina
Construindo significado para, 90-91, 97-99
Aprendizagem profunda
com TPV, 10-13, 226-227
domínio a partir de, 10-11, 254-255
envolvimento e, 15-16
mapa da compreensão para, 226-227
no planejamento, 227-228
papel dos estudantes no, 16-17
rotinas de pensamento para, 38-40
Apresentação
em CAD, 262
em *Construindo significado*, 92-93

em *Descascando a fruta*, 18-19
em *Escada de feedback*, 63-65
em LAST, 260-261
Aquário
técnica para SAIL, 68-69, 85-86
Armstrong, Nathan, 22-23
ARP. *Veja* Academic Research Project
Arte
+1 para, 105-108
A rotina da história: principal-secundária-oculta, 135-136
Artes da língua inglesa (ELA)
mapa da compreensão para, 232-233
Tenha certeza para, 184, 189-192
Associações
em *Construindo significado*, 90-91
em *O quê? E então? E agora?*, 194-195
Atenção seletiva, 231-232
Atuação, 16-18
Australian Football League (AFL), 136-137
Avaliação formativa
para *+1*, 104-105
para *A rotina da história: principal-secundária-oculta*, 134-136
para *Anotar*, 160-162
para *Beleza e verdade*, 142-143
para *Classificação de perguntas*, 114-116
para *Construindo significado*, 96-97
para *Discussão sem líder*, 75-77
para *Escada de feedback*, 67-69
para *ESP+1*, 179-181
para GOGO, 56-59
para *Nomear-descrever-agir*, 153-154
para *O quê? E então? E agora?*, 195-196
para *Os 3 porquês*, 206-208
para *Os 4 se's*, 214-215

para *Prever-coletar-explicar*,
169-171
para SAIL, 84-86
para *Tenha certeza*, 186-188
para TPV, 17-21, 250-252
rotinas de pensamento em, 18-21

B

Baker, Pennie, 144-146
Basnight, Walter, 74-76, 226-227
Beane, Mary, 16-17
Beleza e verdade, 33-34
    avaliação formativa para,
142-143
    compartilhamento em, 140-141
    conteúdo para, 139-140
    dicas para, 142-145
    documentação em, 143
    em laboratórios de aprendizagem,
257-258
    etapas de, 139-141
    para a literatura, 139-142
    para estudos sociais, 144-146
    para fontes de energia, 140-142
    para interagir com ideias, 45-46,
109-110, 138-146
    perguntas em, 142-143
    perguntas facilitadoras para,
143-145
    preparação para, 139-140
    propósito, 138-140
    usos e variações de, 140-142
Belli, Natalie, 68-69
Benton, Nevada, 78-81
Biologia
    Anotar para, 159-160
Blum, Sharonne, 213-214
Blythe, Tina, 236-237
Bohmer, Peter, 84-85
Boix-Mansilla, Veronica, 138,
201-202
Boylan, Nick, 179

Brainstorming
    Classificação de perguntas e,
111-112, 115-119
    GOGO e, 45-46, 51-52, 54-56
    Tenha certeza e, 190
Brookfield, Stephen, 158-159
Brown, J. S., 32-33
Brown, Judy, 238-239

C

Cabo de guerra, 215-216
CAD. *Veja* Protocolo para Análise
    Colaborativa de Documentação
Casamento do mesmo sexo
    Os 4 se's para, 213-214
Chevalier, Tracy, 135-136
Chua, Flossie, 138, 201-202
Church, Mark, 229-230
Ciência, tecnologia, engenharia e
matemática (STEM)
    ESP+1 para, 177-178, 180-181
    Nomear-descrever-agir para,
155-156
    Prever-coletar-explicar para,
167-171
Circle of ViewPoints, 138-140
Classificação de perguntas, 33-34
    Anotar e, 161-162
    avaliação formativa para, 114-116
    brainstorming e, 111-112, 115-119
    conteúdo para, 109-110
    dicas para, 115-116
    Discussão sem líder e, 77, 114-115
    documentação em, 115-116
    etapas de, 109-111
    O quê? E então? E agora? e,
197-198
    para interagir com ideias, 45-46,
109-119
    perguntas em, 109-110
    propósito de, 110-111
    usos e variações de, 113-115

Codificação
    ESP+1 para, 179
Codificação com cores
    para *Construindo significado*,
    92-94, 108
Coffin, Denise, 17-18, 27-28
    Escada de feedback e, 70-72
Collins, A., 32-33
Competência global no Projeto Zero,
    44-45, 138, 201-202
Complexidade, 254-255
    em *A rotina da história: principal-
    -secundária-oculta*, 129-132
    em *Anotar*, 158-159
    em *Beleza e verdade*, 138-140,
    142-143
    em *Descascando a fruta*, 120
    em GOGO, 53
    em *O quê? E então? E agora?*,
    195-196
    em *Os 3 porquês*, 201-202
    em *Tenha certeza*, 186-187
    em testes padronizados, 20-21
    na aprendizagem profunda,
    12-13
Conectar-ampliar-desafiar, 243-244
Conexões
    em *A rotina da história: principal-
    -secundária-oculta*, 45-46
    em *Anotar*, 159-160, 164
    em *Beleza e verdade*, 138, 143
    em *Construindo significado*, 45-46,
    93-97
    em *Descascando a fruta*, 123-125,
    128-129
    em *O quê? E então? E agora?*,
    192-193
    em *Os 3 porquês*, 201-202
    em *Os 4 se's*, 47
    em TPV, 249-251
    Gerar-ordenar-conectar-elaborar e,
    102-103

mapa da compreensão para,
    250-251
Conhecimento metaestratégico
    TPV para, 26-27
Conscientização
    Discussão sem líder para, 79
    O quê? E então? E agora? para,
    192-193
    para disposições de pensamento,
    27-30
    Tenha certeza e, 185-186
Construindo significado, 40
    avaliação formativa para, 96-97
    conteúdo para, 92-93
    dicas para, 96-98
    etapas para, 92-94
    para aprendizado de máquina,
    90-91, 97-99
    para interação com os outros,
    45-46, 51-52, 89-99
    perguntas em, 89-90, 99
    propósito de, 90-93
    usos e variações de, 94-95
Contabilidade
    *A rotina da história: principal-
    -secundária-oculta* para, 136-137
Conteúdo
    para *+1*, 45-46, 101-102
    para *A rotina da história: principal-
    -secundária-oculta*, 129-132
    para *Anotar*, 158-159
    para *Beleza e verdade*, 139-140
    para *Classificação de perguntas*,
    109-110
    para *Construindo significado*, 92-93
    para *Descascando a fruta*, 121-123
    para *Discussão sem líder*, 73-74, 79
    para *Escada de feedback*, 63-64
    para *ESP+1*, 176-177
    para GOGO, 54-55
    para *Nomear-descrever-agir*,
    148-150

para *O quê? E então? E agora?*, 193-194
para *Os 3 porquês*, 201-203
para *Os 4 se's*, 210-211
para *Prever-coletar-explicar*, 167-169
para rotinas de pensamento, 41-43
para SAIL, 82-83
para *Tenha certeza*, 185-186
Contos de fadas
    Descascando a fruta para, 123-125
    Tenha certeza para, 186-187
Controvérsia
    Anotar para, 158-159
    Beleza e verdade para, 139-140
    Os 3 porquês para, 201-203
    Os 4 se's para, 210-211
Conversa com giz, 89-90, 92-93, 96-97
Cox, Wayne, 228-229
Coyro, Jodi, 87-89
Creating Cultures of Thinking (Ritchhart), 115-116
Criatividade, 16-17
    na aprendizagem profunda, 10-11
Criando Culturas de Pensamento (Ritchhart), 38-39
Crimes de ódio
    Os 4 se's para, 211-214
Cronometrista
    para *Discussão sem líder*, 74-75
Cruse, Darrel, 136-137
Cultura de sala de aula
    GOGO para, 54-55
    para TPV, 16-17
Curiosidade
    de professores, 17-18
    na aprendizagem profunda, 12-13
    Nomear-descrever-agir para, 148-149, 155-156
perguntas e, 33-36
SAIL para, 84-85
Currículo
    professor e, 16-17
    rotinas de pensamento e, 242-244

D

Daly, Kendra, 224-225, 238-239
Davis, Steve, 136-137
Davis, Stuart, 23-24, 70-71
Dê um, receba um (GOGO), 51-52
    avaliação formativa para, 56-59
    com *Beleza e verdade*, 144-145
    documentação em, 56-59
    etapas de, 55-57
    para conteúdo, 54-55
    para interagir com os outros, 45-46, 53-61
    para paz e conflito, 59-61
    preparação para, 54-55
    usos e variações de, 56-59
Deal, Amanda, 181-182
Definições
    em *Construindo significado*, 92-93, 96-97
    em *Descascando a fruta*, 124-126
Del Carmen, Regina (Nina), 59-61
Densho, 129-131
Descascando a fruta, 18-21, 33-34
    conteúdo para, 121-123
    dicas para, 127
    etapas para, 122-124
    para contos de fadas, 123-125
    para interagir com ideias, 45-46, 109-110, 120-130
    para poesia, 127-130
    para robótica, 123-124, 127
    propósito de, 120-122
    usos e variações de, 123-125
Despejo de atividades, 222-223
Dilema da cobertura, 241-242

Discussão. *Veja também Discussão sem líder*
   em *A rotina da história: principal-secundária-oculta*, 132
   em *Anotar*, 156-157, 159-160, 164
   em *Beleza e verdade*, 142-143, 145-146
   em *Classificação de perguntas*, 109-110
   em *Construindo significado*, 90-91, 96-97
   em *Descascando a fruta*, 123-124, 128-129
   em LAST, 260
   em *Os 4 se's*, 215-216
   em rotinas de pensamento, 39-40, 44-45
   em *Tenha certeza*, 191
Discussão sem líder, 33-34
   avaliação formativa para, 75-77
   Classificação de perguntas e, 77, 114-115
   conteúdo para, 73-74, 79
   dicas para, 77-78
   etapas de, 73-75
   para interação com os outros, 45-46, 51-52, 72-80
   perguntas em, 77, 80
   propósito de, 72-74
   usos e variações de, 74-76
Disposições de pensamento
   perguntas em, 33-34
   planejamento para, 226-227, 229-230
   preparação para, 234-235
   TPV para, 26-28
Documentação
   CAD e, 261-264
   definição, 36-37
   disposições de pensamento e, 27-28
   em *+1*, 100-102
   em *Beleza e verdade*, 143
   em *Classificação de perguntas*, 115-116
   em GOGO, 56-59
   em LAST, 260-261
   em *Prever-coletar-explicar*, 169-170
   em Projeto Zero, 36-37
   em SAIL, 85-86
   em *Tenha certeza*, 186-187
   em TPV, 36-39
Documentos/material de origem, 12-13
   para *A rotina da história: principal-secundária-oculta*, 134-135
   para *Beleza e verdade*, 139-140
   para *Discussão sem líder*, 73-74
   para *Nomear-descrever-agir*, 153-154
Domínio
   a partir da aprendizagem profunda, 10-11, 254-255
   com *Construindo significado*, 94-96
   processo de, 32-33
Drummond, Allan, 142
Dullard, Kate, 56-57
Dweck, Carol, 200

E

Ecologicamente correto
   Os 4 se's para, 215-218
Educação especial
   Construindo significado para, 94-96
Educação física
   Prever-coletar-explicar para, 169-170
Egg Beater No. 2, 70-71
ELA. *Veja* Artes da língua inglesa
Elaboração
   em *+1*, 102-103
   em *A rotina da história: principal-secundária-oculta*, 132

em GOGO, 54-56
em *Os 4 ses*, 215-216
Gerar-ordenar-conectar-elaborar e, 102-103
Engajamento cognitivo, 13-14
  no planejamento, 227-228
English, A. R., 35-37
Ensino na hora certa
  Anotar e, 156-157
Ensino por compreensão, 10-11
Escada de feedback
  avaliação formativa para, 67-69
  conteúdo para, 63-64
  dicas para, 65-70
  etapas de, 63-66
  para interação com os outros, 45-46, 51-52, 61-72
  perguntas em, 65-69
  propósito de, 61-64
  usos e variações de, 65-68
Esclarecimento
  em *Descascando a fruta*, 122-123
  em *Escada de feedback*, 61-62, 64-65, 70
  em *O quê? E então? E agora?*, 192-195
  em SAIL, 82-83, 85-86
Esconder
  em *Beleza e verdade*, 138, 140-141, 143, 146
Escrita
  A rotina da história: principal--secundária-oculta para e, 137
  Escada de feedback e, 70
  Nomear-descrever-agir e, 149-150
  Os 3 porquês e, 207-208
  testes padronizados para, 25-26
Escuta. *Veja também* Escuta educativa
  disposições de pensamento e, 27-28
  em *+1*, 104-105
  em *Discussão sem líder*, 75-77
  em GOGO, 54-56

em *Prever-coletar-explicar*, 169-170
em *Tenha certeza*, 188, 192
em TPV, 35-37, 248-250
na avaliação formativa, 18-19
planejamento e, 228-229
Escuta educativa, 35-37
  no planejamento, 228-229
Escuta empática, 35-36
Escuta generativa, 36-37
ESP+1, 33-34
  avaliação formativa para, 179-181
  compartilhamento em, 177-178
  conteúdo para, 176-177
  dicas para, 180-181
  etapas de, 176-178
  para codificação, 179
  para engajamento com ação, 47, 165-166, 175-183
  para matemática, 181-183
  para STEM, 177-178, 180-181
  preparação para, 176-177
  propósito de, 175-177
  reflexão em, 176-183
  usos e variações de, 177-179
Espanhol
  Nomear-descrever-agir para, 152-153
  Os 3 porquês para, 207-209
Estado cerebral motivado, 148-149
Estrutura, 1
  Escada de feedback para, 68-69
  planejamento e, 226-227
  Projeto Zero e, 3
  rotinas de pensamento para, 38-42
Estudos sociais
  +1 para, 104-105
  Beleza e verdade para, 144-146
Ética
  Beleza e verdade para, 139-140
  Discussão sem líder para, 74-76
  Os 3 porquês para, 201-202
  Os 4 ses para, 210-211

reflexão sobre, 13-14
Exames abrangentes, 17-18

F

Falar-perguntar-idear-aprender (SAIL), 33-34, 80-89
    avaliação formativa para, 84-86
    conteúdo para, 82-83
    dicas para, 85-88
    etapas para, 82-84
    para interação com os outros, 45-46, 51-52
    para jogo de tabuleiro, 87-89
    perguntas em, 88
    propósito de, 80-81
    usos e variações de, 84-85
Fazenbaker, Chris, 237-238
Feedback. *Veja também Escada de feedback*
    com rotinas de pensamento, 44-45
    em *Anotar*, 156-157
    em laboratórios de aprendizagem, 258-259
    em LAST, 261
    em SAIL, 80-81, 85-86
    ideias de, 61-62
    na avaliação formativa, 17-18
Fennelly, Beth Ann, 127-128
Fields, Morgan, 123-125
Filtragem de informações
    em *+1*, 100
Fine, Sarah, 10-11, 15-16, 241-242
Fofoca
    Construindo significado para, 94-95
Fontes de energia
    Beleza e verdade para, 140-142
Frederick, Julie, 142
Fried, Laura, 116-117

G

Geddes, Louise-Anne, 234-235

Generatividade
    em *Classificação de perguntas*, 109-111, 117-119
Genuinidade
    em *Classificação de perguntas*, 109-111
Geografia
    Beleza e verdade para, 139-140, 142
Gerar-ordenar-conectar-elaborar, 102-103
Ghouse, Shehla, 18-19
Gibson, Nellie, 143
Gill, Ryan, 254-255
Global Lens, 138
Goetz, Mary, 152-153
Goodyear, Marina, 227-229
Green, Kathy, 15-16

H

Hahn, Sandra, 27-28
Hamilton, Claire, 227-228
Heilman, Tom, 18-21, 33-34
    Descascando a fruta e, 127-130
Hewlett Foundation, 10-11
Hintz, A., 35-37
Hispanos, 23-24
História
    Anotar para, 161-164
Histórias ocultas. *Veja A rotina da história: principal-secundária-oculta*
Histórias principais. *Veja A rotina da história: principal-secundária-oculta*
Histórias secundárias. *Veja A rotina da história: principal-secundária-oculta*
Hollander, Jennifer, 133-135
Holum, A., 32-33

I

IB. *Veja International Baccalaureate*
Ideias, 18-19, 31-32. *Veja também ESP+1*
    de *Classificação de perguntas*, 109-110

de *Construindo significado*, 92-93
de *Discussão sem líder*, 80
de *Os 3 porquês*, 202-203
do *feedback*, 61-62
rotinas de pensamento para interagir com, 45-46, 109-164
Identidade
 Beleza e verdade e, 142
 de TPV, 31-32
 na aprendizagem profunda, 10-11
Ilha da energia (Drummond), 142
Ilusão de frequência, 231-232
Iniciativa *Interdisciplinary and Global Studies*, 201-202
Insistência
 em rotinas de pensamento, 222-223, 236-240
 perguntas facilitadoras para, 237-239
Interação. *Veja também* Engajamento cognitivo
 com ação, rotinas de pensamento para, 47, 165-218
 com ideias, rotinas de pensamento para, 47, 109-164
 com os outros, rotinas de pensamento para, 45-46, 51-108
 em *+1*, 100-102, 105-106
 em *Beleza e verdade*, 138
 em *Classificação de perguntas*, 109-110
 em *Construindo significado*, 89-90, 94-96
 em *Nomear-descrever-agir*, 147-148, 153-154
 em TPV, 12-16, 31-32
International Baccalaureate (IB)
 Anotar e, 159-160
 Classificação de perguntas e, 109-110
 Middle Years Program, 23-24, 207-208

planejamento e, 226-227
Tenha certeza e, 186-187

J

Jacobson, 253-254
Janssen, Alisha, 142
Jazz
 O quê? E então? E agora? para, 197-200
Jeffers, Oliver, 203-204
Jogo de tabuleiro
 SAIL para, 87-89
Jornalismo
 Beleza e verdade para, 139-140

K

Kavalar, Renee, 94-96
Kelly, Mary, 234-237
Krechevsky, Mara, 36-37, 261

L

Laboratórios de aprendizagem, 257-259
Laforet, Carmen, 152-153
Lançamento reflexivo, 35-36, 237-238
LAST. *Veja* Protocolo Olhando para o Pensamento do Estudante
LaTarte, Jennifer, 29-30, 254-255
Lindemann, Erik, 12-13, 20-21, 159-162
Linguagem. *Veja também* Artes da língua inglesa (ELA)
 Escada de feedback para, 67-69
 mapa da compreensão para, 232-233
 Nomear-descrever-agir para, 147-148, 152-153
 O quê? E então? E agora? para, 197-198
 Os 3 porquês para, 207-209
 Tenha certeza para, 186-187

Literatura. *Veja também* Poesia
   Beleza e verdade para, 139-142
   O quê? E então? E agora? na, 193-194
Littell, Matt, 65-68
Lusky, Erika, 9-10, 94-96, 254-255

M

MacMillan, Laura, 227-228
Magown, Matt, 169-170
Make Just One Change (Rothstein e Santana), 115-116
Manchetes, 144-145
Manley, Julie, 184, 189-192
Mapa da compreensão, 40
   Classificação de perguntas e, 115-116
   disposições de pensamento e, 29-30
   O quê? E então? E agora? e, 195-196
   para conexões, 250-251
   para planejamento, 223-225
   preparação e, 231-232
Mardell, Ben, 36-37, 261
Matelski, Trisha, 207-209
Matemática
   +1 para, 104-105
   A rotina da história: principal--secundária-oculta para, 135-136
   disposições de pensamento para, 27-28
   ESP+1 para, 177-178, 180-183
   O quê? E então? E agora? para, 194-195
   Prever-coletar-explicar para, 167-169, 170-174
   Tenha certeza para, 185-186
   testes padronizados para, 25-26
Mazur, Eric, 156-157
McGrady, Matt, 105-108
McGrath, Sheri, 123-124, 127

McQuaid, Caitlin, 140-142
Medvinsky, Mike, 87-88
Mehta, Jal, 10-11, 15-16, 241-242
Memória, 31-32
   +1 e, 45-46, 51-52, 100
   Anotar e, 156-159
   GOGO e, 54-55
   Nomear-descrever-agir e, 45-46, 147-149
   rotinas de pensamento para, 44-45
Memória de trabalho
   Nomear-descrever-agir e, 45-46, 147-149, 153-154
Mentalidade
   Os 3 porquês para, 204-205
   para desenvolvimento do conjunto de habilidades, 255-264
   para motivação, 253-256
Mentalidade de crescimento
   Os 3 porquês para, 204-206
Middle Years Program, 23-24, 207-208
Miller, Alice Duer, 35-36, 248
Miller, Paul James, 115-119
Minstrell, Jim, 35-36
Minwalla, Shernaz, 84-85
Moça com Anel de Pérola (Chevalier), 135-136
Motivação
   A rotina da história: principal--secundária-oculta e, 135-136
   mentalidade para, 253-256
   Nomear-descrever-agir e, 148-149
   para disposições de pensamento, 27-28
   TPV para, 253-256
Movimento "Parâmetros e Responsabilização", 20-21
Música
   O quê? E então? E agora? para, 197-200
   SAIL para, 84-85

N

New York Elevated, 1931 (Stuart), 71
Nomear-descrever-agir
    avaliação formativa para, 153-154
    compartilhamento em, 151-153
    conteúdo para, 148-150
    dicas para, 153-154
    etapas para, 149-152
    para a linguagem, 152-153
    para ciência, 155-156
    para interagir com ideias, 45-46, 109-110, 147-156
    perguntas em, 149-150, 152-153
    preparação para, 149-150
    propósito de, 147-149
    usos e variações de, 152-153
Novidade, 202-203
Nuance, 245-246
    A rotina da história: principal--secundária-oculta e, 132
    Anotar e, 158-159
    Beleza e verdade e, 139-140
    Descascando a fruta e, 120, 126
    Discussão sem líder e, 73-76
    Prever-coletar-explicar e, 167-168
    rotinas de pensamento e, 18-19
Núcleo
    em *Descascando a fruta*, 120-124

O

O que faz você dizer isso? (WMYST), 33-34
O quê? E então? E agora?, 33-34
    avaliação formativa para, 195-196
    compartilhamento em, 194-195
    conteúdo para, 193-194
    dicas para, 197-198
    etapas de, 193-195
    para a música, 197-200
    para interagir com ação, 47, 165-166, 192-200
    para o *jazz*, 197-200
    preparação para, 193-194
    propósito de, 192-193
    reflexão em, 192-195
    usos e variações de, 194-196
Observação
    em +*1*, 100
    em avaliação formativa, 18-19
    em *Nomear-descrever-agir*, 147-148
    em *O quê? E então? E agora?*, 192-193
Onosko, Joseph, 253-254
Originalidade, 202-203, 254-255
Os 3 porquês, 33-34
    avaliação formativa para, 206-208
    compartilhamento em, 203-204, 208
    conteúdo para, 201-203
    dicas para, 207-208
    etapas de, 202-204
    Os 4 se's e, 209-211, 215-216
    para a linguagem, 207-209
    para alfabetização, 203-204
    para engajamento com ação, 47, 165-166, 201-209
    para espanhol, 207-209
    para mentalidade de crescimento, 204-206
    preparação para, 202-203
    propósito de, 201-202
    usos e variações de, 203-206
Os 4 se's
    avaliação formativa para, 214-215
    compartilhamento em, 211-212
    conteúdo para, 210-211
    dicas para, 214-216
    ecologicamente correto, 215-218
    etapas de, 210-212
    Os 3 porquês e, 209-211, 215-216
    para casamento do mesmo sexo, 213-214
    para crimes de ódio, 211-214

para engajamento com ação, 47, 165-166, 209-218
preparação para, 210-211
propósito de, 209-211
usos e variações de, 211-214
Outros
rotinas de pensamento para interagir com, 45-46, 51-108

P
Padrões de comportamento
rotinas de pensamento e, 43-45
Tenha certeza para, 184
PARCC. *Veja* Partnership for Assessment of Readiness for College and Careers (PARCC)
Participação
em *+1*, 100
em *Discussão sem líder*, 77
Partnership for Assessment of Readiness for College and Careers (PARCC), 23-24
Passagem de anotações
em *+1*, 102-103, 105-106
Passo para trás, 29-30, 239-240
em *Classificação de perguntas*, 110-111
em *Descascando a fruta*, 120-122
em *O quê? E então? E agora?*, 198
Paterson, Cameron, 9-10, 16-17, 25-26
Paz e conflito
GOGO para, 59-61
Pedagogia da escuta, 35-36
Peddycord, Andrea, 56-59
Pele
em *Descascando a fruta*, 120-122, 128
Pellosmaa, Ashley, 155-156
Penczer, Rudy, 194-195
Pensamento crítico
na aprendizagem profunda, 12-13
no planejamento, 228-229

Pensamento visível, 2
Descascando a fruta em, 120
ESP+1 em, 175
LAST em, 258-259
resistência a, 20-21
rotinas de pensamento em, 38-39
Pensar-misturar-explorar, 111
Pereira, Joyce Lourenco, 97-99
Perguntas, 18-19
em *A rotina da história: principal--secundária-oculta*, 132, 137
em *Anotar*, 156-159, 161-162
em *Beleza e verdade*, 142-143
em *Classificação de perguntas*, 109-110
em *Construindo significado*, 89-90, 99
em *Discussão sem líder*, 77, 80
em *Escada de feedback*, 65-69
em GOGO, 55-56, 58-60
em *Nomear-descrever-agir*, 149-150, 152-153
em *Os 3 porquês*, 207-208
em *Os 4 se's*, 209-210
em *Prever-coletar-explicar*, 168-169
em rotinas de pensamento, 38-39
em SAIL, 88
Perguntas de sondagem
em *O quê? E então? E agora?*, 195-196
em SAIL, 80-81, 83-84
Perguntas facilitadoras, 33-36
para *Beleza e verdade*, 143-145
para incentivar, 237-239
para SAIL, 85-86
Perkins, David, 2, 61-62, 120
Perspectiva, 15-16
de *A rotina da história: principal--secundária-oculta*, 45-46, 109-110
de *Descascando a fruta*, 45-46
de *Discussão sem líder*, 73-76

de escuta, 35-36
de GOGO, 53-56
de *Os 4 se's*, 47
Planejamento, 30
   em rotinas de pensamento, 44-45, 221-230
   escuta e, 228-229
   mapa da compreensão para, 39-40, 223-225
   O quê? E então? E agora? para, 47, 200
   para interações, ambiente e tempo, 227-229
   planejar demais e, 229-230
   SAIL para, 80-81
   "*To be continued...*", 224-228
Poesia
   Beleza e verdade para, 139-140
   Descascando a fruta para, 127-130
   Discussão sem líder para, 79
   rotinas de pensamento para, 18-21
Ponte 321, 111
Pontos de vista
   de *Beleza e verdade*, 138-140
   de *Descascando a fruta*, 120
   de rotinas de pensamento, 38-39
   papéis do professor e, 16-17
Posicionamento
   em rotinas de pensamento, 222-223, 241-244
Preparação
   em rotinas de pensamento, 222-223, 231-235
   mapa da compreensão e, 231-232
Preskill, Stephen, 158-159
Prever-coletar-explicar
   avaliação formativa para, 169-171
   compartilhamento em, 169-170
   conteúdo para, 167-169
   dicas para, 170-171
   etapas de, 168-170
   para ciência, 167-171
   para educação física, 169-170
   para engajamento com ação, 47, 165-174
   para matemática, 167-174
   para qualidade da água, 169-170
   perguntas em, 168-169
   preparação para, 168-169
   propósito de, 167-168
   usos e variações de, 169-170
Professores
   avaliações formativas por, 17-21
   curiosidade de, 17-18
   currículo e, 16-17
   documentação para, 36-37
   papéis de, 15-18
   rotinas de pensamento para, 15-17
Proficiência em inglês
   testes padronizados para, 23-24
Projeto Aprendendo a Pensar, Pensando para Aprender, 89-90
Projeto Zero, 2, 4-5
   Anotar em, 161-162
   Beleza e verdade em, 138
   CAD em, 261
   documentação em, 36-37
   Escada de feedback em, 61-62
   insistência em, 236-237
   rotinas de pensamento em, 3
Protocolo Olhando para o Pensamento do Estudante (LAST), 250-251, 258-261
Protocolo para Análise Colaborativa de Documentação (CAD), 261-264
Pygmalion in the Classroom (Rosenthal e Jacobson), 253-254

Q

Qualidade da água
   Prever-coletar-explicar para, 169-170
Questões. *Veja também* Perguntas de sondagem; Perguntas facilitadoras

disposições de pensamento e, 27-28
em *A rotina da história: principal- -secundária-oculta*, 135-137
em *Anotar*, 156-157, 161-162
em CAD, 262
em *Construindo significado*, 92-93
em *Descascando a fruta*, 120, 123-124
em *Discussão sem líder*, 72-78
em *Escada de feedback*, 61-62, 64-65, 67-68, 70
em *ESP+1*, 175
em GOGO, 55-56
em LAST, 260-261
em *Prever-coletar-explicar*, 168-169
em SAIL, 83-86
em TPV, 33-36
Questões de autoridade, 144-145
na aprendizagem profunda, 12-13
Quezada, Gene, 232-234

R
Rains, Julie, 203-204
Recuperação
em *+1*, 100-102, 105-106
Reflexão, 4-5
documentação para, 13-14
em *Anotar*, 158-159
em CAD, 262-264
em *ESP+1*, 176-183
em ética, 13-14
em LAST, 260
em *O quê? E então? E agora?*, 192-195
em *Os 3 porquês*, 209
em *Tenha certeza*, 188
perguntas de sondagem para, 83-84
Reggio Emilia, 36
Relembrar
em *+1*, 100, 102-103

em *Nomear-descrever-agir*, 147-150, 152-154
Responder com uma palavra
para *Construindo significado*, 92-93
Respostas
em *Anotar*, 153-154, 156-159, 161-162, 164
em *ESP+1*, 179
em *Prever-coletar-explicar*, 169-170
em rotinas de pensamento, 153-154
em TPV, 251-254
palavra, para *Construindo significado*, 92-93
Revelação
em *Beleza e verdade*, 138, 140-141
Revisão
em *+1*, 100, 102-103
Richardson, Amy, 197-200
Riehl, David, 161-164
Ritchhart, Ron, 26-27, 38-39, 115-116
Rivard, Melissa, 261
Robertson, Katrin, 15-16, 18-19, 29-30
Robótica
Descascando a fruta para, 123-124, 127
Rosenthal, 253-254
Rothstein, D., 115-116
Rotinas de pensamento, 4-5, 9-11. *Veja também as rotinas específicas*
aspecto sequencial de, 39-42
como estruturas, 39-42
como ferramentas, 38-40
conteúdo e, 41-43
currículo e, 242-244
discussão em, 39-40, 44-45
efeito máximo de, 221-244
incentivo em, 222-223, 236-240
laboratórios de aprendizagem para, 258-259
na aprendizagem profunda, 12-13
na avaliação formativa, 18-21

na interação do estudante, 12-16
no Projeto Zero, 3
organização, 44-47
padrões de comportamento e,
   43-45
para disposições de pensamento,
   27-28
para estruturação, 38-39
para interagir com ação, 47,
   163-218
para interagir com ideias, 45-46,
   109-164
para interagir com outros, 45-46,
   51-108
para poesia, 18-21
para professores, 15-17
perguntas em, 38-39
planejamento em, 221-230
posicionamento em, 222-223,
   241-244
preparação em, 222-223, 231-235
resposta para, 153-154
testes padronizados e, 20-27

S

SAIL. *Veja*
   Falar-perguntar-idear-aprender
Sánchez, Alexandra, 9-10, 94-96,
   211-214
Santana, L., 115-116
Schmitt, Mary Beth, 227-228
School Reform Initiative, 192-193
Seidel, Steve, 36-37
Sepulveda, Yerko, 26-27
Shernoff, David, 13-14
Short, Alison, 177-179
Silêncio
   em LAST, 261
   estruturado, 158-159
Silver, Harvey, 53
Smarter Balanced Assessment, 23-24
Smiley, Kim, 27-28, 104-105

Smith, Megan, 100-102
Sonho americano
   laboratórios de aprendizagem
   para, 257-259
STEM. *Veja* Ciência, tecnologia,
   engenharia, matemática (STEM)
Step Inside, 138, 144-145
Stephens, Amanda, 134-135
Sugestões
   em *Escada de feedback*, 61-62,
   64-66, 70
   em SAIL, 85-86, 88
Surloff, Tara, 152-153

T

Ted Talk
   para *A rotina da história: principal-
   -secundária-oculta*, 135-136
Tenha certeza
   avaliação formativa para, 186-188
   compartilhamento em, 186-187
   conteúdo para, 185-186
   dicas para, 188-190
   discussão em, 191
   documentação em, 186-187
   etapas de, 185-187
   para a linguagem, 189-192
   para ELA, 184, 189-192
   para engajamento com ação, 47,
   165-166, 184-192
   para padrões de comportamento,
   184
   preparação para, 185-187
   propósito de, 184-186
   reflexão em, 184
   usos e variações de, 186-187
Testes padronizados, 20-27
Thampi, Tahireh, 113-115
   na preparação, 233-234
The Learning Scientists (*blog*), 100-102
Thompson-Grove, Gene, 192-193
Thornburg, David, 238-239

Tipos de ação, 116-117, 197-198
Tishman, Shari, 2
Tornar o pensamento visível (TPV), 2-3. *Veja também* Rotinas de pensamento
    apoiar uns aos outros em, 245-265
    aprendizagem profunda com, 10-13, 226-227
    avaliação formativa em, 17-21, 250-252
    como aprendizado cognitivo, 32-33
    como prioridade, 243-244
    compreensão em, 249-250
    conexões em, 249-251
    conjunto de práticas em, 32-47
    cultura de sala de aula para, 16-17
    documentação em, 36-39
    engajamento em, 12-16, 31-32
    escuta em, 35-37, 248-250
    evidência empírica sobre, 26-27
    ferramentas para, 246-254
    necessidade de suporte para, 20-21
    objetivos de, 31-33
    papel do estudante em, 15-18
    papel do professor em, 15-18
    para conhecimento metaestratégico, 26-27
    para disposições de pensamento, 26-28
    para motivação, 253-256
    promessa de, 263-265
    questões em, 33-36
    respostas em, 251-254
    seis forças para, 9-30
    testes padronizados e, 20-27
TPV. *Veja* Tornar o pensamento visível (TPV)
Turner, Terri, 36-37
Tyson, K., 35-37

U

Unidades interdisciplinares
    mapa da compreensão para, 224-225
Universalidade, 202-203
Upton, Michael, 170-174

V

Venegas-Muggli, Juan I., 26-27
Verbos
    em *Nomear-descrever-agir*, 151-152
Verdade. *Veja Beleza e verdade*
Veres, Emily, 159-162
Vermeulin, Nora, 65-66
Ver-pensar-questionar, 111
    Beleza e verdade e, 144-145
    Nomear-descrever-agir e, 147-148
    Prever-coletar-explicar e, 169-170
    SAIL e, 84-85
Viés de confirmação, 231-232
Vigors, Alice, 169-170
Visualização
    em *Nomear-descrever-agir*, 148-149
Vocabulário
    Construindo significado para, 94-96
    Nomear-descrever-agir para, 147-150, 153-156
Voltaire, 33-34
Vyas, Hardevi, 12-14
Vygotsky, L. S., 32-33

W

Watson, Jeff, 12-13, 104-105, 238-239
Weber, Connie, 204-206
Weinstein, Yana, 100-102
Whitmore, Steven, 133-135
Williams, Caitlin, 215-218
Wilson, Daniel, 261
Winston, Sam, 203-204
Woodcock, Heather, 72-73